技工院校"十四五"规划室内设计专业系列教材
中等职业技术学校"十四五"规划艺术设计专业
系列教材

AutoCAD绘图快速入门与技能实训

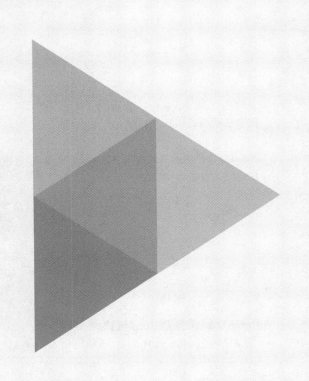

罗菊平　周丽娟　阮健生　主　编
陈雅婧　叶志鹏　陈阳锦　副主编

华中科技大学出版社
http://www.hustp.com
中国·武汉

内 容 简 介

本书内容包括 AutoCAD 软件的快速入门与绘图准备,AutoCAD 绘图工具的快速入门与技能实训,AutoCAD 修改工具的快速入门与技能实训,AutoCAD 标注工具的快速入门与技能实训,居室平面图的 AutoCAD 绘制技巧与技能实训,居室立面图和剖面图的 AutoCAD 绘制技巧与技能实训,公共空间图形的 AutoCAD 绘制技巧与技能实训 7 个学习项目。

本书涵盖软件安装、文件管理、基本操作、图形绘制、图形修改、图形标注、图形编辑、图形打印等快速入门的基本操作,以及建筑室内空间地面、墙面、柱面和顶棚等界面和家具与陈设软装饰的平、立、剖、详图及水电图的绘制,共 29 个技能实训任务。每个学习任务都按照教学目标、学习目标、教学建议、教学问题导入、知识讲解、命令调用、技能指导、技能实训、技能综合应用、学习总结、作业布置、教学评价等顺序进行学习和实训。

本书内容全面,图文并茂,讲解详细,条理清晰,读者可以在学习过程中按照书中的技能指导进行教学与练习。

图书在版编目(CIP)数据

AutoCAD 绘图快速入门与技能实训/罗菊平,周丽娟,阮健生主编. —武汉:华中科技大学出版社,2021.1(2024.2 重印)
ISBN 978-7-5680-6766-9

Ⅰ. ①A… Ⅱ. ①罗… ②周… ③阮… Ⅲ. ①AutoCAD 软件-高等学校-教材 Ⅳ. ①TP391.72

中国版本图书馆 CIP 数据核字(2020)第 254575 号

AutoCAD 绘图快速入门与技能实训 罗菊平 周丽娟 阮健生 主编
AutoCAD Huitu Kuaisu Rumen yu Jineng Shixun

策划编辑:金 紫
责任编辑:陈 骏
封面设计:原色设计
责任校对:周怡露
责任监印:朱 玢
出版发行:华中科技大学出版社(中国·武汉)　　电话:(027)81321913
　　　　　武汉市东湖新技术开发区华工科技园　　邮编:430223
录　排:华中科技大学惠友文印中心
印　刷:武汉科源印刷设计有限公司
开　本:889mm×1194mm　1/16
印　张:18
字　数:579 千字
版　次:2024 年 2 月第 1 版第 4 次印刷
定　价:49.80 元

技工院校"十四五"规划室内设计专业系列教材
中等职业技术学校"十四五"规划艺术设计专业系列教材
编写委员会名单

● 编写委员会主任委员

文健（广州城建职业学院科研副院长）

王博（广州市工贸技师学院文化创意产业系室内设计教研组组长）

罗菊平（佛山市技师学院艺术与设计学院副院长）

叶晓燕（广东省城市技师学院环境设计学院院长）

宋雄（广州市工贸技师学院文化创意产业系副主任）

谢芳（广东省理工职业技术学校室内设计教研室主任）

吴宗建（广东省集美设计工程有限公司山田组设计总监）

曹建光（广东建安居集团有限公司总经理）

汪志科（佛山市拓维室内设计有限公司总经理）

● 编委会委员

张宪梁、陈淑迎、姚婷、李程鹏、阮健生、肖龙川、陈杰明、廖家佑、陈升远、徐君永、苏俊毅、邹静、孙佳、何超红、陈嘉鎏、钟燕、朱江、范婕、张淏、孙程、陈阳锦、吕春兰、唐楚柔、高飞、宁少华、麦绮文、赖映华、陈雅婧、陈华勇、李儒慧、阚俊莹、吴静纯、黄雨佳、李洁如、郑晓燕、邢学敏、林颖、区静、任增凯、张琼、陆妍君、莫家娉、叶志鹏、邓子云、魏燕、葛巧玲、刘锐、林秀琼、陶德平、梁均洪、曾小慧、沈嘉彦、李天新、潘启丽、冯晶、马定华、周丽娟、黄艳、张夏欣、赵崇斌、邓燕红、李魏巍、梁露茜、刘莉萍、熊浩、练丽红、康弘玉、李芹、张煜、李佑广、周亚蓝、刘彩霞、蔡建华、张嫄、张文倩、李盈、安怡、柳芳、张玉强、夏立娟、周晟恺、林挺、王明觉、杨逸卿、罗芬、张来涛、吴婷、邓伟鹏、胡彬、吴海强、黄国燕、欧浩娟、杨丹青、黄华兰、胡建新、王剑锋、廖玉云、程功、杨理琪、叶紫、余巧倩、李文俊、孙靖诗、杨希文、梁少玲、郑一文、李中一、张锐鹏、刘珊珊、王奕琳、靳欢欢、梁晶晶、刘晓红、陈书强、张劼、罗茗铭、曾蕾、刘珊、赵海、孙明媚、刘立明、周子渲、朱苑玲、周欣、杨安进、吴世辉、朱海英、薛家慧、李玉冰、罗敏熙、原浩麟、何颖文、陈望望、方剑慧、梁杏欢、陈承、黄雪晴、罗活活、尹伟荣、冯建瑜、陈明、周波兰、李斯婷、石树勇、尹庆

● 总主编

文健，教授，高级工艺美术师，国家一级建筑装饰设计师。全国优秀教师，2008年、2009年和2010年连续三年获评广东省技术能手。2015年被广东省人力资源和社会保障厅认定为首批广东省室内设计技能大师，2019年被广东省教育厅认定为建筑装饰设计技能大师。中山大学客座教授，华南理工大学客座教授，广州大学建筑设计研究院室内设计研究中心客座教授。出版艺术设计类专业教材120种，拥有自主知识产权的专利技术130项。主持省级品牌专业建设、省级实训基地建设、省级教学团队建设3项。主持100余项室内设计项目的设计、预算和施工，内容涵盖高端住宅空间、办公空间、餐饮空间、酒店、娱乐会所、教育培训机构等，获得国家级和省级室内设计一等奖5项。

● 合作编写单位

（1）合作编写院校

广州市工贸技师学院

佛山市技师学院

广东省城市技师学院

广东省理工职业技术学校

台山市敬修职业技术学校

广州市轻工技师学院

广东省华立技师学院

广东花城工商高级技工学校

广东省技师学院

广州城建技工学校

广东岭南现代技师学院

广东省国防科技技师学院

广东省岭南工商第一技师学院

广东省台山市技工学校

茂名市交通高级技工学校

阳江技师学院

河源技师学院

惠州市技师学院

广东省交通运输技师学院

梅州市技师学院

中山市技师学院

肇庆市技师学院

江门市新会技师学院

东莞市技师学院

江门市技师学院

清远市技师学院

山东技师学院

广东省电子信息高级技工学校

东莞实验技工学校

广东省粤东技师学院

珠海市技师学院

广东省工商高级技工学校

广东江南理工高级技工学校

广东羊城技工学校

广州市从化区高级技工学校

广州造船厂技工学校

海南省技师学院

贵州省电子信息技师学院

（2）合作编写企业

广东省集美设计工程有限公司

广东省集美设计工程有限公司山田组

广州大学建筑设计研究院

中国建筑第二工程局有限公司广州分公司

中铁一局集团有限公司广州分公司

广东华坤建设集团有限公司

广东翔顺集团有限公司

广东建安居集团有限公司

广东省美术设计装修工程有限公司

深圳市卓艺装饰设计工程有限公司

深圳市深装总装饰工程工业有限公司

深圳市名雕装饰股份有限公司

深圳市洪涛装饰股份有限公司

广州华浔品味装饰工程有限公司

广州浩弘装饰工程有限公司

广州大辰装饰工程有限公司

广州市铂域建筑设计有限公司

佛山市室内设计协会

佛山市拓维室内设计有限公司

佛山市星艺装饰设计有限公司

佛山市三星装饰设计工程有限公司

广州瀚华建筑设计有限公司

广东岸芷汀兰装饰工程有限公司

广州翰思建筑装饰有限公司

广州市玉尔轩室内设计有限公司

武汉森南装饰有限公司

惊喜（广州）设计有限公司

序 言

技工教育是中国职业技术教育的重要组成部分，主要承担培养高技能产业工人和技术工人的任务。随着"中国制造2025"战略的逐步实施，建设一支高素质的技能人才队伍是实现规划目标的必备条件。如今，技工院校的办学水平和办学条件已经得到很大的改善，进一步提高技工院校的教育、教学水平，提升技工院校学生的职业技能和就业率，弘扬和培育工匠精神，打造技工教育的特色，已成为技工院校的共识。而技工院校高水平专业教材建设无疑是技工教育特色发展的重要抓手。

本套规划教材以国家职业标准为依据，以培养学生的综合职业能力为目标，以典型工作任务为载体，以学生为中心，根据典型工作任务和工作过程设计教材的项目和学习任务。同时，按照职业标准和学生自主学习的要求进行教材内容的设计，结合理论教学与实践教学，实现能力培养与工作岗位对接。

本套规划教材的特色在于，在编写体例上与技工院校倡导的"教学设计项目化、任务化，课程设计教、学、做一体化，工作任务典型化，知识和技能要求具体化"紧密结合，体现任务引领实践的课程设计思想，以典型工作任务和职业活动为主线设计教材结构，以职业能力培养为核心，将理论教学与技能操作相融合作为课程设计的抓手。本套规划教材在理论讲解环节做到简洁实用，深入浅出；在实践操作训练环节体现以学生为主体的特点，创设工作情境，强化教学互动，让实训的方式、方法和步骤清晰明确，可操作性强，并能激发学生的学习兴趣，促进学生主动学习。

为了打造一流品质，本套规划教材组织了全国40余所技工院校共100余名一线骨干教师和室内设计企业的设计师（工程师）参与编写。校企双方的编写团队紧密合作，取长补短，建言献策，让本套规划教材更加贴近专业岗位的技能需求和技工教育的教学实际，也让本套规划教材的质量得到了充分保证。衷心希望本套规划教材能够为我国技工教育的改革与发展贡献力量。

技工学校"十四五"规划室内设计专业教材 总主编

教授 / 高级技师 **文健**

2020 年 6 月

前 言

本教材获评国家级技工教育和职业培训教材(中华人民共和国人力资源和社会保障部公布)。

AutoCAD 是一套通用的计算机辅助设计与绘图软件,广泛应用于机械、建筑、纺织、轻工、电子、服装等领域。它在国内许多大中专院校和技工学院已成为工程类和设计类专业的必修课程,贯穿专业学习的全过程。

本书的编写目的是提高学习者 AutoCAD 的应用水平和操作技巧,为专业图形的设计与绘制做充分的技术准备,并在电脑绘图技能方面打下扎实的基础,使学习者在进行专业图形设计与绘制时能更加得心应手,提高绘图速度与绘图质量。本书不仅可作为 AutoCAD 学习者的快速入门书,也可以作为设计师后期学习方案设计和施工设计的参考书。

AutoCAD 绘图快速入门与技能实训是室内设计专业的必修课程。这门课程对于提高学生的室内设计绘图水平起着至关重要的作用。本书主要以室内设计专业为例,系统结合室内设计图纸,全面学习绘图技巧,为室内设计专业学生积累丰富的绘图技巧和绘图经验,助力室内设计师的快速成长。根据专业相通、技术融合的特点,本书对其他专业的图形设计人员也有同样的指导作用。

本书以国家职业标准为依据,以综合职业能力培养为目标,以典型工作任务为载体,以学生为学习中心和实践主体,强化教学互动。在编写体例上与技工院校倡导的"教学设计项目化,课程设计教实一体化,工作任务典型化,知识和技能要求具体化"等要求紧密结合,理论简洁实用,深入浅出,示范步骤清晰,适合职业类大中专院校和技工院校学生学习。

本书在编写过程中得到了广州城建职业学院、佛山市技师学院、广东省城市建设技师学院、河源市技师学院、广州市工贸技师学院等单位的大力支持和帮助,在此表示衷心感谢。由于编者学术水平有限,本书难免存在不足之处,敬请读者批评指正。

罗菊平

2020. 9. 20

课时安排（建议课时 160）

项目	课程内容		课时	
项目一　AutoCAD 软件的快速入门与绘图准备	学习任务一	AutoCAD 的发展和应用以及安装指导	2	12
	学习任务二	AutoCAD 的界面介绍以及文件管理	2	
	学习任务三	AutoCAD 绘图基本操作与基本设置	4	
	学习任务四	AutoCAD 绘图各类常用快捷键的分类与记忆	4	
项目二　AutoCAD 绘图工具的快速入门与技能实训	学习任务一	直线类绘图命令的学习与技能实训	6	24
	学习任务二	图形类绘图命令的学习与技能实训	6	
	学习任务三	曲线类绘图命令的学习与技能实训	6	
	学习任务四	点、块、文字、图案填充类命令的学习与技能实训	6	
项目三　AutoCAD 修改工具的快速入门与技能实训	学习任务一	数量、位置类修改命令的学习与技能实训	8	32
	学习任务二	形状与大小类修改命令的学习与技能实训	8	
	学习任务三	合并分解类修改命令的学习与技能实训	8	
	学习任务四	修改命令在专业图形绘制中的技能实训	8	
项目四　AutoCAD 标注工具的快速入门与技能实训	学习任务一	直线标注类命令的学习与技能实训	4	12
	学习任务二	曲线标注类命令的学习与技能实训	2	
	学习任务三	角度标注类命令的学习与技能实训	2	
	学习任务四	标注命令在专业图形绘制中的技能实训	4	
项目五　居室平面图的 AutoCAD 绘制技巧与技能实训	学习任务一	原始平面图绘制技巧与技能实训	8	38
	学习任务二	平面布置图绘制技巧与技能实训	8	
	学习任务三	地材布置图绘制技巧与技能实训	8	
	学习任务四	天花布置图绘制技巧与技能实训	8	

项目	课程内容		课时
项目六　居室立面图和剖面图的 AutoCAD 绘制技巧与技能实训	学习任务一　客厅立面图相关绘制技巧与技能实训	4	12
	学习任务二　剖面图的 AutoCAD 绘制技巧与技能实训	4	
	学习任务三　大样图的 AutoCAD 绘制技巧与技能实训	4	
项目七　公共空间图形的 AutoCAD 绘制技巧与技能实训	学习任务一　公共空间办公室平面图绘制与技巧	6	30
	学习任务二　公共空间办公室地面材质图绘制与技巧	6	
	学习任务三　公共空间办公室天花布置图绘制与技巧	6	
	学习任务四　公共空间办公室立面图绘制与技巧	6	
	学习任务五　公共空间剖面图绘制与技巧	6	

目 录

项目一　**AutoCAD 软件的快速入门与绘图准备** ··· (1)

学习任务一　AutoCAD 的发展和应用以及安装指导 ································· (2)
学习任务二　AutoCAD 操作界面介绍以及文件管理 ································· (11)
学习任务三　AutoCAD 绘图基本操作与基本设置 ··································· (23)
学习任务四　AutoCAD 绘图各类常用快捷键的分类与记忆 ················· (38)

项目二　**AutoCAD 绘图工具的快速入门与技能实训** ······························· (49)

学习任务一　直线类绘图命令的学习与技能实训 ··································· (50)
学习任务二　图形类绘图命令的学习与技能实训 ··································· (59)
学习任务三　曲线类绘图命令的学习与技能实训 ··································· (68)
学习任务四　点、块、文字、图案填充类绘图命令学习与技能实训 ········· (78)

项目三　**AutoCAD 修改工具的快速入门与技能实训** ······························· (91)

学习任务一　数量、位置类修改命令的学习与技能实训 ······················· (92)
学习任务二　形状与大小类修改命令的学习与技能实训 ······················· (104)
学习任务三　合并分解类修改命令的学习与技能实训 ·························· (115)
学习任务四　修改命令在专业图形绘制中的技能实训 ·························· (124)

项目四　**AutoCAD 标注工具的快速入门与技能实训** ······························· (135)

学习任务一　直线标注类命令的学习与技能实训 ··································· (136)
学习任务二　曲线标注类命令的学习与技能实训 ··································· (146)
学习任务三　角度标注类命令的学习与技能实训 ··································· (152)
学习任务四　标注命令在专业图形中的技能实训 ··································· (155)

项目 **五** **居室平面图的 AutoCAD 绘制技巧与技能实训** ·················· (165)

学习任务一　原始平面图绘制技巧与技能实训 ·················· (166)
学习任务二　平面布置图绘制技巧与技能实训 ·················· (176)
学习任务三　地材布置图绘制技巧与技能实训 ·················· (186)
学习任务四　天花布置图绘制技巧与技能实训 ·················· (196)

项目 **六** **居室立面图和剖面图的 AutoCAD 绘制技巧与技能实训** ·········· (209)

学习任务一　客厅立面图相关绘制技巧与技能实训 ·················· (210)
学习任务二　剖面图的 AutoCAD 绘制技巧与技能实训 ·················· (217)
学习任务三　大样图的 AutoCAD 绘制技巧与技能实训 ·················· (224)

项目 **七** **公共空间图形的 AutoCAD 绘制技巧与技能实训** ·················· (229)

学习任务一　公共空间办公室平面图绘制与技巧 ·················· (230)
学习任务二　公共空间办公室地面材质图绘制与技巧 ·················· (241)
学习任务三　公共空间办公室天花布置图绘制与技巧 ·················· (248)
学习任务四　公共空间办公室立面图绘制与技巧 ·················· (258)
学习任务五　公共空间剖面图绘制与技巧 ·················· (268)

参考文献 ·················· (276)

项目一　AutoCAD 软件的快速入门与绘图准备

学习任务一　AutoCAD 的发展和应用以及安装指导

学习任务二　AutoCAD 操作界面介绍以及文件管理

学习任务三　AutoCAD 绘图基本操作与基本设置

学习任务四　AutoCAD 绘图各类常用快捷键的分类与记忆

学习任务一 AutoCAD 的发展和应用以及安装指导

教学目标

（1）专业能力：了解 AutoCAD 软件的发展历程，分析 AutoCAD 软件现状和应用情况。

（2）社会能力：选择不同版本的 AutoCAD 软件，并能正确安装。

（3）方法能力：自主学习与研究能力、对比观察与分析能力，资料的收集与整理能力。

学习目标

（1）知识目标：AutoCAD 软件的发展历程、安装与应用。

（2）技能目标：能安装不同版本的 AutoCAD 软件。

（3）素质目标：适应计算机网络信息化时代的要求，在学习中不断实践，掌握 AutoCAD 软件的应用技能。

教学建议

1. 教师活动

（1）教师前期收集相关的资料，提高学生对 AutoCAD 软件的认识。

（2）选择 AutoCAD 版本，用于现有电脑配置安装与学习。

（3）课堂上指导学生选择合适的版本，并指导安装 AutoCAD 软件。

2. 学生活动

（1）根据学习任务进行课堂预习、课堂学习和讨论、课后安装实践。

（2）课后根据老师的指导，进行 AutoCAD 版本的对比、选择和安装。

一、学习问题导入

AutoCAD 软件是室内设计专业领域应用广泛的一款软件,其主要用途是绘制室内设计施工图纸。为了对软件有一个全面的了解,我们一起来学习 AutoCAD 软件的发展历程,分析 AutoCAD 软件的现状和应用情况,并选择和安装合适的 AutoCAD 版本用于学习和实训。

二、学习任务讲解

知识点一

(1) AutoCAD 基本知识。

CAD 是英文"computer aided design"的缩写,中文名为"计算机辅助设计",即利用计算机及其图形设备帮助设计人员进行设计绘图工作。AutoCAD 是美国 Autodesk 电脑软件公司于 20 世纪 80 年代初专门为专业绘图开发的软件,经过不断完善,现已成为应用广泛、功能全面的电脑绘图工具,并广为流行。

(2) AutoCAD 的发展。

AutoCAD 的发展过程可分为初级阶段、发展阶段、高级发展阶段、完善阶段和优化阶段五个阶段。

①在初级阶段,AutoCAD 经历了五个版本。1982 年,首次推出 AutoCAD1.0 版本。

②在发展阶段,AutoCAD 经历了三个版本。

③在高级发展阶段,AutoCAD 经历了三个版本。

④在完善阶段,AutoCAD 经历了三个版本,功能逐渐完善。

⑤在优化阶段,AutoCAD 经历了多个版本,功能进一步优化。

(3) AutoCAD 的应用。

AutoCAD 软件广泛应用于工程制图、机械制图、电子电路制图和服装制图等领域。利用 AutoCAD 可对图形进行计算、分析和比较。室内设计专业的平面图、立面图、剖面图、详图等方案设计以及施工设计图纸大都由 AutoCAD 完成。AutoCAD 课程不仅是室内设计专业一门重要的软件课程,也是以后应用 3ds Max 和草图大师以及酷家乐软件的专业基础,对室内设计专业学习起着重要作用。

知识点二

(1) AutoCAD 版本对比与选择。

由于功能的改进较大,2000 年之前 AutoCAD 版本已经逐渐被淘汰。AutoCAD2002、AutoCAD2004、AutoCAD2005 和 AutoCAD2006 虽还有使用,但使用较少。AutoCAD2009 首次采用了与 Office2007 类似的 Ribbon 界面(功能区)。AutoCAD2010 则在 3D 建模上达到了新高度,引入了多种新特性,并同时在 32 位和 64 位平台上兼容 Windows7。AutoCAD2010 版本功能齐全,比较适合初学者选择和使用。以后更新的各版本则根据专业性质和技术要求进行专业化的设置。版本越高,功能越全,使用也越专业。AutoCAD2018 增加了直接导入 PDF 功能,AutoCAD2019 增加了图纸对比功能,对于普通用户来说都是非常实用的改进与优化。AutoCAD2020 增加了新的深色主题与清理重新设计,简体中文版 64 位的 AutoCAD2021 已经推出。AutoCAD2014 至 AutoCAD2020 都能够在 Windows10 中运行。

(2) AutoCAD2010 软件的安装。

由于 AutoCAD2010 功能齐全,比较适合初学者使用,且具有代表性,因此本书以 AutoCAD2010 版本为例,讲解 AutoCAD2010 的安装过程。

步骤一:打开下载的 AutoCAD2010 压缩包,解压文件,指定存放位置。

步骤二:打开解压的 AutoCAD2010 文件夹,双击安装程序 Setup.exe,弹出安装界面,点击"安装产品"进行操作,如图 1-1 所示。

步骤三:选择勾选☑AutoCAD2010,默认"中文(简体)",点击"下一步",如图 1-2 所示。

步骤四:接受安装协议。"正在初始化"完成后,弹出"接受许可协议"对话框,选择"⊙我接受",点击"下

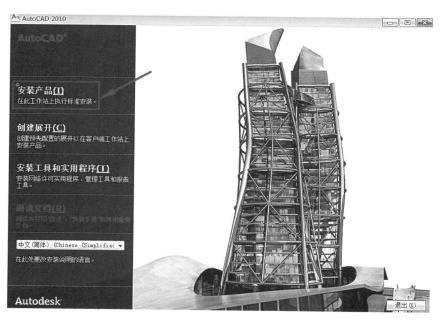

图1-1 AutoCAD安装产品界面

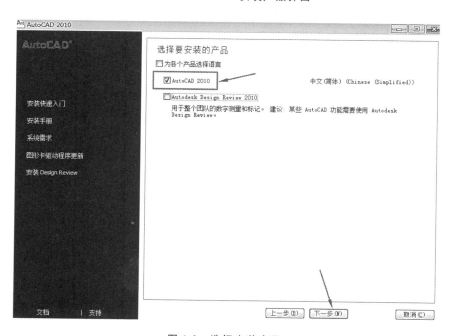

图1-2 选择安装产品

一步",如图1-3所示。

步骤五:输入序列号和用户信息。此时弹出输入序列号及产品密钥的对话框,先把序列号及密钥输入安装界面(也可输入获取的序列号及密钥),然后在姓氏框、名字框、组织框输入相关信息,点击"下一步"继续。如图1-4所示。

步骤六:按默认"安装位置"安装,点击"安装"继续。如图1-5所示。

步骤七:点击"是",再次点击"是"。如图1-6所示。开始安装,正式进入安装阶段,需要等待几分钟,如图1-7所示,安装所需组件。

步骤八:成功安装完成。点击"完成",弹出重启提示,重启系统。如图1-8所示。

步骤九:启动桌面的AutoCAD2010快捷图标。

步骤十:进行AutoCAD2010初始配置,点击"下一页",如图1-9所示。再点击"使用AutoCAD2010的

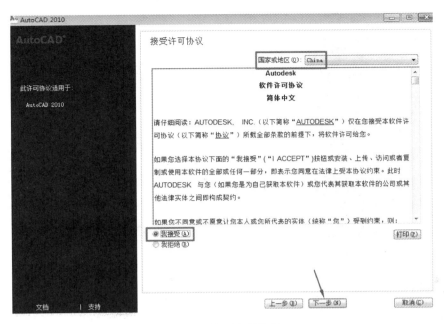

图 1-3　接受安装协议

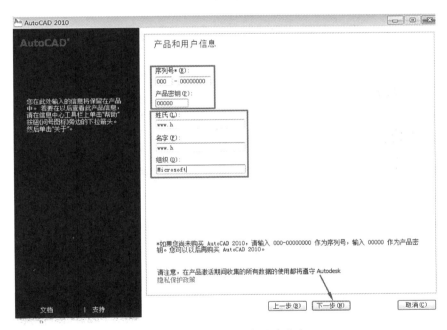

图 1-4　输入序列号和用户信息

默认图形样板文件",启动 AutoCAD2010。

步骤十一：激活 AutoCAD2010，点击"激活"。如图 1-10 所示。

【提示】关闭所有杀毒软件，避免 xf-a2010.exe 注册机程序误删。注意打开的注册机程序要与当前的操作系统的位数对应。除了 Windows XP 系统可以直接双击打开注册机，Windows7/Windows10 需要点击鼠标右键以管理员身份打开注册机，否则无法激活。

步骤十二：启动 AutoCAD2010，提示需要激活。复制系统提供的"申请号"，用快捷键 Ctrl＋C 复制。输入序列号"356-72378422"和 Productkey(产品密钥)"001B1"。如图 1-11 所示。

步骤十三：通过注册机将"申请号"转换为"激活码"。在 AutoCAD_2010\ xf-a2010-32/64bits 文件夹中，右击 xf-a2010.exe 注册机程序，以管理员身份运行，打开注册机。如图 1-12 所示。

步骤十四：在注册机的 Request 框，用快捷键 Ctrl＋V 粘贴申请码，如"KDFZ 3K56 ×××× ×××× 84JY DT4N 0TY2 C03Z"。如图 1-13 所示。

图 1-5　开始安装

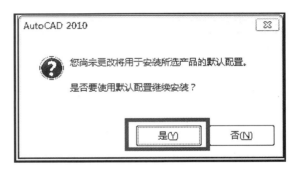

图 1-6　按默认安装位置安装

图 1-7　安装所需组件

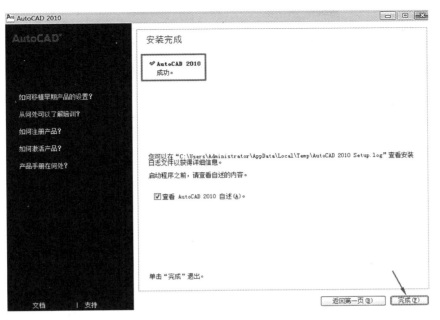

图 1-8   安装完成

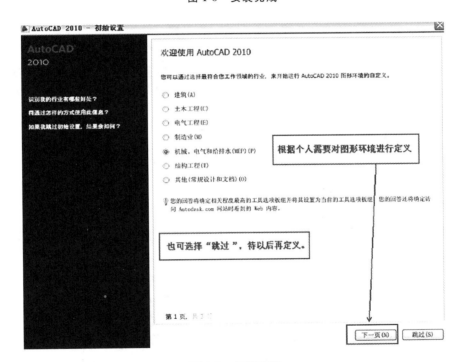

图 1-9   初始配置

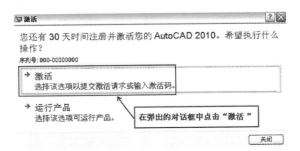

图 1-10   激活提示

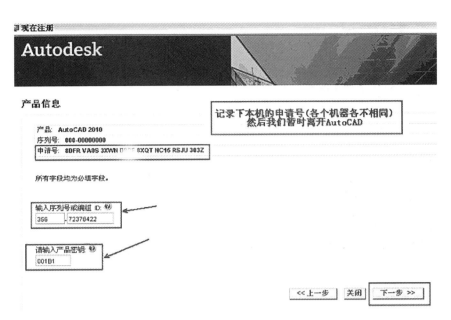

图 1-11 输入序列号和产品密钥

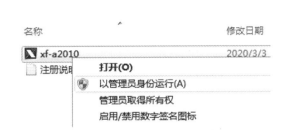

图 1-12 右击启动注册机程序

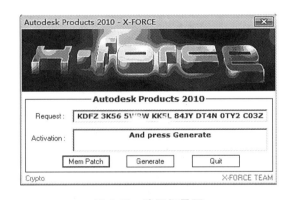

图 1-13 注册机界面

步骤十五：点击注册机中的"Mem Patch"按钮，稍后提示成功，再点击"Generate"按钮生成激活码。选中激活码并复制。如图 1-14 所示。

图 1-14 生成激活码

步骤十六：将注册机中得到的激活码，如"14GK UDWK Q2AC KTNG ×××× ×××× VKVA NREK G5VL KEP3 TY2A UVWA 95ZV N03Z"粘贴到 AutoCAD2010 激活对话框窗口激活，如图 1-15 所示。

步骤十七：点击"下一步"，提示"激活成功"，最后点击"完成"，如图 1-16 所示。

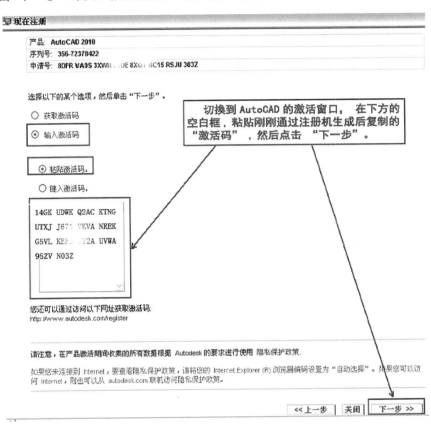

图 1-15　粘贴激活码

图 1-16　激活成功

（3）AutoCAD 其他版本的安装。

AutoCAD 的学习分为入门学习阶段和专业学习阶段，学习者应准备计算机，便于学习和实训，保证设计和绘图的前后延续，方便图形的积累、保存和调用。

入门学习阶段可安装 AutoCAD2007 至 AutoCAD2010 版本。当计算机配置较低时建议安装较低版本，应注意低版本 CAD 软件不能打开高版本的 CAD 文件。

当处于专业学习阶段时,建议安装高版本的 AutoCAD 软件,如 AutoCAD2018。高版本的 AutoCAD 软件意味着有更多的功能、更快的速度和更好的用户体验。计算机应安装 Windows7 64 位或 Windows10 的操作系统。

三、学习总结

本次任务主要了解 AutoCAD 软件的应用、发展历程和发展现状,学习 AutoCAD 软件的安装方法和安装步骤。课后,希望同学们按照课堂上的讲解和示范安装 AutoCAD 软件。

四、作业布置

(1) 口述 AutoCAD 软件的作用、发展历程和发展现状。
(2) 安装 AutoCAD2010 软件。

五、技能成绩评定

技能成绩评定如表 1-1 所示。

表 1-1　技能成绩评定

考核项目		评价方式	说明
技能成绩	出勤情况(10%)	小组互评,教师参评	作业完成方式分辅助完成、独立完成、独立完成并进行辅导;学习态度分拖拉、认真、积极主动
	学习态度(10%)	小组互评,教师参评	
	作业速度(20%)	教师主评,小组参评	
	作业质量(60%)	教师主评,小组参评	

六、学习综合考核

学习综合考核如表 1-2 所示。

表 1-2　学习综合考核

项目	教学目标	学习目标	学习活动
60%	专业能力	技能目标	课堂活动
25%	社会能力	知识目标	课后活动
15%	方法能力	素质目标	课前活动

学习任务二　AutoCAD 操作界面介绍以及文件管理

教学目标

（1）专业能力：掌握 AutoCAD 软件启动及退出方式，熟悉 AutoCAD 操作界面，熟知文件管理。

（2）社会能力：计算机基础操作能力、口头表达能力、AutoCAD 软件操作能力。

（3）方法能力：多听、多观察、多分析、多研究、多实践，提升自主学习能力，增强学习效果。

学习目标

（1）知识目标：AutoCAD 软件启动及退出方式、AutoCAD 工作界面、AutoCAD 文件管理。

（2）技能目标：了解 AutoCAD 软件启动与退出方式，熟悉 AutoCAD 工作界面，掌握文件基本管理方法。

（3）素质目标：提升学习兴趣，开阔学生的视野，扩大学生的认知领域，热爱专业。

教学建议

1. 教师活动

研究软件，分析重点，讲解工作界面和文件基本管理并巡回指导。

2. 学生活动

认真听课，积极思考，加强沟通交流和互帮互助并进行课堂实践。

一、学习问题导入

使用 AutoCAD 软件进行绘图需要掌握软件的启动与退出方式、界面组成以及各组成部分的位置和功能，文件的新建、打开、保存、另存为、加密与打印等操作，为后续学习 AutoCAD 绘图和设计打下扎实的基础。

二、学习任务讲解

知识点一：AutoCAD2010 启动与退出

1. AutoCAD2010 启动方式

（1）点击桌面上的 AutoCAD 2010 快捷方式图标。

（2）点击开始 ➤ 所有程序 ➤ AutoCAD 2010。

（3）点击"我的电脑"中已经存盘的任意一个后缀名为 .dwg 的文件。

2. AutoCAD2010 退出方式

（1）点击文件窗口右上角关闭按钮。

（2）点击文件 ➤ 退出命令。

（3）快捷键：Ctrl＋Q。

（4）右击任务栏、关闭窗口，当程序无响应时，可用此方法退出。

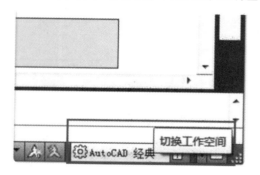

图 1-17　切换工作空间

知识点二：AutoCAD 工作界面介绍

1. 点击切换工作空间

启动软件，在屏幕右下角状态栏点击切换工作空间。如图 1-17 所示。

2. 选择经典模式

在二维草图与注释、三维建模、经典三个工作空间中选择经典模式。工作界面主要包含标题栏、菜单栏、工具栏、快速访问栏、绘图区、十字光标、命令行、状态栏、坐标系图标、滚动条、切换工作空间、模型或布局选项卡等组成。如图 1-18 所示。

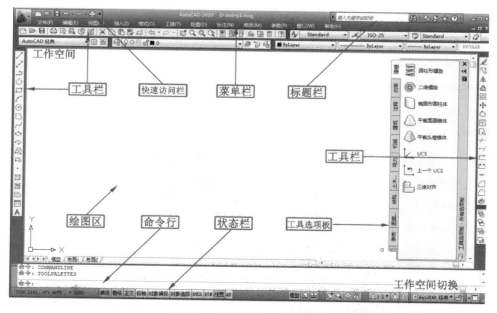

图 1-18　经典模式的工作界面

3. 标题栏

标题栏位于应用程序窗口的最上方,由快速访问工具栏、当前正在运行的程序名及文件名、搜索栏、帮助等信息,图形文件默认名称为 Drawing1.dwg。如图 1-19 所示。

图 1-19 标题栏

(1) 快速访问工具:标题栏左侧有新建、打开、保存、放弃、重做和打印等快速工具按钮。如图 1-20所示。

图 1-20 快速访问工具栏

(2) 图标 ,弹出一个下拉菜单:点击标题栏最左端软件,有新建、打开、保存、另存为、输出、打印、发布、发送、图形实用工具、关闭、最近使用的文档等选项。如图 1-21 所示。

(3) 点击标题栏弹出一个下拉菜单,有最小化、最大化、恢复、移动等窗口和关闭程序等操作按钮,使用快捷键 Alt+F4 键快速关闭。

(4) 标题栏右端有三个按钮 :依次为最小化、还原(最大化)和关闭按钮。

4. 菜单栏

菜单栏由文件、编辑、视图、插入、格式、工具、绘图、标注、修改、参数、窗口、帮助 12 个菜单组成,这些菜单包括 AutoCAD2010 的全部功能和命令。如图 1-22 所示。

在使用菜单命令时有以下几个方面需要注意。

(1) 命令后带有 ▶ 的,表示该命令下还有子命令。

(2) 如果命令后带有快捷键的,表示直接按快捷键也可以执行该命令。

(3) 命令后带有(…)的,表示执行该命令时会弹出对话框。

(4) 命令之后显示有组合键的,表示直接按组合键可以执行该命令。

(5) 命令呈现灰色,表示该命令在当前状态下不可用。

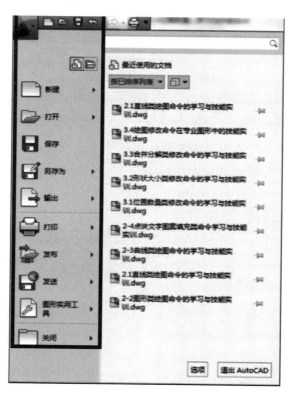

图 1-21　软件图标下拉菜单

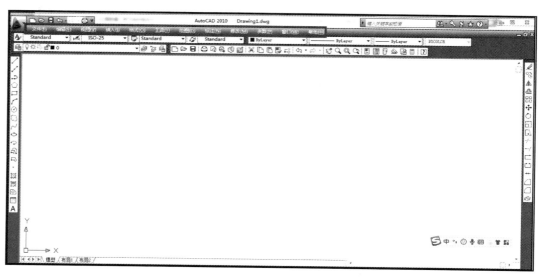

图 1-22　菜单栏

（6）命令还有复选性质，被选中状态前面会显示"√"；取消标识后，该选项消失。

5．工具栏

（1）工具栏是一组图标型工具的集合，点击图标命令按钮可以快速执行各种命令，在经典模式界面，窗口中显示"标准"、"样式"、"特性"、"绘图"、"修改"、"图层"、"工作空间"等常用工具栏。如图 1-23 所示。

（2）在菜单栏点击工具➤工具栏➤ AutoCAD ➤"√"选工具选项卡备用。如图 1-24 所示。

（3）点击任意工具栏，在弹出快捷菜单中可以选择打开所需工具的选项卡，打"√"的工具选项卡被调出显示在屏幕上，如图 1-25 所示。

随时关闭不常用工具选项卡，可扩大绘图区方便绘图；被调出的工具选项卡，可拖动到工作界面合适位置；在弹出的工具选项快捷菜单中，去"√"关闭工具选项卡。

图 1-23　常用工具栏

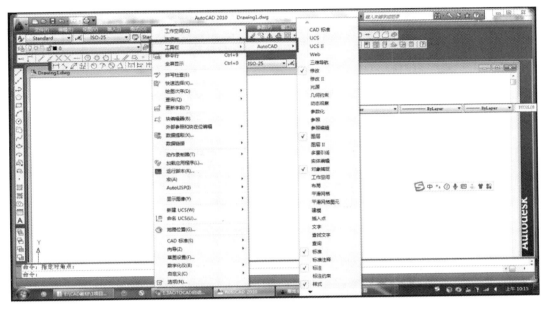

图 1-24　工具栏的调出

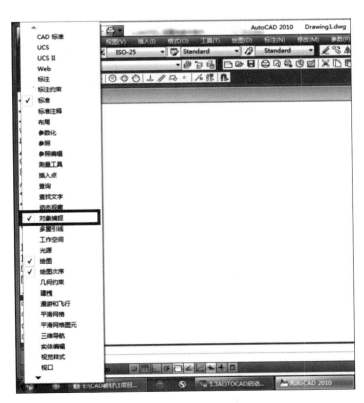

图 1-25　工具栏的快速调出

6. 绘图区

在标题栏下大片空白区域为绘图区,设计图形的主要工作都在绘图区进行,绘图的结果都将反映在这个区域中。用户可根据需要关闭周围的各个工具栏,以增大绘图空间。如果图纸较大,可拖动绘图区右侧与下边的滚动条上的按钮,查看未显示部分。在绘图区双击鼠标中键,可以将绘图区所有图形都显示在屏幕上。

(1)屏幕底色调节:工具(T)➤选项(N)➤显示➤颜色(C)➤黑色。如图 1-26 和图 1-27 所示。

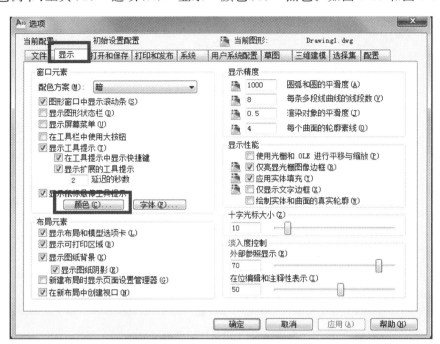

图 1-26　屏幕颜色的更换 1

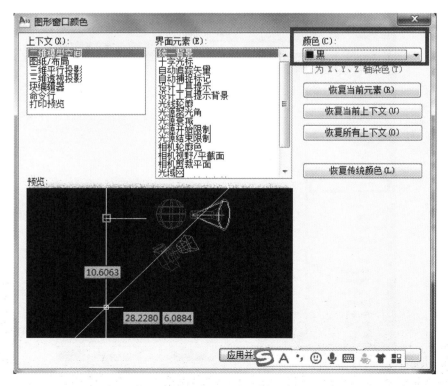

图 1-27　屏幕颜色的更换 2

（2）绘图区光标大小调节：工具（T）➤选项（N）➤显示➤十字光标大小，调为合适值10，如图1-28所示。

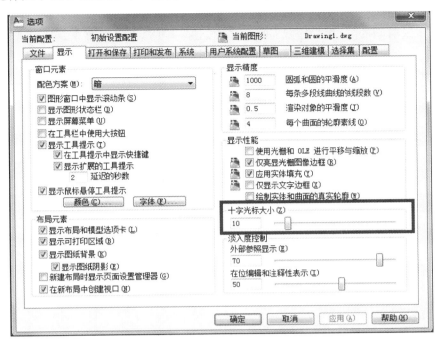

图 1-28　十字光标的调整

（3）工具选项卡虽调出来使用方便，但不是调出的工具越多越好，这样会缩小绘图区的范围，可在工具选项快捷菜单中去"√"关闭工具选项卡。

（4）打开或关闭功能区的操作：工具（T）➤选项（N）板➤功能区（B）。

7. 坐标系图标

绘图区左下方显示了当前使用的坐标系类型、坐标原点和 X、Y、Z 轴的方向等。世界坐标系（WCS）是固定坐标系，用户坐标系（UCS）是可移动坐标系。

8. 模型标签

模型空间是通常所说的一种绘图环境，包括图纸大小、尺寸单位、角度设置、数值精确度等。系统默认打开为模型空间。在模型空间下，按实际尺寸绘制图形。空间系统也设置了布局标签，用户可点击打开所需布局空间，布局空间可同时打开不同比例的多个视图。

9. 命令行

（1）命令行位于绘图区的下方，主要由历史命令与命令行组成。

（2）用户输入所需命令后，按下空格或回车键，即可执行相应的命令操作。

（3）字母与数字输入，应确定是在英文输入状态下进行，避免命令执行不顺利或造成错误操作。将光标放置在命令行的最左端，可以拖动它到其他的位置，使其成为浮动窗口。

（4）打开命令行文本窗口：点击视图（V）➤显示（L）➤文本窗口（T）命令。按 F2 键，可快速查看所有命令记录。

10. 状态栏

（1）状态栏在工作界面的最底部，用于显示或设置当前的绘图状态。

（2）状态栏左侧的一组数字反映当前光标的坐标。

（3）状态栏中间按钮从左到右分别是"捕捉"、"栅格"、"正交"、"极轴"、"对象捕捉"、"对象追踪"、"允许/禁止动态 UCS"、"动态输入"、"显示/隐藏线宽"。点击 F1 至 F12 功能键，可快速实现这些功能的启动和关闭，F1 至 F12 键具体功能参见任务四。

（4）状态栏右侧按钮从左到右分别是"QP 快捷特性"、"模型或图纸空间"、"快速查看布局"、"快速查看图形"、"切换工作空间"等功能按钮。

（5）右击状态栏图标，弹出快捷菜单，使用图标前打"√"，状态栏上图标会变为文字图标；去掉使用图标前的"√"，状态栏上的图标会变为文字图标。如图 1-29 所示。

在状态栏上点击最右端的"应用程序状态栏菜单"按钮▾，可弹出快捷菜单。选择或取消快捷菜单中的选项，可控制状态栏中坐标或功能按钮的显示情况。如图 1-30 所示。

图 1-29　图标显示与文字显示的转换

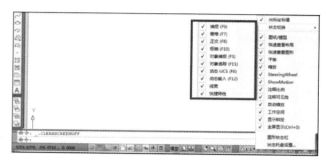

图 1-30　应用程序状态栏菜单

知识点三：文件管理

1. 文件新建

（1）文件新建方式。

菜单命令：文件➤新建。

工具栏：标准➤快速访问➤新建。

命令行：输入 NEW，按 Enter 键确定。

快捷键：按 Ctrl＋N 组合键。

（2）文件的新建。

执行以上文件新建方式，打开"选择样板"对话框，如图 1-31 所示。

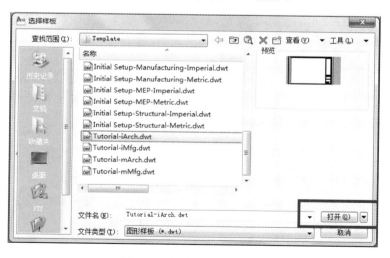

图 1-31　通过样板新建图形

点击对话框样板列表中合适的样板，右侧预览框内可预览样板图像，点击"打开"按钮即可创建这个样板下的新图形文件。

点击对话框"打开"按钮右侧的三角按钮，弹出附加下拉菜单，从中选择"无样板打开-公制（M）"命令来创建新图形，新建的图形不以任何样板为基础。如图 1-32 所示。

2. 打开图形文件

（1）文件打开方式。

菜单命令：文件➤打开。

工具栏：标准或快速访问➤打开。

图 1-32 无样板公制新建图形

命令行：输入 OPEN，按 Enter 键确定。

快捷键：Ctrl＋O 组合键。

（2）文件的打开。

执行上述操作，打开选择文件对话框，该对话框用于打开已经存在的 AutoCAD 图形文件。在此对话框中，用户可以在"查找范围"下拉列表框中选择文件所在的位置，选择文件，点击"打开"按钮打开文件。如图 1-33 所示。也可在文件保存的位置，双击已建的后缀为".DWG"文件，打开已有图形。

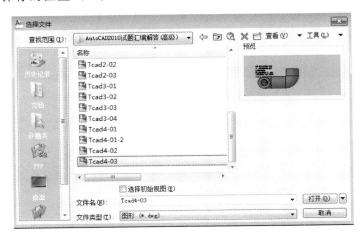

图 1-33 文件的打开

3．保存图形文件

（1）文件保存的方式。

■菜单命令：文件➤保存。

■工具栏：标准或快速访问➤保存。

■命令行：输入 QSAVE，按 Enter 键确定。

■快捷键：按 Ctrl＋S 组合键。

（2）保存图形。

执行上述操作对图形文件进行保存。

■如果当前图形文件尚未保存过，则弹出"图形另存为"对话框，该对话框用于重新命名保存新图形文件。若当前的图形文件已经命名保存过，不会弹出对话框，则按此名称自动保存文件。

■为避免因意外死机而导致绘制的图形丢失，应事先设置文件自动保存，点击工具➤选项➤文件保存➤自动保存，设置每隔 10 分钟自动保存。如图 1-34 所示。

4．另存为图形文件

（1）菜单命令：文件➤另存为。

（2）命令行：输入 SAVE AS，按 Enter 键确定。

（3）快捷键：按 Ctrl＋Shift＋S 组合键。

5．文件另存为

（1）执行上述操作都可以打开图形另存为对话框，对图形文件进行重命名保存。

（2）"保存于"下拉列表框用于设置图形文件保存的路径位置。

（3）"文件名"文本框用于输入图形文件的名称。

（4）"文件类型"下拉列表框中，DWG 是 AutoCAD 的图形文件，DWT 是 AutoCAD 样板文件，这两种

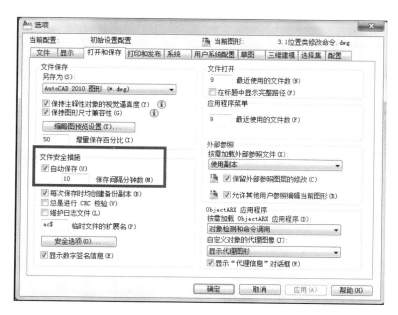

图 1-34 文件的打开

格式最常用。常将高版本 CAD 文件保存为低版本 CAD 文件,利于低版本软件打开。图形另存为对话框如图1-35所示。

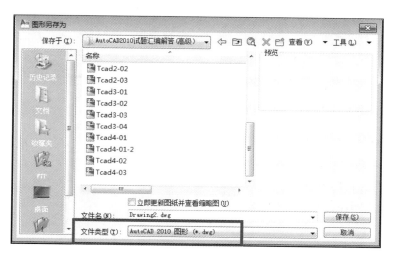

图 1-35 图形另存为对话框

6. 加密图形文件

在图形另存为对话框,点击右上角工具(L)➤安全选项➤密码,输入密码后,点击确定保存。如图 1-36 所示。

7. 施工图纸打印

(1) 图纸打印命令执行方式。

点击标题栏最左端软件图标下拉菜单➤打印。

菜单栏:文件(F)➤打印(P)。

命令行:输入 PLOT,按 Enter 键确定。

快速访问工具栏,点击打印图标。

使用快捷键 Ctrl+P。

(2) 图纸的打印。

①命令行输入 PLOT,按 Enter 键打开打印对话框。

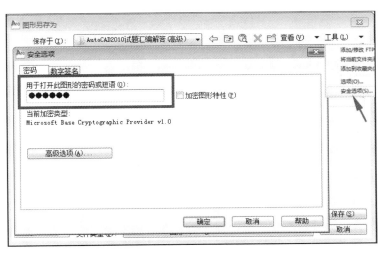

图 1-36　加密图形文件

②在页面设置名称(A)栏,输入名称。

③在打印机/绘图仪名称(M)列表,选择一种绘图仪。

④在图纸尺寸列表,选择图纸尺寸。

⑤在打印份数下,输入要打印的份数。

⑥在打印区域打印范围(W)下选择显示方式,确定要打印的范围。

⑦在打印比例下,选择布满图纸或选择打印比例。

⑧在打印偏移下,选择偏移距离或居中打印。

⑨点击其他选项按钮,进行其他设置。

⑩点击应用到布局或点击应用确定。

⑪在打印机/绘图仪名称(M)列表,选择一种绘图仪。

⑫图纸尺寸选择 A4,打印份数输入 1 份。

⑬打印范围(W)选择窗口,框选确定打印的内容。

⑭打印比例选择布满图纸,居中打印。

⑮点击预览,检查图纸方向是否正确,打印范围是否正确。

可将设置好的参数应用到布局保存,以后可按此操作打印相同要求的文件。

⑯点击确定对话框,打印。或再次进行同样设置的打印,在页面设置下的名称(A)下默认上一次打印即可。如图 1-37 所示。

三、学习总结

　　本次任务主要学习 AutoCAD 软件的启动与退出方式,界面组成以及各组成部分的位置和功能,文件的新建、打开、保存、另存为、加密与打印等文件管理方法。课后,同学们要对本次学习任务的知识点进行反复练习,提高操作的熟练程度。

四、作业布置

　　(1) 练习 AutoCAD 的启动与退出。

　　(2) 进行 AutoCAD 文件的新建、打开、保存、另存为、加密与打印等文件管理的实践。

五、技能成绩评定

　　技能成绩评定如表 1-3 所示。

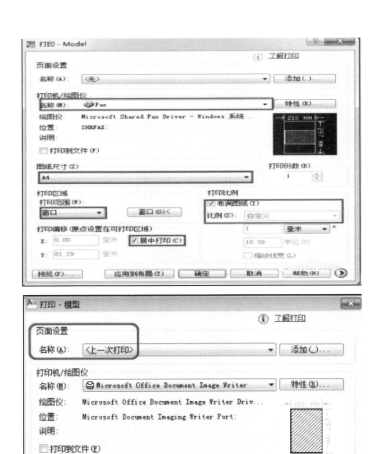

图 1-37　打印设置实训

表 1-3　技能成绩评定

考核项目		评价方式	说明
技能成绩	出勤情况(10%)	小组互评,教师参评	作业完成方式分辅助完成、独立完成、独立完成并进行辅导;学习态度分拖拉、认真、积极主动
	学习态度(10%)	小组互评,教师参评	
	作业速度(20%)	教师主评,小组参评	
	作业质量(60%)	教师主评,小组参评	

六、学习综合考核

学习综合考核如表 1-4 所示。

表 1-4　学习综合考核

项目	教学目标	学习目标	学习活动
60%	专业能力	技能目标	课堂活动
25%	社会能力	知识目标	课后活动
15%	方法能力	素质目标	课前活动

学习任务三　AutoCAD 绘图基本操作与基本设置

教学目标

(1) 专业能力:掌握 AutoCAD 基本操作与基本设置,为 AutoCAD 绘图设置做准备。

(2) 社会能力:计算机基础操作能力、口头表达能力。

(3) 方法能力:多聆听、多观察、多分析、多实践,提升自主学习能力。

学习目标

(1) 知识目标:AutoCAD 基本操作技巧与基本设置方法以及注意事项。

(2) 技能目标:为 AutoCAD 绘图设置绘图环境。

(3) 素质目标:提升学习兴趣,扩大认知领域,开阔视野,提升专业绘图技能。

教学建议

1. 教师活动

研究软件,分析重点,讲解和示范 AutoCAD 基本操作与设置方法。

2. 学生活动

认真听课,积极思考,加强沟通交流,进行操作技巧和设置方法的练习。

一、学习问题导入

在绘图前,需要了解 AutoCAD 软件的基本操作技巧与设置方法,熟悉 AutoCAD 基本操作,为绘图学习打下扎实的基础。

二、学习任务讲解

知识点一:鼠标的操作

(1)拖动移动鼠标,可以将鼠标移动到屏幕任意位置上。

(2)点击鼠标左键,可以选择屏幕上的命令图标和图形对象。

(3)按住鼠标左键,从左向右拖动,可框选蓝色矩形区域内的所有对象。

(4)按住鼠标左键,从右向左拖动,可框选绿色矩形区域触碰到的所有对象。

(5)滚动鼠标中键向前视图放大、滚动鼠标中键向后视图变小,但图形实际尺寸不变。

(6)按住鼠标中键,可平移视图到合适位置,观察所需要的图形。

(7)连续按鼠标中键两次,显示全部页面,在编辑尺寸较大的图纸时采用。

(8)点击对象后,按住鼠标右键,弹出选项面板,显示该对象的各种操作指示。

(9)在空白处按住鼠标右键,弹出工具面板,点击选择执行相关操作。如图 1-38 所示。

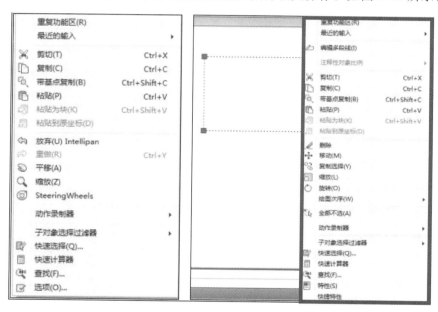

图 1-38　鼠标右键的操作

知识点二:选项的设置

1. 选项调出方式

(1)点击工具➤选项,弹出选项设置面板。

(2)命令行输入 OP,按 Enter 键,弹出选项设置面板。

(3)在绘图区或命令行空白处点击快捷菜单选项,弹出选项设置面板。

2. 选项设置指导

在选项设置面板分别点击文件、显示、打开和保存、打印和发布、系统、用户系统配置、草图、三维建模、选择集、配置选项,按步骤进行相关设置。如图 1-39 所示。

3. 选项设置实训

(1)保存位置设置:工具➤选项➤文件➤自动保存文件位置➤确定。如图 1-40 所示。

图 1-39　选项设置面板

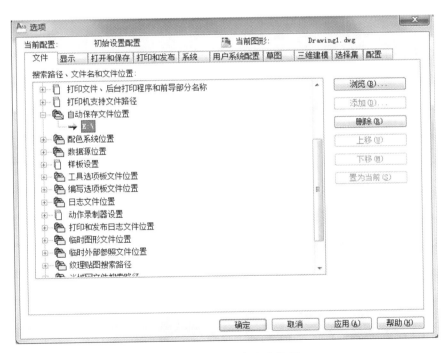

图 1-40　自动保存文字位置

（2）十字光标设置：工具➤选项➤显示➤十字光标大小➤确定。如图 1-41 所示。

（3）绘图区颜色设置：工具➤选项➤显示➤颜色➤黑色➤确定。如图 1-42 所示。

（4）自动保存间隔设置：工具➤选项➤打开和保存➤自动保存间隔➤确定。如图 1-43 所示。

（5）自动捕捉标记设置：工具➤选项➤草图➤自动捕捉标记大小/靶框大小➤确定。如图 1-44 所示。

知识点三：工具栏的显示、隐藏与调整

（1）常用工具栏的显示：点击菜单栏中工具➤工具栏➤，选择各工具栏，工具栏前被打√的将显示在桌面，如标准、样式、特性、绘图、修改、图层等，未勾选即表示隐藏。如图 1-45 所示。

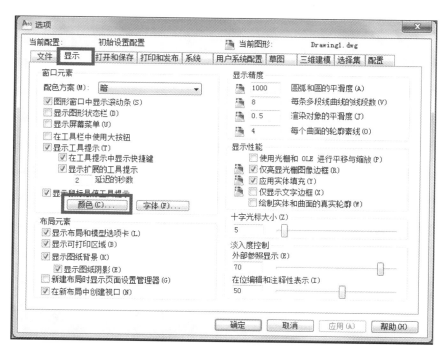

图 1-41　十字光标大小设置

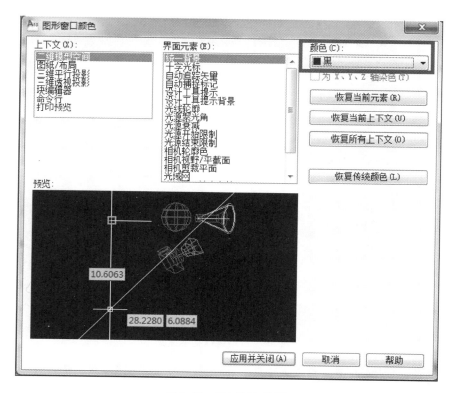

图 1-42　显示颜色设置

（2）按所需调出相关工具栏：点击任一工具栏按钮，弹出快捷菜单，勾选更多的工具栏，如：勾选对象捕捉，对象捕捉工具栏就显示在桌面。如图 1-46 所示。

（3）拖动任何一工具栏的左端或者最上方，可按照需要调整工具栏摆放位置。

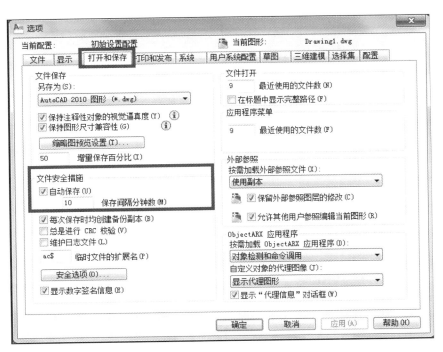

图 1-43　自动保存间隔设置

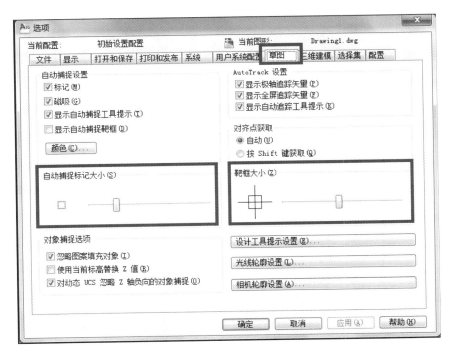

图 1-44　自动捕捉标记设置

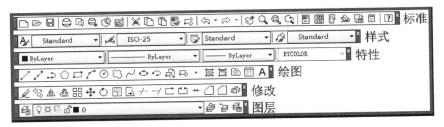

图 1-45　常用工具栏

图 1-46　对象捕捉工具栏

知识点四：草图的设置

1. 调出草图设置

（1）鼠标点击工具（T）➤草图设置（F），调出草图设置面板。如图 1-47 所示。

（2）在屏幕下方的状态栏的对象捕捉处，点击设置，弹出草图设置面板。进行对象捕捉或其他项目的设置，按 F7 或 F9 键，打开或关闭对象捕捉。如图 1-48 所示。

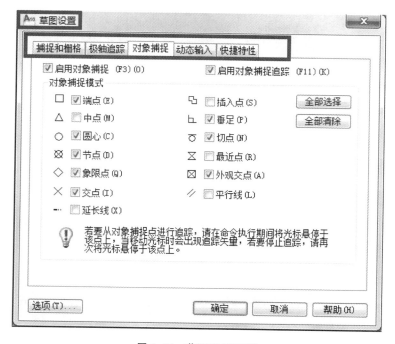

图 1-47　草图设置面板

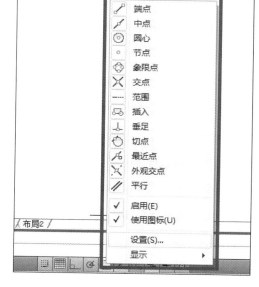

图 1-48　对象捕捉设置面板

2. 草图设置指导

面板包括捕捉栅格、极轴追踪、对象捕捉、动态输入、快捷特性等项目，分别打开具体项目，就可以对以上各项目进行设置，单项设置或依次设置都可以。绘图前进行必要的设置是为了绘图更方便。

3. 草图设置实训

（1）捕捉和栅格设置。

■栅格显示主要以等距排列的栅格点或栅格线的方式显示作图区域，给用户提供直观的距离和位置参照。栅格点或栅格线之间的距离可以随意调整，作为绘图的辅助工具显示。它不是图形的一部分，也不会被打印输出。在低版本 AutoCAD 中，默认使用栅格点，在高版本 AutoCAD 中通常显示的是栅格线。

■栅格捕捉是利用栅格捕捉功能，可以使光标在绘图区精确地捕捉到特定的坐标点。在草图设置打开捕捉和栅格选项卡，勾选启用捕捉，分别设置捕捉 X、Y 轴间距，如 100。

■当开启捕捉模式时，在非栅格区域的图形上，光标会跳动，难以定位摄取点。

■绘图时按 F7 键，关闭或启用栅格捕捉；按 F9 键，关闭或启用对象捕捉。如图 1-49 所示。

（2）极轴追踪设置。

极轴追踪就是作图时根据当前的追踪角度，引出相应的极轴追踪虚线，追踪定位目标点。点击极轴追踪，勾选极轴追踪，设置增量角 90°和附加角 30°，点击确定，如图 1-50 所示。启用"极轴追踪"功能有以下方

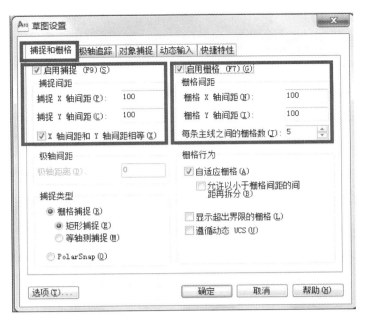

图 1-49　捕捉和栅格设置

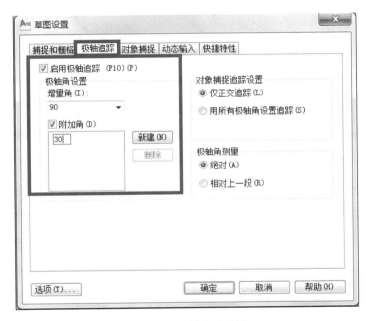

图 1-50　极轴追踪设置

式：反复按 F10 键可随时关闭或打开极轴追踪功能；也可点击状态栏上的"极轴追踪"按钮，随时关闭或打开极轴追踪功能。

（3）对象捕捉和对象捕捉追踪设置。

■点击对象捕捉，点击全部选择和确定按钮，如图 1-51 所示。启用"对象捕捉"功能，将鼠标光标移动到这些点附近时，会自动捕捉到对象的端点、中点、圆心、象限点、交点等相关点，摄取该点时会引出 X 或 Y 方向的平行虚线提示，捕捉目标点。按 F3 键，关闭或打开对象捕捉。对象捕捉追踪是对象捕捉与极轴追踪的综合，主要通过指定的点来捕捉特殊的辅助线，按 F11 键，关闭或打开对象捕捉追踪。

（4）正交模式。

利用正交功能，绘制的线段与坐标系统的 X 轴或 Y 轴平行，对于二维绘图而言，就是水平线或垂直线。启用正交模式可反复按 F8 键，随时关闭或打开正交功能；也可点击状态栏上的"正交"按钮，随时关闭或打开正交功能。

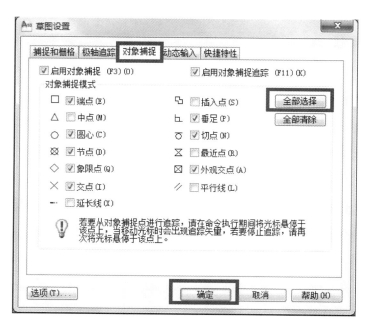

图 1-51　对象捕捉设置

知识点五：图层设置

1. 图层的调用方式

（1）格式（O）➤图层（L），打开图层设置面板。

（2）输入 LA，按 Enter 键确定，打开图层设置面板。

（3）点击工具栏图层特性 ，打开图层设置面板。如图 1-52 所示。

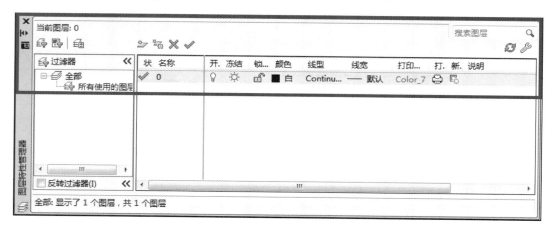

图 1-52　图层设置面板

2. 图层的建立指导

（1）新建和重命名图层：点击 新建图层，弹出"图层 1"，输入图层的名称，如墙体，按 Enter 键两次，会再弹出"图层 1"，用同样方法输入图层名称建立图层。

（2）颜色设置：点击颜色下"白色方框"，更改所需颜色，需养成习惯。

（3）线型设置：点击线型下 "轴线"的 Continuous 选项，弹出的对话框内选择需要的线型。如果对话框内没有需要的"点画线"线型，如图 1-53 所示。点击"加载"，选中"ACAD_ISOO4W100"后确定，如图 1-54 所示。

（4）线宽设置：点击线宽选项，在弹出的对话框内选择需要的线宽，图线粗细分明。

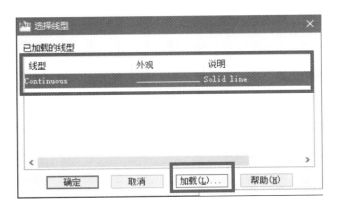

图 1-53　选择线型

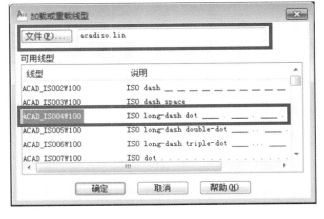

图 1-54　加载或重载线型

3. 图层的管理指导

（1）切换当前图层：图层前面打上"√"表示设置为当前图层，正在绘制图形的图层是当前层，当前图层不能删除或被冻结。

（2）删除图层：在图层列表框中选择要删除的图层，点击删除按钮"×"即可删除该图层。默认的当前图层，不能删除或重命名。

（3）💡打开/💡关闭图层：点击💡，可以显示或隐藏该图层上所有编辑的图形对象，关闭的图层看不见图形对象，也不能打印输出。

（4）❄冻结/☼解冻图层：点击☼，可以冻结或解冻该图层上所有编辑的图形对象，冻结的图层不能编辑，也不能打印输出。

（5）🔒锁定/🔓解锁命令，点击🔓，可以锁定或解锁该图层上所有编辑的图形对象，锁定图层上的所有图形对象不可以删除和修改，也不能在锁定图层上编辑新图形。

（6）利用模板保留图层，绘图前要对图层、单位、精度、文字样式、标注样式等进行设置，并保存为模板文件。

（7）编辑界面不应有图形内容，先建图层并进行设置，点击文件➤保存➤类型➤图形样板➤名称➤设计图层➤说明（不用填）➤测量单位（公制）MM ➤确定。

（8）CAD 图层就像一张张叠在一起的胶片，上层图像中没有像素的地方为透明区域，通过透明区域可以看到下一层的图像。图层是相对独立的，每次只能在一个图层上编辑，不能同时编辑多个图层。"×"表示删除图层，"√"表示设置为当前图层。

（9）对于简单绘图，采用默认的 0 图层即可。但大型复杂的设计图纸需要多个图层，墙体、门窗、轴线、文字、标注、家具、地面、顶面各一层，便于相关的控制管理、修改等操作。CAD 图层数量不受限制，各图层可设置不同图层名、颜色、线型、线宽等。

（10）图层工具：格式（O）➤图层工具（O）➤图层匹配（M）/图层隔离（I）/图层关闭（O）/图层冻结（F）/图层锁定（K）/图层删除（D）等。如图 1-55 所示。

4. 图层的建立实训

（1）在"图层特性管理器"对话框，点击新建图层，在亮显的图层名上输入新图层名称、并点击颜色、线型、线宽等图标进行设置，点击"应用"保存更改。打开图层可进行相应的更改设置。

（2）点击新建图层弹出"图层 1"，输入图层的名称，如墙体，按 Enter 键两次，会再弹出新的"图层 1"，用同样方法输入其他图层名称。

（3）颜色设置：点击颜色下"白色方框"，更改所需颜色。

（4）线型设置：点击线型下"轴线"的 Continuous 选项，在弹出的对话框内选择需要的线型。如果对话框内没有需要的"点画线"线型。点击"加载"，选中"ACAD_ISOO4W100"。

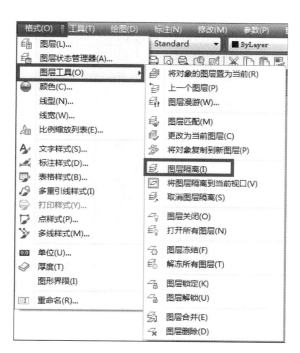

图 1-55　图层工具的应用

（5）线宽设置：点击线宽选项，在弹出的对话框内选择需要的线宽，图线粗细分明。

（6）图层设置如图 1-56 所示。

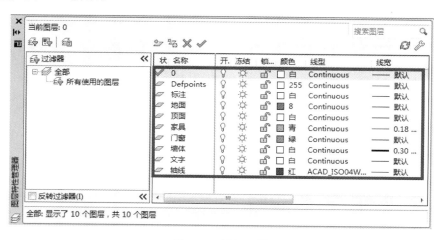

图 1-56　图层设置

知识点六：线特性设置

（1）线特性工具栏，包括颜色、线型、线宽等选项。线特性工具栏的颜色、线型、线宽设置方法与图层工具栏的设置方法基本相同。在 CAD 颜色有 RGB、CMYK 模式。

（2）ByLayer 随层设置，就是在绘图时把当前颜色、线型、线宽设置为 Bylayer，这样所绘对象的颜色（线型或线宽）与所在图层的图层颜色、线型、线宽才能一致。

（3）设置线型比例，在使用 CAD 绘图过程中，经常碰到由于非实线（如点画线、虚线、双点划线等）比例较小，造成非实线线型要放大到一定程度才能显示出来。要正常显示和打印虚线，可使用键盘输入命令 LTS，设置线型比例。

（4）线型比例实训，比如虚线比例设置，输入命令 LTS（不分大小写），按下空格键或 Enter 键之后，再输入比例参数，显示原来比例参数是 1，现输入参数 10，按 Enter 键，将所有虚线图层同时调整，变为正常显示虚线。如图 1-57 所示。

图 1-57　线型比例设置

知识点七：文字样式设置

设置方法：点击格式（O）➤文字样式（S）➤新建➤输入样式名➤大字体➤字体名➤宋体➤字体高度➤200 ➤应用。如图 1-58 和图 1-59 所示。

图 1-58　文字样式设置面板

图 1-59　文字样式名的确定

字体设置的基本原则是保证打印出来的图纸中文字清晰美观。一般会设置 2～3 种不同大小的字体，常用中文字体为仿宋、宋体。

设置如下。

（1）大字体。宋体，大小 200：一般用在图纸下方图名称，如平面布置图。调用大字体：样式➤文字样式控制➤点选大字体。如图 1-60 大字体样式设置。

（2）中字体。宋体，大小 140：一般用在室内。如图 1-61 中字体样式设置。

图 1-60 大字体 200 的文字样式设置

图 1-61 中字体 140 的文字样式设置

（3）小字体。宋体，大小 100：一般用在图纸说明。如图 1-62 小字体样式设置。

图 1-62 小字体 100 的文字样式设置

（4）如图 1-63 所示，AutoCAD 图纸上字体显示问号的处理方法。输入 ST 字体样式命令或点击格式➤文字样式➤样式➤ Standard ➤字体名➤将 txt.shx 改为宋体➤应用➤关闭，此时所有的字体都会正常显示。如图 1-64 所示。

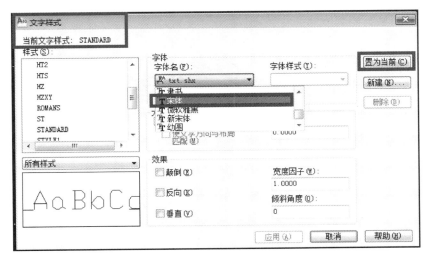

图 1-63　字体显示问号　　　　　　　　　　图 1-64　字体正常显示设置

知识点八:图形界限设置

1. 图形界限命令的调用方式

(1) 点击菜单:格式(O)➤图形界限(I)。

(2) 命令行输入 limits,按 Enter 键确认。

2. 图形界限设置指导

图形界限设置相当于设置绘制图形的图纸大小,依次点击格式(O)➤图形界限(I);在命令提示下,输入位于栅格界限左下角的点的坐标值,按 Enter 键确认;输入位于栅格界限右上角的点的坐标值,按 Enter 键确认。

3. 图形界限设置的实训

(1) 设置左下角为(0,0),420×297 图形界限。

(2) 设置左下角为(0,0),800×600 图形界限。

(3) 设置左下角为(200,200),420×297 图形界限。

(4) 设置左下角为(1000,1000),4200×2970 图形界限。

知识点九:图形单位设置

(1) 点击菜单:格式(O)➤单位(U)。

(2) 命令行输入 UN,按 Enter 键确认。

(3) 将长度和角度按图进行设置,如小数、十进制度数、精度、毫米等。如图 1-65 所示。

知识点十:特性匹配

1. 特性匹配命令的调用

(1) 点击功能区:选项卡 ➤特性面板 ➤特性匹配。

(2) 点击菜单:修改(M)➤特性匹配(M)。

(3) 点击工具栏:标准 。

2. 特性匹配命令的指导

(1) 特性匹配是指要复制到目标对象的源对象的基本特性和特殊特性。

(2) 可以复制的特性类型包括但不仅限于颜色、图层、线型、线型比例、线宽、打印样式、视口特性替代和三维厚度。

(3) 默认情况下,所有可用特性均可自动从选定的第一个对象复制到其他对象。

(4) 如果不希望复制特定特性,请使用“设置”选项禁止复制该特性。可以在执行命令过程中随时选择

"设置"选项。

如果要控制传输的特性,请输入 s(设置)。在"特性设置"对话框中,清除不希望复制的项目(默认所有项目均处于打开状态)。点击"确定"按钮,如图 1-66 所示。

图 1-65　图形单位设置

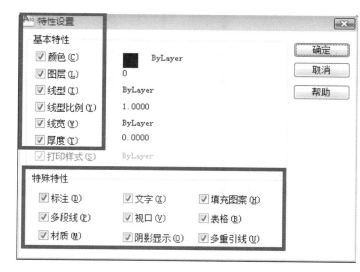

图 1-66　特性设置面板

3. 特性匹配命令的实训

点击工具栏:标准 ,点击源对象,点击目标对象,可以同一批点击多个目标对象。按 Enter 键确认对话框。

（1）颜色:将目标对象的颜色更改为源对象的颜色。此选项适用于所有对象。

（2）图层:将目标对象的图层更改为源对象的图层。此选项适用于所有对象。

（3）线型:将目标对象的线型更改为源对象的线型。此选项适用于除属性、图案填充、多行文字、点和视口之外的所有对象。

（4）线型比例:将目标对象的线型比例因子更改为源对象的线型比例因子。此选项适用于除属性、图案填充、多行文字、点和视口之外的所有对象。

（5）线宽:将目标对象的线宽更改为源对象的线宽。此选项适用于所有对象。

（6）厚度:将目标对象的厚度更改为源对象的厚度。此选项仅适用于圆弧、属性、圆、直线、点、二维多段线、面域、文字和宽线。

（7）标注:除基本的对象特性外,还将目标对象的标注样式和注释特性更改为源对象的标注样式和注释特性。此选项仅适用于标注、引线和公差对象。

（8）多段线:除基本的对象特性之外,将目标多段线的宽度和线型生成特性更改为源多段线的宽度和线型生成特性。源多段线的拟合/平滑特性和标高不会传递到目标多段线。如果源多段线具有不同的宽度,则其宽度特性不会传递到目标多段线。

（9）文字:除基本的对象特性外,还将目标对象的文字样式和注释特性更改为源对象的文字样式和注释特性。此选项仅适用于单行文字和多行文字对象。

（10）填充图案:除基本的对象特性外,还将目标对象的填充特性(包括其注释特性)更改为源对象的填充特性。要与图案填充原点相匹配,请使用 HATCH 或 HATCHEDIT 命令中的"继承特性"。此选项仅适用于填充对象。

知识点十一:特性设置

点击对象➤右键➤特性➤弹出特性设置面板,进行特性设置。或命令行输入 PR,按 Enter 键确认,弹出特性面板。如图 1-67 所示。也可调出特性面板工具,对颜色、线型和线宽直接进行修改。

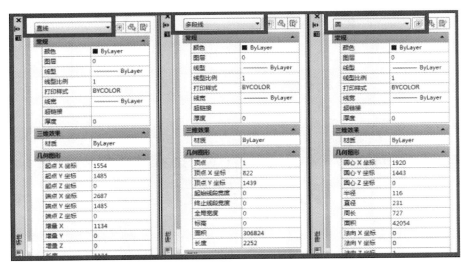

图 1-67　直线、多边形和圆特性设置对话框

三、学习任务小结

本次任务主要学习了鼠标的操作，选项的设置，工具栏的显示、隐藏与调整，草图的设置，图层设置，线特性设置，文字样式设置，图形界限设置，图形单位设置，特性匹配，特性设置等 AutoCAD 绘图的基本操作技巧与基本设置方法，以及 AutoCAD 基本操作注意事项。在操作 AutoCAD 软件时，当工作界面中的工具栏较乱时，可通过切换工作空间的不同模式让工具栏按默认布局排列，方便操作。

四、作业布置

（1）对鼠标的操作，选项的设置，工具栏的显示、隐藏与调整，草图的设置，图层设置进行练习。
（2）对线特性设置、文字样式设置、图形界限设置、图形单位设置、特性匹配、特性设置进行练习。

五、技能成绩评定

技能成绩评定如表 1-5 所示。

表 1-5　技能成绩评定

考核项目		评价方式	说明
技能成绩	出勤情况（10%）	小组互评，教师参评	作业完成方式分辅助完成、独立完成、独立完成并进行辅导；学习态度分拖拉、认真、积极主动
	学习态度（10%）	小组互评，教师参评	
	作业速度（20%）	教师主评，小组参评	
	作业质量（60%）	教师主评，小组参评	

六、学习综合考核

学习综合考核如表 1-6 所示。

表 1-6　学习综合考核

项目	教学目标	学习目标	学习活动
60%	专业能力	技能目标	课堂活动
25%	社会能力	知识目标	课后活动
15%	方法能力	素质目标	课前活动

学习任务四　AutoCAD绘图各类常用快捷键的分类与记忆

教学目标

（1）专业能力：熟悉AutoCAD常用快捷键，并进行常用快捷键实训。

（2）社会能力：练习AutoCAD常用快捷键，提高绘图效率。

（3）方法能力：学以致用，学中用、用中学、多实践、勤于总结。

学习目标

（1）知识目标：AutoCAD绘图、修改、标注、设置、基本操作等常用快捷键的分类。

（2）技能目标：AutoCAD绘图、修改、标注、设置、基本操作等常用快捷键的实训。

（3）素质目标：激发兴趣、加强记忆、提高绘图效率。

教学建议

1. 教师活动

分享和讲解绘图、修改、标注、设置等基本操作的常用快捷键。

2. 学生活动

（1）学生根据学习任务进行课堂学习，在老师的指导下，练习各类快捷键的使用。

（2）认真听课，积极思考，通过交流讨论，加强练习和记忆，提高兴趣和效率。

一、学习问题导入

AutoCAD 软件的功能命令较多,熟悉 AutoCAD 常用快捷键的使用技巧,就能大幅提高绘图的效率。在学习过程中应分析快捷键组成规律,熟练掌握快捷键用法并养成使用快捷键的习惯,可极大提升绘图水平。

二、学习任务讲解

知识点一:按快捷键字母长度分类学习

(1)单字母快捷键,一般是该命令英文单词首字母。

20 个单字母所代表的快捷键命令如表 1-7 所示。

表 1-7　单字母快捷键

序号	快捷键	命令	序号	快捷键	命令
1	A	圆弧	11	L	直线
2	B	创建临时块	12	M	移动实体
3	C	圆	13	O	偏移
4	D	标注样式管理器	14	P	实时平移
5	E	删除	15	S	拉伸
6	F	圆角	16	U	放弃/撤销
7	G	编组	17	V	视图管理器
8	H	图案填充	18	W	写入永久块
9	I	插入块	19	X	分解(打散)
10	J	合并对象	20	Z	视图缩放

(2)双字母快捷键,一般是该命令英文单词前两个字母,如修剪(TRIM)的快捷命令是 TR。30 个双字母所代表的快捷键命令如表 1-8 所示。

表 1-8　双字母快捷键

序号	快捷键	命令	序号	快捷键	命令
1	AA	面积和周长	16	ME	定距等分点
2	AR	阵列	17	MI	镜像
3	AL	对齐命令	18	ML	多线
4	BR	打断	19	MO/CH	对象属性
5	CO	复制	20	OP	工具选项设置
6	DO	圆环	21	PL	多段线
7	DT	单行文字	22	PE	编辑多段线
8	DI	计算距离	23	PO	画点
9	ED	编辑文字	24	RO	旋转
10	EL	椭圆	25	SC	比例缩放
11	EX	延伸	26	ST	文字样式
12	HE	编辑图案填充	27	MT	多行文字
13	LA	图层特征管理	28	TR	修剪
14	LE	单引线标注	29	TS	表格样式
15	MA	特征匹配	30	XL	构造线(参照线)

（3）三字母快捷键,如线型比例(LTSCALE)快捷命令是 LTS。三字母快捷键如表 1-9 所示。

表 1-9　三字母快捷键

序号	快捷键	命令	序号	快捷键	命令
1	CHA	倒角	11	LEN	拉长线段
2	DIV	定数等分点	12	LTS	线性比例
3	DLI	线性标注	13	MID	捕捉中心
4	DAL	对齐标注	14	MLS	多重引线标注
5	DRA	半径标注	15	POL	正多边形
6	DDI	直径标注	16	REC	矩形
7	DAN	角度标注	17	REG	域面
8	DBA	基线标注	18	SPL	样条曲线
9	DCO	连续标注	19	SPE	编辑样条曲线
10	EXT	三维拉伸	20	TAN	切点捕捉

（4）多字母快捷键,如多线样式(MLINESTYLE)的快捷键是 MLSTYLE,如表 1-10 所示。

表 1-10　多字母快捷键

序号	快捷键	命令	序号	快捷键	命令
1	DDPTYPE	点样式	3	LIMITS	图形界限
2	MLSTYLE	多线样式	4	QDIM	快速标注

知识点二:按 26 个字母的先后顺序排列记忆

按 26 个字母先后排序记忆的快捷键如表 1-11 所示。

表 1-11　按 26 个字母先后排序记忆的快捷键

序号	快捷键	命令	序号	快捷键	命令
1	A	圆弧	19	DAN	角度标注
2	AA	面积和周长	20	DBA	基线标注
3	AR	阵列	21	DCO	连续标注
4	AL	对齐命令	22	E	删除
5	B	创建临时块	23	ED	编辑文字
6	BR	打断	24	EL	椭圆
7	C	圆	25	EX	延伸
8	CO	复制	26	EXT	三维拉伸
9	CHA	倒角	27	F	圆角
10	D	标注样式管理器	28	G	编组
11	DO	圆环	29	H	图案填充
12	DT	单行文字	30	HE	编辑图案填充
13	DI	计算距离	31	I	插入块
14	DIV	定数等分点	32	J	合并对象
15	DLI	线性标注	33	L	直线
16	DAL	对齐标注	34	LA	图层特征管理
17	DRA	半径标注	35	LE	单引线标注
18	DDI	直径标注	36	LEN	拉长线段

序号	快捷键	命令	序号	快捷键	命令
37	LTS	线性比例	53	REG	域面
38	M	移动实体	54	S	拉伸
39	MA	特征匹配	55	SC	比例缩放
40	ME	定距等分点	56	SPL	样条曲线
41	MI	镜像	57	SPE	编辑样条曲线
42	ML	多线	58	ST	文字样式
43	MO/CH	对象属性	59	T/MT	多行文字
44	MLS	多重引线标注	60	TR	修剪
45	O	偏移	61	TS	表格样式
46	P	实时平移	62	TAN	切点捕捉
47	PL	多段线	63	U	放弃/撤销
48	PE	编辑多段线	64	V	视图管理器
49	PO	画点	65	W	写入永久块
50	POL	正多边形	66	X	分解（打散）
51	RO	旋转	67	XL	构造线（参照线）
52	REC	矩形	68	Z	视图缩放

知识点三：按快捷键的复合组成分类记忆

（1）单字母和数字组成的快捷键，如表1-12所示。

表1-12　单字母和数字组成的快捷键

序号	快捷键	命令	序号	快捷键	命令
1	F1	查看系统帮助	7	F7	格栅显示开关
2	F2	命令文本窗口	8	F8	正交模式开关
3	F3	对象捕捉开关	9	F9	栅格捕捉开关
4	F4	数字化仪校正	10	F10	极轴追踪开关
5	F5	等轴测平面切换	11	F11	对象捕捉追踪开关
6	F6	打开关闭动态UCS	12	F12	DYN（动态输入）开关

（2）Ctrl＋字母组成的快捷键，如表1-13所示。

表1-13　Ctrl＋字母组成的快捷键

序号	快捷键	命令	序号	快捷键	命令
1	Ctrl+A	全选	11	Ctrl+O	打开图像文件对话框
2	Ctrl+B	栅格捕捉开关(F9)	12	Ctrl+P	打开打印对话框
3	Ctrl+C	复制到剪贴板上	13	Ctrl+Q	退出CAD
4	Ctrl+D	打开关闭动态UCS(F6)	14	Ctrl+S	保存文件
5	Ctrl+F	对象捕捉开关(F3)	15	Ctrl+U	极轴模式开关(F10)
6	Ctrl+G	栅格显示开关(F7)	16	Ctrl+V	粘贴剪贴板上内容
7	Ctrl+J	重复执行上一步命令	17	Ctrl+W	对象追踪开关(F11)
8	Ctrl+K	超级链接	18	Ctrl+X	剪切所选择的内容
9	Ctrl+L	正交模式开关(F8)	19	Ctrl+Y	重做
10	Ctrl+N	新建图形文件	20	Ctrl+Z	取消前一步的操作

（3）Ctrl＋数字组成的快捷键，如表 1-14 所示。

表 1-14　Ctrl＋数字组成的快捷键

序号	快捷键	命令	序号	快捷键	命令
1	Ctrl＋1	图形窗口最大化	6	Ctrl＋6	打开数据库连接管理器
2	Ctrl＋2	打开特性对话框	7	Ctrl＋7	打开标记集管理器
3	Ctrl＋3	打开设计中心	8	Ctrl＋8	打开快速计算器
4	Ctrl＋4	打开工具选项板	9	Ctrl＋9	打开关闭命令行
5	Ctrl＋5	打开图纸集管理器	10	Ctrl＋10	

知识点四：按快捷键功能分类记忆

（1）绘图命令快捷键，如表 1-15 所示。

表 1-15　绘图命令快捷键

序号	快捷键	命令	序号	快捷键	命令
1	L	直线快捷键	11	C	圆快捷键
2	XL	构造线快捷键	12	A	圆弧快捷键
3	PL	多段线快捷键	13	EL	椭圆快捷键
4	ML	多线快捷键	14	SPL	样条曲线快捷键
5	POL	正多边形快捷键	15	PO	点快捷键
6	REC	矩形快捷键	16	TB	表格快捷键
7	B	创建块快捷键	17	REG	面域快捷键
8	I	插入块快捷键	18	T	文字快捷键
9	H	图案填充快捷键	19	DT	单行文字快捷键
10	DO	圆环快捷键	20	MT	多行文字快捷键

（2）修改命令快捷键，如表 1-16 所示。

表 1-16　修改命令快捷键

序号	快捷键	命令	序号	快捷键	命令
1	E	删除快捷键	11	EX	延伸快捷键
2	CO	复制快捷键	12	BR	打断快捷键
3	MI	镜像快捷键	13	J	合并快捷键
4	O	偏移快捷键	14	CHA	倒角快捷键
5	AR	阵列快捷键	15	F	圆角快捷键
6	M	移动快捷键	16	X	分解快捷键
7	RO	旋转快捷键	17	LE	引线快捷键
8	SC	比例缩放快捷键	18	PE	编辑快捷键
9	S	拉伸快捷键	19	MA	对象匹配快捷键
10	TR	裁剪快捷键	20	MO	对象属性快捷键

（3）标注命令快捷键，如表 1-17 所示。

表 1-17　标注命令快捷键

序号	快捷键	命令	序号	快捷键	命令
1	DLI	线性标注	9	DAL	对齐标注
2	DAR	弧长标注	10	DOR	坐标标注
3	DRA	半径标注	11	DJO	折弯标注
4	DDI	直径标注	12	DAN	角度标注
5	QDIM	快速标注	13	DBA	基线标注
6	DCO	连续标注	14	TOL	形位公差
7	DJL	折弯线性	15	DED	编辑标注
8	DST	标注样式	16	LE	引线标注

（4）基本设置快捷键，如表 1-18 所示。

表 1-18　基本设置快捷键

序号	快捷键	命令	序号	快捷键	命令
1	LA	图层管理	9	LT	线型管理器键
2	LTS	线性比例键	10	LW	线宽
3	ST	文字样式键	11	ED	修改文字键
4	D	标注样式管理器	12	DDPTYPE	点样式
5	MLSTYLE	多线样式	13	UN	单位设置
6	LIMITS	图形界限	14	OP	工具选项
7	U	操作返回	15	P	图纸移动
8	Z	视图缩放	16	CH	修改对象属性

知识点五：熟悉并记忆 AutoCAD 常用快捷键

记忆与自我检测应注意以下几点。

①对以上各表格中的快捷键进行理解记忆、简单记忆、强化记忆。

②在软件里输入快捷键，进行学习和实践。

③对下列各表格中的快捷键分门别类地进行填表检测。

④填表检测时，建议用铅笔，可反复填写，留待后续再进行自我检测。

⑤基本功的练习需要延续，在表格中填写快捷键越熟练越好。

⑥填表自我检测时，可故意打乱填写顺序，以增强记忆力。

（1）单字母快捷键，如表 1-19 所示。

表 1-19　单字母快捷键

序号	快捷键	命令	序号	快捷键	命令
1		圆弧	11		直线
2		创建临时块	12		移动实体
3		圆	13		偏移
4		标注样式管理器	14		实时平移
5		删除	15		拉伸
6		圆角	16		放弃/撤销
7		编组	17		视图管理器
8		图案填充	18		写入永久块
9		插入块	19		分解（打散）
10		合并对象	20		视图缩放

（2）双字母常用快捷键，如表 1-20 所示。

表 1-20　双字母键快捷键

序号	快捷键	命令	序号	快捷键	命令
1		面积和周长	16		定距等分点
2		阵列	17		镜像
3		对齐命令	18		多线
4		打断	19		对象属性
5		复制	20		工具选项设置
6		圆环	21		多段线
7		单行文字	22		编辑多段线
8		计算距离	23		画点
9		编辑文字	24		旋转
10		椭圆	25		比例缩放
11		延伸	26		文字样式
12		编辑图案填充	27		多行文字
13		图层特征管理	28		修剪
14		单引线标注	29		表格样式
15		特征匹配	30		构造线（参照线）

（3）三字母快捷键，如表 1-21 所示。

表 1-21　三字母快捷键

序号	快捷键	命令	序号	快捷键	命令
1		倒角	11		拉长线段
2		定数等分点	12		线性比例
3		线性标注	13		捕捉中心
4		对齐标注	14		多重引线标注
5		半径标注	15		正多边形
6		直径标注	16		矩形
7		角度标注	17		域面
8		基线标注	18		样条曲线
9		连续标注	19		编辑样条曲线
10		三维拉伸	20		切点捕捉

（4）多字母快捷键，如表 1-22 所示。

表 1-22　多字母快捷键

序号	快捷键	命令	序号	快捷键	命令
1		点样式	3		图形界限
2		多线样式	4		快速标注

（5）按 26 个字母先后排序快捷键，如表 1-23 所示。

表 1-23　按 26 个字母先后排序快捷键

序号	快捷键	命令	序号	快捷键	命令
1		圆弧	35		单引线标注
2		面积和周长	36		拉长线段
3		阵列	37		线性比例
4		对齐命令	38		移动实体
5		创建临时块	39		特征匹配
6		打断	40		定距等分点
7		圆	41		镜像
8		复制	42		多线
9		倒角	43		对象属性
10		标注样式管理器	44		多重引线标注
11		圆环	45		偏移
12		单行文字	46		实时平移
13		计算距离	47		多段线
14		定数等分点	48		编辑多段线
15		线性标注	49		画点
16		对齐标注	50		正多边形
17		半径标注	51		旋转
18		直径标注	52		矩形
19		角度标注	53		域面
20		基线标注	54		拉伸
21		连续标注	55		比例缩放
22		删除	56		样条曲线
23		编辑文字	57		编辑样条曲线
24		椭圆	58		文字样式
25		延伸	59		多行文字
26		三维拉伸	60		修剪
27		圆角	61		表格样式
28		编组	62		切点捕捉
29		图案填充	63		放弃/撤销
30		编辑图案填充	64		视图管理器
31		插入块	65		写入永久块
32		合并对象	66		分解（打散）
33		直线	67		构造线（参照线）
34		图层特征管理	68		视图缩放

（6）单个字母和数字组成的快捷键，如表 1-24 所示。

表 1-24　单个字母和数字组成的快捷键

序号	快捷键	命令	序号	快捷键	命令
1		查看系统帮助	7		格栅显示开关
2		命令文本窗口	8		正交模式开关
3		对象捕捉开关	9		栅格捕捉开关
4		数字化仪校正	10		极轴追踪开关
5		等轴测平面切换	11		对象捕捉追踪开关
6		打开关闭动态 UCS	12		DYN（动态输入）开关

（7）Ctrl＋字母组成的快捷键，如表 1-25 所示。

表 1-25　Ctrl＋字母组成的快捷键

序号	快捷键	命令	序号	快捷键	命令
1		全选	11		打开图像文件对话框
2		栅格捕捉开关（F9）	12		打开打印对话框
3		复制到剪贴板上	13		退出
4		打开关闭动态 UCS（F6）	14		保存文件
5		对象捕捉开关（F3）	15		极轴模式开关（F10）
6		栅格显示开关（F7）	16		粘贴剪贴板上内容
7		重复执行上一步命令	17		对象追踪开关（F11）
8		超级链接	18		剪切所选择的内容
9		正交模式开关（F8）	19		重做
10		新建图形文件	20		取消前一步的操作

（8）Ctrl＋数字组成的快捷键，如表 1-26 所示。

表 1-26　Ctrl＋数字组成的快捷键

序号	快捷键	命令	序号	快捷键	命令
1		图形窗口最大化	6		打开数据库连接管理器
2		打开特性对话框	7		打开标记集管理器
3		打开设计中心	8		打开快速计算器
4		打开工具选项板	9		打开关闭命令行
5		打开图纸集管理器	10		

知识点六：按快捷键功能分类

（1）绘图命令快捷键，如表 1-27 所示。

表 1-27　绘图命令快捷键

序号	快捷键	命令	序号	快捷键	命令
1		直线快捷键	8		插入块快捷键
2		构造线快捷键	9		图案填充快捷键
3		多段线快捷键	10		圆环快捷键
4		多线快捷键	11		圆快捷键
5		正多边形快捷键	12		圆弧快捷键
6		矩形快捷键	13		椭圆快捷键
7		创建块快捷键	14		样条曲线快捷键

序号	快捷键	命令	序号	快捷键	命令
15		点快捷键	18		文字快捷键
16		表格快捷键	19		单行文字快捷键
17		面域快捷键	20		多行文字快捷键

（2）修改快捷键，如表 1-28 所示。

表 1-28　修改快捷键

序号	快捷键	命令	序号	快捷键	命令
1		删除快捷键	11		延伸快捷键
2		复制快捷键	12		打断快捷键
3		镜像快捷键	13		合并快捷键
4		偏移快捷键	14		倒角快捷键
5		阵列快捷键	15		圆角快捷键
6		移动快捷键	16		分解快捷键
7		旋转快捷键	17		引线快捷键
8		比例缩放快捷键	18		编辑快捷键
9		拉伸快捷键	19		对象匹配快捷键
10		裁剪快捷键	20		对象属性快捷键

（3）标注快捷键，如表 1-29 所示。

表 1-29　标注快捷键

序号	快捷键	命令	序号	快捷键	命令
1		线性标注	9		对齐标注
2		弧长标注	10		坐标标注
3		半径标注	11		折弯标注
4		直径标注	12		角度标注
5		快速标注	13		基线标注
6		连续标注	14		形位公差
7		折弯线性	15		编辑标注
8		标注样式	16		引线标注

（4）基本设置快捷键，如表 1-30 所示。

表 1-30　基本设置快捷键

序号	快捷键	命令	序号	快捷键	命令
1		图层管理	9		线型管理器键
2		线性比例键	10		线宽
3		文字样式键	11		修改文字键
4		标注样式管理器	12		点样式
5		多线样式	13		单位设置
6		图形界限	14		工具选项
7		操作返回	15		图纸移动
8		视图缩放	16		修改对象属性

三、学习任务小结

本次任务主要学习了 AutoCAD 绘图、修改、标注、设置、基本操作等常用快捷键的分类与记忆。首先分析快捷键规律与记忆方法,通过具体的表格帮助记忆与测试,逐步熟悉绘图、修改、标注、设置、基本操作等常用快捷键。课后,同学们要反复练习快捷键,在实践中熟悉其操作方法。

四、作业布置

根据表格快捷键分门别类地进行记忆和实践,达到强化记忆的目的。

五、技能成绩评定

技能成绩评定如表 1-31 所示。

表 1-31　技能成绩评定

考核项目		评价方式	说明
技能成绩	出勤情况(10%)	小组互评,教师参评	作业完成方式分辅助完成、独立完成、独立完成并进行辅导;学习态度分拖拉、认真、积极主动
	学习态度(10%)	小组互评,教师参评	
	作业速度(20%)	教师主评,小组参评	
	作业质量(60%)	教师主评,小组参评	

六、学习综合考核

学习综合考核如表 1-32 所示。

表 1-32　学习综合考核

项目	教学目标	学习目标	学习活动
60%	专业能力	技能目标	课堂活动
25%	社会能力	知识目标	课后活动
15%	方法能力	素质目标	课前活动

项目二 AutoCAD 绘图工具的快速入门与技能实训

学习任务一 直线类绘图命令的学习与技能实训

学习任务二 图形类绘图命令的学习与技能实训

学习任务三 曲线类绘图命令的学习与技能实训

学习任务四 点、块、文字、图案填充类绘图命令学习与技能实训

学习任务一　直线类绘图命令的学习与技能实训

教学目标

（1）专业能力：能用多种方式调用直线、构造线、多线等绘图命令；掌握直线、构造线、多线的多种绘制方法，针对性地进行室内图形绘制专业实训，以用导学、检学和促学。

（2）社会能力：能提高图纸阅读能力、尺寸分析能力和方法选择能力；养成细致认真严谨的绘图习惯；能锻炼自我学习、语言表达、空间想象和创新能力；能尝试多种绘制方法，并选择最快绘制方式，提高绘图速度和质量。

（3）方法能力：多看课件、多看视频，认真倾听、多做笔记；多问、多思、勤动手；课堂上小组活动主动承担，相互帮助；课后在专业技能上主动实践。

学习目标

（1）知识目标：直线、构造线、多线等命令的调用方式、绘制方法和绘制技巧。

（2）技能目标：直线、构造线、多线等命令的技能实训。

（3）素质目标：一丝不苟、细致观察、自主学习、举一反三。

教学建议

1. 教师活动

（1）备自己：要热爱学生，知识丰富，技能精湛，内容难易适当，加强实用性。

（2）备学生：制作教案课件，分解步骤，实例示范，加强针对性。

（3）备课堂：讲解清晰，重点突出，难点突破，因材施教，加强层次性。

（4）备专业：根据室内设计专业的岗位技能要求教授知识点，并组织技能实训。

2. 学生活动

（1）课前活动：看书、看课件、看视频、记录问题，重视预习。

（2）课堂活动：听讲、看课件、看视频、解决问题，反复实践。

（3）课后活动：总结，做笔记，写步骤，举一反三，螺旋上升。

（4）专业活动：加强直线、构造线、多线等绘图命令的学习，加强其在室内设计专业中的技能实训。

一、学习问题导入

图形由点、直线、曲线等组合而成。点、直线和曲线的绘制是 AutoCAD 绘图最基本的操作。AutoCAD 绘图工具主要包括直线、构造线、多线、正多边形、矩形、多段线、圆弧、圆、圆环、椭圆、样条曲线、点、块、文字、图案填充等。本次学习任务将绘图命令按直线类绘图命令、平面图形类绘图命令、曲线类绘图命令、点块文字多段线类绘图命令分成四个学习任务来展开学习。每个命令的知识与技能讲解，按"命令执行方式"、"绘制方法指导"、"绘制技能实训"、"专业综合实训案例"的顺序，用任务驱动法和项目案例法，充分发挥学生学习的主动性。

二、知识讲解与技能实训

知识点一：绘制直线

直线类绘图命令主要学习直线、构造线和多线的绘制。

1. 命令执行方式

（1）点击工具栏：绘图 ╱ 。

（2）命令行输入 LINE 或 L，按 Enter 键确认。

（3）点击菜单栏：绘图（D）➤直线（L）。

（4）按空格键：重复上一直线命令。

2. 绘制方法指导

（1）命令行输入 L，按 Enter 键确定。

（2）指定直线起点，或输入坐标，确定直线起点。

（3）指定直线端点，或输入直线端点坐标。端点坐标可以是相对坐标、相对极坐标，或通过 ✛ 动态输入确定。

（4）按 Enter 键确认直线绘制，也可确定下一点继续绘制新直线。

（5）输入 U，按 Enter 键确定，表示放弃前面的输入。

（6）输入 C，按 Enter 键确定，表示图形自动与直线起点闭合。

（7）点击确认或按 Enter 键，结束命令。

（8）快速重新调用命令：按空格键表示重复执行上一直线命令。

（9）绘图时，为帮助快速准确捕捉到对象上指定的点，可点击使用默认面板上的对象捕捉，并右击 ▢ 弹出对象捕捉设置面板，设置对象捕捉为全部选择。

3. 绘制技能实训

（1）水平直线绘制。

命令行输入 L，按 Enter 键确认；按 F8 键，打开正交；确定起点；向右拉，输入直线长度，例如 2000；按 Enter 键确认；水平直线绘制完成，如图 2-1 所示。

图 2-1　水平直线的绘制

（2）垂直直线绘制。

命令行输入 L，按 Enter 键确认；按 F8 键，打开正交；确定起点；向上拉，输入直线长度，如 2000，按 Enter 键确认，垂直直线绘制完成。见图 2-2 所示。

（3）相对坐标绘制斜线。

命令行输入 L，按 Enter 键确认；确定起点；按 F8 键，关闭正交；输入相对坐标（@a，b），如@150，100 或 @-100，100；右击或按 Enter 键确认；斜线绘制完成。相对坐标（@a，b），a 为横坐标，b 为纵坐标，坐标向上和向右为＋，向下和向左为一；输入数值时，a、b 之间用逗号隔开。如图 2-3 所示。

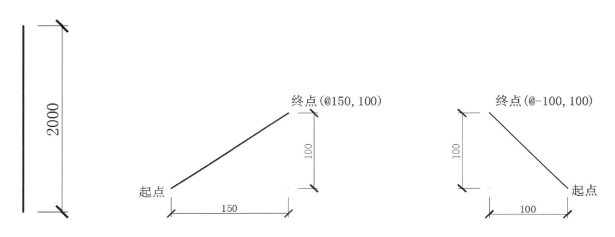

图 2-2　垂直直线的绘制　　　　　　　　图 2-3　相对坐标绘制斜线

（4）相对极坐标绘制斜线。

命令行输入 L，按 Enter 键确认；确定起点；按 F8 键，关闭正交；输入相对极坐标（@a<b），如输入（@200<30°）或（@150<－45°）；右击或按 Enter 键确认；斜线绘制完成。"相对极坐标"（@a<b），a 为长度，b 为角度，长度输入后，按 Tab 转换为角度输入；角度逆时针为＋，顺时针为一。如图 2-4 所示。

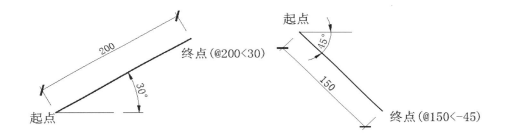

图 2-4　相对极坐标绘制斜线

（5）使用" ➕ 动态输入"绘制斜线。

绘制建筑标高符号如图 2-5 所示，步骤如下。

①命令行输入 L，按 Enter 键确认。

②指定直线起点 P_1。

③按 F8 键，关闭正交；点击动态输入 ➕，打开动态输入状态。

④鼠标往左下拉，当角度显示为 135°时，输入 400，按 Enter 键确认点 P_2。

⑤鼠标往左上拉，当角度显示 135°时，输入 400，按 Enter 键确认点 P_3。

⑥按 F8 键，打开正交；鼠标往右拉，输入 1400；按 Enter 键确认点 P_4。

⑦点击确认或按 Enter 键确认，结束绘制。

⑧不同方向的标高符号尺寸相同、绘制方式相似。

4. 直线绘制综合实训——陶罐立面图的绘制

分析组成陶罐的直线数量；分析陶罐的图形特征；分析各直线的位置和尺寸；综合应用直线的多种绘制方法；确定图形绘制顺序；完成陶罐右边图形，左边图形用镜像获取绘制。如图 2-6 所示。

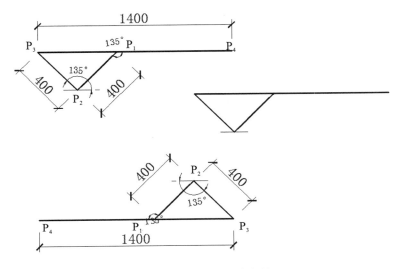

图 2-5　建筑标高符号的绘制

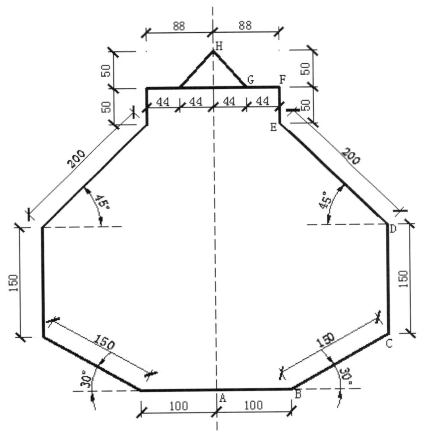

图 2-6　陶罐立面图绘制

知识点二:绘制构造线

1. 命令执行方式

(1) 点击工具栏:绘图 ╱ 。

(2) 命令行输入 XLINE 或 XL,按 Enter 键确认。

(3) 点击菜单栏:绘图(D)➤构造线(T)。

（4）按空格键：重复上一构造线命令。

2．绘制方法指导

（1）命令行：输入 XL，按 Enter 键确认。

（2）命令行：选择输入 H（水平）、V（垂直）、A（角度）、B（二等分）、O（偏移），选择不同字母，对应选择绘制对应不同的构造线。如输入 H，就是绘制水平直线。

（3）指定哪点，水平构造线就经过该点。

（4）继续指定点，连续绘制不同位置的水平构造线，可事先明确构造线所要经过的点。

（5）操作技巧：一级命令执行后，下一级命令的选择、数值的输入或具体的绘图步骤不需硬记，眼睛密切注视命令行，根据命令行提示和绘图实际需求操作就行；输入字母或数值，是在英文输入状态下进行，并按回车键确认；当图形太大，不能全部展示，鼠标左键双击，可以将屏幕全部图形都展示在眼前。记住以上步骤，可减少记忆内容，降低绘图难度。避免产生不必要的麻烦。

3．绘制技能实训

（1）水平构造线的绘制。

命令行输入 XL，按 Enter 键确认；输入 H，按 Enter 键确认；指定点，完成一条水平构造线绘制；继续指定点，继续绘制水平构造线；按 Enter 键确定，结束命令。

（2）垂直构造线的绘制。

命令行输入 XL，按 Enter 键确认；输入 V，按 Enter 键确认；指定点，完成一条垂直构造线绘制；继续指定点，继续绘制垂直构造线，按 Enter 键确定，结束命令。

（3）斜构造线的绘制。

命令行输入 XL，按 Enter 键确认；输入 A，按 Enter 键确认；输入 30，按 Enter 键确认；指定点，完成一条 30°斜构造线绘制；继续指定点，继续绘制 30°斜构造线；按 Enter 键确定，结束命令。如图 2-7 所示。

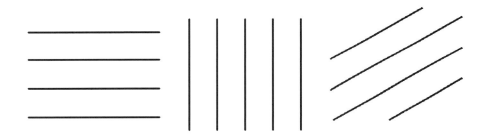

图 2-7　水平、垂直、斜构造线的绘制

（4）偏移已知直线或构造线。

命令行输入 XL，按 Enter 键确认；输入偏移命令 O，按 Enter 键确认；输入偏移距离 3000，按 Enter 键确认；指定构造线 OA，指定偏移向下，得到新构造线 1。指定构造线 OA，指定偏移向上，得到新构造线 2，按 Enter 键，结束命令。

命令行输入 XL，按 Enter 键确认；输入偏移命令 O，按 Enter 键确认；输入偏移距离 2500，按 Enter 键确认；指定直线 OB，指定偏移向左，得到新构造线 3；继续指定直线 OB；指定偏移向右，得到新构造线 4，按 Enter 键，结束命令。如图 2-8 所示。

4．构造线绘制综合实训——墙中心线"矩阵图"的绘制

综合应用构造线多种绘图命令，绘制室内布置图——墙中心线"矩阵图"。如图 2-9 所示。

知识点三：绘制多线

1．命令执行方式

（1）点击工具栏：绘图 ◥◣。

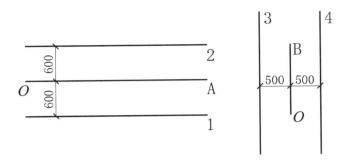

图 2-8　上下偏移水平构造线 OA,左右偏移垂直直线 OB

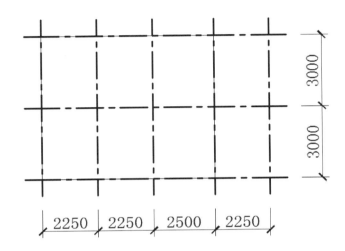

图 2-9　墙中心线"矩阵图"的绘制

（2）命令行输入 XLINE 或 XL,按 Enter 键确认。

（3）点击菜单栏:绘图(D)➤多线(U)。

（4）按空格键:重复上一多线命令。

2. 绘制方法指导

以多线绘制不同宽度的墙为例。

(1)命令行输入 ML,按 Enter 键确认。

(2)输入 J(对正),按 Enter 键确认。

(3)输入 Z(无),按 Enter 键确认。

(4)输入比例 S,按 Enter 键确认。

(5)输入多线比例 240,按 Enter 键确认。

(6)按 F8 键,打开正交。

(7)点击或确定多线的起点和端点绘制多线。

(8)连续确定多线的端点,可连续绘制首尾相连的 240 的多线。

(9)当多线比例分别设置 370,240,180,120,就可绘制对应宽度的墙。

(10) 墙的中线居中,对正设置为无。

3. 多线技能实训

(1) 多线绘制 240 mm 的墙。

命令行输入 ML,按 Enter 键确认;输入 J(对正),按 Enter 键确认;输入 Z(无),按 Enter 键确认;输入比例 S,按 Enter 键确认;输入比例 240,按 Enter 键确认;按 F8 键,打开正交;确定多线的起点与端点,绘制 240 mm 的墙,可连续绘制多段。

（2）多线绘制 180 mm 的墙。

命令行输入 ML，按 Enter 键确认；输入对正 J，按 Enter 键确认；输入无 Z，按 Enter 键确认；输入比例 S，按 Enter 键确认；输入比例 180，按 Enter 键确认；按 F8 键，打开正交；确定多线的起点与端点，绘制 180 mm 的墙，可连续绘制多段。

（3）多线绘制 120 mm 的墙。

命令行输入 ML，按 Enter 键确认；输入对正 J，按 Enter 键确认；输入无 Z，按 Enter 键确认；输入比例 S，按 Enter 键确认；输入比例 180，按 Enter 键确认；按 F8 键，打开正交；确定多线的起点与端点，绘制 120 mm 的墙。如图 2-10 所示。

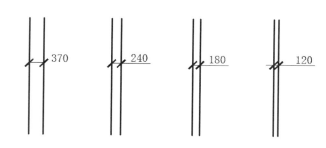

绘制370 多线　　绘制240 多线　　绘制180 多线　　绘制120 多线

图 2-10　各种比例的多线绘制

4. 多线绘制综合实训——绘制纵横交错的道路

绘制外框：命令行输入 L，按 Enter 键确认；点击第一点；按 F8 键；拉上输入 4000，按 Enter 键确认；右拉输入 6000，按 Enter 键确认，下拉输入 4000，按 Enter 键确认，左拉输入 6000，按 Enter 键确认。用后续所学的矩形命令直接绘制外框更快。

绘制道路：命令行输入 ML，按 Enter 键确认；输入对正 J，按 Enter 键确认；输入无 Z，按 Enter 键确认；输入比例 S，按 Enter 键确认；输入比例 1000，按 Enter 键确认；按 F8 键，打开正交；点击多线的起点与端点，绘制 1000 的道路。同理绘制第二条多线。

多线修改：点击修改(M) ➤ 对象(O) ➤ 多线(U) ➤ 多线编辑工具 ➤ T 型打开，分别点击两条多线，将封闭的多线实施 T 型打开。如图 2-11 所示。

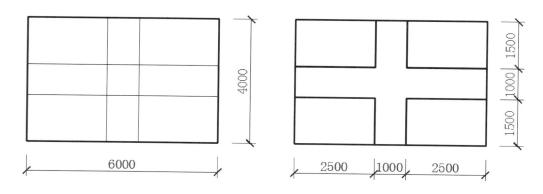

图 2-11　纵横交错的道路绘制

5. 直线、构造线、多线的综合实训

建筑墙线的快速绘制。如图 2-12 所示。

（1）用直线或构造线命令绘制墙中心线：用直线 L 绘制多条水平轴线和垂直轴线，水平轴线建议 6500，垂直轴线建议 5000；轴线的定位可复制直线辅助，也可用后续学习的偏移和修剪命令快速得到轴线网。绘制轴线网前，应设置对象捕捉为全部选择；按 F8 键可正交打开或关闭；输入命令与数值前请确认英文状态，输入后应按 Enter 键确定,如图 2-13 所示。

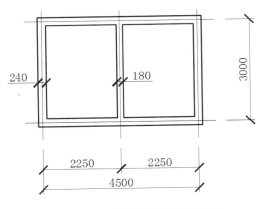

图 2-12　建筑墙线的快速绘制

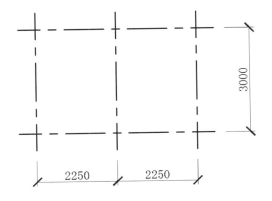

图 2-13　用直线命令绘制墙中心线

（2）用多线命令绘制墙线:直线命令(ML),对正(J),无(Z),比例(S),比例(240),依次按序点击轴线的四个交叉点,按 Enter 键确认,完成 240 墙的绘制。按 Enter 键,再启动多线命令,继续绘制多线,比例 S,比例值 240,依次点击多线上下的中点,按 Enter 键确认,完成 120 墙的绘制,应设置对象捕捉为全部选择;按 F8 键可打开或关闭正交;输入命令与数值前请确认英文状态,输入后应按 Enter 键确定。如图 2-14 所示。

（3）用后续所学的多线编辑命令进行墙的修改:修改(M)➤对象(O)➤多线(U)➤多线编辑工具➤角点封闭➤点击 240 墙打开的两角点,将角点打开的多线实施角点封闭;修改(M)➤对象(O)➤多线(U)➤多线编辑工具➤T 型打开➤多条(M),先点击 180 墙,再点击 240 墙,将中间封闭的多线实施 T 型打开。如图 2-15 所示。

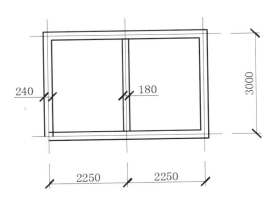

图 2-14　用多线绘制建筑墙线

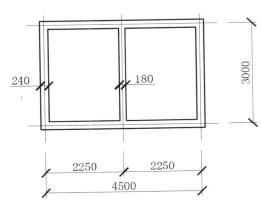

图 2-15　多线角点闭合与 T 型打开

三、学习任务小结

本次任务主要学习了直线、构造线、多线等命令的调用方式、绘制方法和绘制技巧,进行了直线、构造线、多线等命令的技能实训。课后,同学们要将这些命令反复练习,掌握便捷的绘制方式,做到熟能生巧,提高绘图效率。

四、作业布置

完成图 2-1～图 2-15 的绘制。

五、技能成绩评定

技能成绩评定如表 2-1 所示。

表 2-1　技能成绩评定

考核项目		评价方式	说明
技能成绩	出勤情况(10%)	小组互评,教师参评	作业完成方式分辅助完成、独立完成、独立完成并进行辅导;学习态度分拖拉、认真、积极主动
	学习态度(10%)	小组互评,教师参评	
	作业速度(20%)	教师主评,小组参评	
	作业质量(60%)	教师主评,小组参评	

六、学习综合考核

学习综合考核如表 2-2 所示。

表 2-2　学习综合考核

项目	教学目标	学习目标	学习活动
60%	专业能力	技能目标	课堂活动
25%	社会能力	知识目标	课后活动
15%	方法能力	素质目标	课前活动

学习任务二　图形类绘图命令的学习与技能实训

教学目标

（1）专业能力：能用多种方式调用正多边形、矩形、多段线等绘图命令；能掌握正多边形、矩形、多段线的多种绘制方法，针对性地进行室内图形绘制专业实训。

（2）社会能力：能提高图纸阅读能力、尺寸分析能力和方法选择能力；养成细致、认真、严谨的绘图习惯；能尝试多种绘制方法，并选择最快绘制方式，加快图形绘制速度。

（3）方法能力：多看课件、多看视频，认真倾听、多做笔记；多问、多思、勤动手；课堂上小组活动主动承担，相互帮助；课后在专业技能上主动实践。

学习目标

（1）知识目标：掌握正多边形、矩形、多段线等命令的调用方式、绘制方法和绘制技巧。

（2）技能目标：正多边形、矩形、多段线等命令的技能实训。

（3）素质目标：严谨认真，一丝不苟，细致观察，自主学习，举一反三。

教学建议

1. 教师活动

（1）备自己：热爱学生，知识丰富，技能精湛，内容难易适当。

（2）备学生：课件精美，示范清晰，互动积极。

（3）备课堂：讲解清晰，重点突出，因材施教。

（4）备专业：根据室内设计专业的岗位技能要求安排技能实训。

2. 学生活动

（1）课前活动：看书、看课件、看视频、记录问题，重视预习。

（2）课堂活动：听讲、看课件、看视频、解决问题，反复实践。

（3）课后活动：总结，做笔记，写步骤，举一反三。

（4）专业活动：加强正多边形、矩形、多段线等绘图命令在室内设计专业中的技能实训。

一、学习问题导入

本次学习任务主要讲授平面图形类绘图命令,主要学习正多边形、矩形、多段线等的绘制方法与技巧。每个命令的知识与技能都分步骤进行讲解和训练,希望同学们能够认真听课,主动练习,并学会归纳与总结,在实践中提升绘图效率。

二、知识讲解与技能实训

知识点一:绘制矩形

1. 命令执行方式

(1)点击工具栏:绘图□。

(2)命令行输入 RECTANG 或 REC,按 Enter 键确认。

(3)点击菜单栏:绘图(D)➤直线(G)。

(4)按空格键:重复上一直线命令。

2. 绘制方法指导

(1)执行矩形命令。

命令行输入 REC,按 Enter 键确认。

(2)矩形属性设置。

在确定矩形第一点前,应根据实际情况对矩形属性进行设置。如果矩形属性与绘制的上一矩形属性相同,则部分属性设置或全部属性设置可以省略。

命令行输入 W,按 Enter 键确认,进行线的宽度的设置。

命令行输入 F,按 Enter 键确认,进行圆角半径的设置。

命令行输入 C,按 Enter 键确认,进行倒角距离的设置。

命令行输入 T,按 Enter 键确认,进行矩形厚度的设置。

命令行输入 E,按 Enter 键确认,进行矩形标高的设置。

矩形属性设置后,绘制时会显示默认值。

绘制新矩形时,发现属性默认值与新矩形不吻合,则应重新设置。

(3)矩形位置确定。

点击矩形第一点确定矩形位置。

(4)矩形形状和大小确定。

可通过确定矩形对角线第二点,确定矩形形状和大小。

可通过命令行输入 D,再输入矩形的长度和宽度,确定矩形大小。输入命令或数值,按 Enter 键确认。

3. 绘制技能实训

(1)坐标输入法绘制矩形。

命令行输入 REC,按 Enter 键确定;输入 W,按 Enter 键确定;输入 0,按 Enter 键确定;指定第一个角点;指定另一个角点,如(@400,300)或(@300,400)。如图 2-16 所示。

(2)距离 D 选项绘制矩形。

命令行输入 REC,按 Enter 键确定;输入 W,按 Enter 键确定;输入 0,按 Enter 键确定;指定第一个角点;输入 D,按 Enter 键确定;输入矩形的长度 400,按 Enter 键确定。输入矩形的宽度 300,按 Enter 键确定;指定矩形的方向,按 Enter 键确定。如图 2-17 所示。

(3)圆角 F 选项绘制矩形。

命令行输入 REC,按 Enter 键确定;输入 F(圆角),按 Enter 键确定;输入半径 50,按 Enter 键确定;指定第一个角点;输入 D,按 Enter 键确定;输入矩形的长度 400,按 Enter 键确定;输入矩形的宽度 300,按 Enter 键确定;指定矩形的方向,按 Enter 键确定。如图 2-18 所示。

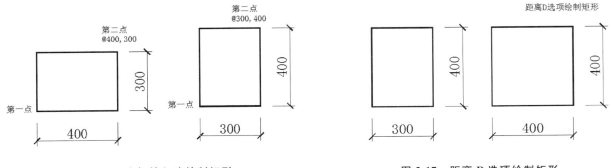

图 2-16　坐标输入法绘制矩形　　　　　　　　图 2-17　距离 D 选项绘制矩形

（4）倒角 C 选项绘制矩形。

命令行输入 REC，按 Enter 键确定；输入 C（倒角），按 Enter 键确定；输入倒角值 50，按 Enter 键确定；指定第一个角点；输入 D，按 Enter 键确定；输入矩形的长度 400，按 Enter 键确定；

输入矩形的宽度 300，按 Enter 键确定；指定矩形的方向，按 Enter 键确定。如图 2-18 所示。

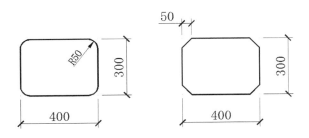

图 2-18　圆角 F 和倒角 C 绘制矩形

（5）宽度倒角选项绘制矩形。

命令行输入 REC，按 Enter 键确定；输入宽度 W，按 Enter 键确定；输入宽度值 40，按 Enter 键确定；输入倒角 C，按 Enter 键确定；输入倒角值 40，按 Enter 键确定；指定第一个角点；输入 D，按 Enter 键确定；输入矩形的长度 400，按 Enter 键确定；输入矩形的宽度 300，按 Enter 键确定；指定矩形的方向，按 Enter 键确定，设置宽度后还可以同时设置圆角 F75 或倒角 C50。如图 2-19 所示。

（6）宽度圆角选项绘制矩形。

命令行输入 REC，按 Enter 键确定；输入宽度 W，按 Enter 键确定；输入宽度值 40，按 Enter 键确定；输入圆角 F，按 Enter 键确定；输入半径 50，按 Enter 键确定；指定第一个角点；输入 D，按 Enter 键确定；输入矩形的长度 400，按 Enter 键确定；输入矩形的宽度 300，按 Enter 键确定；指定矩形的方向，按 Enter 键确定，设置宽度后还可以同时设置圆角 F75 或倒角 C50。如图 2-19 所示。

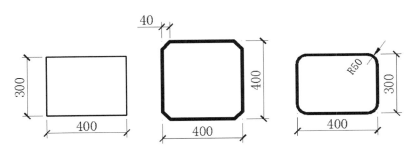

图 2-19　宽度 W、倒角 C、圆角 F 选项绘制矩形

（7）绘制两个中心重合的矩形。

分别绘制两个矩形 75×40 和 100×75；分别绘制两条对角线；使用移动命令 M，将两矩形中心重合最后删除对角线。如图 2-20 所示。

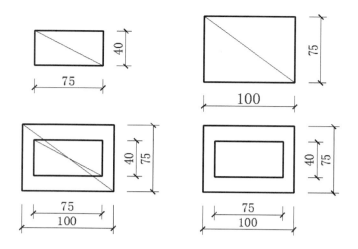

图 2-20 绘制两个中心重合的矩形

（8）绘制矩形和梯形。

分别绘制两个矩形 50×30 和 66×50；把两矩形移动到中心重合，把底边 A 点外拉 12 至 C 点；把 B 点外拉 22 至 D 点；梯形绘制完成。如图 2-21 所示。

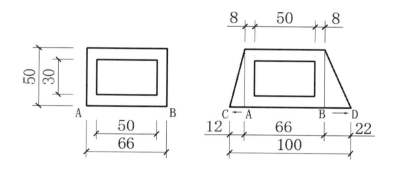

图 2-21 在矩形基础上绘制梯形

知识点二：绘制正多边形

1. 命令调用方式

（1）点击工具栏：绘图 ⬠。

（2）命令行输入 POL，按 Enter 键确认。

（3）点击菜单栏：绘图（D）▶正多边形（Y）。

（4）按空格键：重复上一正多边形命令。

2. 绘制方法指导

（1）命令行输入 POL，按 Enter 键确认。

（2）输入正多边形边数：输入数值，按 Enter 键确认。

（3）指定正多边形的中心点或［边（E）］：指定正多边形的中心点；或输入字母 E，按 Enter 键确认；输入边长数值，按 Enter 键确认。

（4）输入选项［内接于圆（I）/外切于圆（C）］。

如果正多边形内接于圆，输入 I，按 Enter 键确认。

如果正多边形外接于圆，输入 C，按 Enter 键确认。

（5）指定圆的半径：输入半径数值，按 Enter 键确认。

（6）输入字母或数值，在英文输入状态下输入，按 Enter 键确认。

3. 绘制技能实训

（1）绘制边长为 150 的正三角形。

命令行输入 POL，按 Enter 键确定；输入边的数目 3，按 Enter 键确定；输入边选项 E，按 Enter 键确定；直接输入边长值 150，按 Enter 键确定；或者在指定边的第一个端点后，指定边的第二个端点，输入 150，按 Enter 键确定。如图 2-22 所示。

（2）绘制边长为 100 的正五角形。

命令行输入 POL，按 Enter 键确定；输入边的数目 5，按 Enter 键确定；输入边选项 E，按 Enter 键确定；直接输入边长值 100，按 Enter 键确定；或者在指定边的第一个端点后指定边的第二个端点，输入 100，按 Enter 键确定。如图 2-22 所示。

（3）绘制边长为 60 的正十二角形。

命令行输入 POL，按 Enter 键确定；输入边的数目 12，按 Enter 键确定；输入边选项 E，按 Enter 键确定；直接输入边长值 60，按 Enter 键确定；或者在指定边的第一个端点后指定边的第二个端点，输入 60，按 Enter 键确定。如图 2-23 所示。

（4）绘制边长为 45 的正十六角形。

命令行输入 POL，按 Enter 键确定；输入边的数目 16，按 Enter 键确定；输入边选项 E，按 Enter 键确定；直接输入边长值 45，按 Enter 键确定；或者在指定边的第一个端点后指定边的第二个端点，输入 45，按 Enter 键确定。如图 2-23 所示。

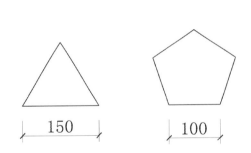

图 2-22　边长 E 选项绘制正多边形

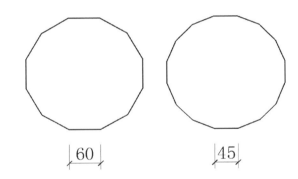

图 2-23　边长 E 选项绘制正十二边形和正十六边形

（5）绘制内接于圆、半径为 100 的正三角形。

命令行输入 POL，按 Enter 键确定；输入边的数目 3，按 Enter 键确定；指定中心点；选内接于圆（I），按 Enter 键确定；输入圆的半径 100，按 Enter 键确定。

（6）绘制内接于圆、半径为 150 的正五边形。

命令行输入 POL，按 Enter 键确定；输入边的数目 5，按 Enter 键确定；指定中心点；选内接于圆（I），按 Enter 键确定；输入圆的半径 150，按 Enter 键确定。如图 2-24 所示。

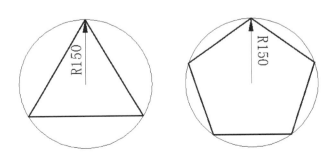

图 2-24　内接于圆（I）选项绘制正多边形

（7）绘制外切于圆、半径为 100 的正七边形。

命令行输入 POL，按 Enter 键确定；输入边的数目 7，按 Enter 键确定；指定中心点；选外切于圆（C），按 Enter 键确定；输入圆的半径 100，按 Enter 键确定。

（8）绘制外切于圆、半径为 100 的正八边形。

命令行输入 POL，按 Enter 键确定；输入边的数目 8，按 Enter 键确定；指定中心点；选外切于圆（C），按 Enter 键确定；输入圆的半径 100，按 Enter 键确定。如图 2-25 所示。

图 2-25　外切于圆（C）选项绘制正多边形

知识点三：绘制多段线

1. 命令调用方式

（1）点击工具栏：绘图 。

（2）命令行输入 LINE 或 PL，按 Enter 键确认。

（3）点击菜单栏：绘图（D）➤ 多段线（P）。

（4）按空格键：重复上一多段线命令。

2. 绘制方法指导

（1）命令行输入 PL，按 Enter 键确认；指定多段线的起点。

（2）输入 W，按 Enter 键确认；输入起点宽度值，按 Enter 键确认；输入端点宽度值，按 Enter 键确认。

（3）指定第二点的长度或位置坐标，按 Enter 键确认；连续确定起点、端点，连续绘制多段线。

（4）多段线可分段转换不同的直线或圆弧；每段直线或圆弧的起点或端点宽度不一样。

（5）换直线绘制，输入 L，按 Enter 键确认；输入长度或第二点坐标，按 Enter 键确认。

换圆弧绘制，输入 A，按 Enter 键确认；输入选项角度（A）、半径（R）和第二点（S），按 Enter 键确认；对应进行圆弧设置，按 Enter 键确认。

（6）分段绘制的多段线是同一个对象，是一个整体，可以整体偏移。

（7）输入字母或数值，在英文输入状态下输入，输入后按 Enter 键确认。

（8）为方便捕捉，在绘制多段线前须明确起点及端点的位置和捕捉方式。

3. 绘制技能实训

（1）绘制等线宽的直线。

■命令行输入 PL，按 Enter 键确认。

■指定起点。

■输入 W，按 Enter 键确认；起点宽度 3，按 Enter 键确认；端点宽度 3，按 Enter 键确认。

■按 F8 键，打开正交，指定多段线的起点，右拉鼠标，输入长度 50，按 Enter 键确认。

■输入 W，按 Enter 键确认；起点宽度 5，按 Enter 键确认；端点宽度 5，按 Enter 键确认。

■右拉鼠标，输入长度 100，按 Enter 键确认。如图 2-26 所示。

（2）绘制首尾宽度不同的多段线。

■命令行输入 PL，按 Enter 键确认。

■指定起点。

■输入 W，按 Enter 键确认；起点宽度 10，按 Enter 键确认；端点宽度 10，按 Enter 键确认。

■按 F8 键，打开正交，指定多段线的起点，右拉鼠标，输入长度 90，按 Enter 键确认。

■输入 W，按 Enter 键确认；起点宽度 20，按 Enter 键确认；端点宽度 0，按 Enter 键确认。

■右拉鼠标，输入长度 45，按 Enter 键确认。如图 2-27 所示。

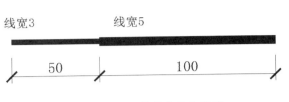

图 2-26　绘制等线宽的多段线

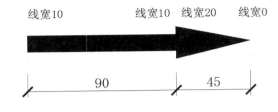

图 2-27　绘制首尾宽度不同的多段线

（3）绘制变宽度折线型多段线。

■命令行输入 PL，按 Enter 键确认。

■指定起点。

■输入 W，按 Enter 键确认；起点宽度 0，按 Enter 键确认；端点宽度 0，按 Enter 键确认。

■按 F8 键，打开正交，指定多段线的起点，上拉鼠标，输入长度 1000，按 Enter 键确认。左拉鼠标，输入长度 500，按 Enter 键确认；上拉鼠标，输入长度 400，按 Enter 键确认。

■输入 W，按 Enter 键确认；起点宽度 50，按 Enter 键确认；端点宽度 0，按 Enter 键确认。

■下拉鼠标，输入长度 200，按 Enter 键确认。如图 2-28 所示。

■绘制步骤不需记忆，步骤看命令行提示，数值看图。

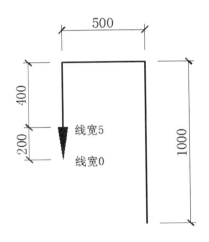

图 2-28　绘制变宽度折线型多段线

（4）绘制直线和弧线转换的多段线。

■命令行输入 PL，按 Enter 键确认。

■指定起点。

■输入 W，按 Enter 键确认；起点宽度 0，按 Enter 键确认；端点宽度 0，按 Enter 键确认。

■按 F8 键，打开正交，指定多段线的起点，右拉鼠标，输入长度 1000，按 Enter 键确认。

■输入圆弧 A，按 Enter 键确认；输入角度 A，按 Enter 键确认；输入角度 180°，按 Enter 键确认；右拉鼠标，输入 500，按 Enter 键确认。

■输入圆弧 L，按 Enter 键确认；左拉鼠标，输入 1000，按 Enter 键确认。如图 2-29 所示。

■绘制步骤不需硬记，看命令行提示，数值看图。

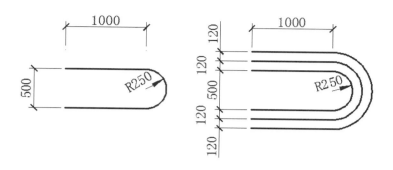

图 2-29　绘制直线和弧形多段线

（5）绘制正七边形和变宽弧形多段线。

■命令行输入 POL，按 Enter 键确认。

■输入边的数目 7，按 Enter 键确认。

■输入边长 E，按 Enter 键确认。

■指定点，正交右拉鼠标，输入 500，按 Enter 键确认。

■命令行输入 PL，按 Enter 键确认；指定起点 A。

■输入 W，按 Enter 键确认；起点宽度 10，按 Enter 键确认；端点宽度 100，按 Enter 键确认。

■输入圆弧 A，按 Enter 键确认；输入半径 R，按 Enter 键确认；输入角度 350°，按 Enter 键确认。

■指定端点 B，按 Enter 键确认。

■同样的方法绘制其他六条线，或者用后续的环形阵列操作，如图 2-30 所示。

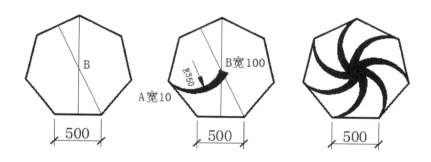

图 2-30　正七边形和变宽弧形多段线的绘制

（6）变宽弧形多段线的绘制。

■命令行输入 L，绘制四段 375 的直线。

■命令行输入 PL，按 Enter 键确认；指定起点 A。

■输入 W，按 Enter 键确认；起点宽度 0，按 Enter 键确认；端点宽度 100，按 Enter 键确认。

■输入圆弧 A，按 Enter 键确认；输入角度 A，按 Enter 键确认；输入角度 180°，按 Enter 键确认。

■指定端点 B，按 Enter 键确认。

■输入 W，按 Enter 键确认；起点宽度 100，按 Enter 键确认；端点宽度 0，按 Enter 键确认。

■指定端点 C，按 Enter 键确认。如图 2-31 所示。

（7）变宽直线多段线的绘制。

■命令行输入 PL，按 Enter 键确认；指定起点 A。

■输入 W，按 Enter 键确认；起点宽度 0，按 Enter 键确认；端点宽度 400，按 Enter 键确认。

■指定端点 B。

■输入 W，按 Enter 键确认；起点宽度 200，按 Enter 键确认；端点宽度 200，按 Enter 键确认。

■指定端点 C。

■输入 W,按 Enter 键确认;起点宽度 400,按 Enter 键确认;端点宽度 0,按 Enter 键确认。

■指定端点 D,按 Enter 键确认。如图 3-32 所示。

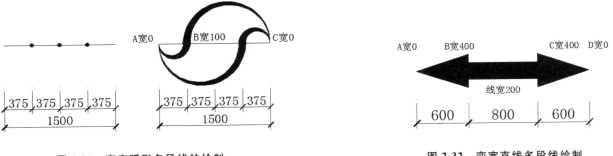

图 2-31 变宽弧形多段线的绘制   图 2-32 变宽直线多段线绘制

三、学习任务小结

本次任务主要学习了正多边形、矩形、多段线等命令的调用方式、绘制方法和绘制技巧,并进行了正多边形、矩形、多段线等命令的技能实训。通过课堂讲解与练习,同学们已经初步掌握了这些命令的使用方法。课后还需要反复实践练习,提高绘图效率。

四、作业布置

完成图 2-16～图 2-32 的绘制。

五、技能成绩评定

技能成绩评定如表 2-3 所示。

表 2-3 技能成绩评定

考核项目		评价方式	说明
技能成绩	出勤情况(10%)	小组互评,教师参评	作业完成方式分辅助完成、独立完成、独立完成并进行辅导;学习态度分拖拉、认真、积极主动。
	学习态度(10%)	小组互评,教师参评	
	作业速度(20%)	教师主评,小组参评	
	作业质量(60%)	教师主评,小组参评	

六、学习综合考核

学习综合考核如表 2-4 所示。

表 2-4 学习综合考核

项目	教学目标	学习目标	学习活动
60%	专业能力	技能目标	课堂活动
25%	社会能力	知识目标	课后活动
15%	方法能力	素质目标	课前活动

学习任务三　曲线类绘图命令的学习与技能实训

教学目标

（1）专业能力：能用多种方式调用圆弧、圆、圆环、椭圆、样条曲线等绘图命令和绘制方法，能针对性地进行室内图形绘制专业实训。

（2）社会能力：能提高图纸阅读能力和快速绘制能力；养成细致严谨的绘图习惯。

（3）方法能力：能归纳和总结绘图方法，在专业技能上多实践。

学习目标

（1）知识目标：掌握圆弧、圆、圆环、椭圆、样条曲线等命令的调用与绘制的方法技巧。

（2）技能目标：操作圆弧、圆、圆环、椭圆、样条曲线等命令。

（3）素质目标：养成一丝不苟、细致观察、自主学习的习惯，能举一反三。

教学建议

1. 教师活动

（1）备自己：关爱学生，知识丰富，技能精湛。

（2）备学生：备课认真，示范清晰，理论结合实践。

（3）备课堂：讲解清晰，重点突出，因材施教。

（4）备专业：根据室内设计专业的岗位技能要求安排技能实训。

2. 学生活动

（1）课前活动：看书，看课件，看视频，记录问题，重视预习。

（2）课堂活动：听讲，看课件，看视频，解决问题，反复实践。

（3）课后活动：总结，做笔记，写步骤，举一反三。

（4）专业活动：加强圆弧、圆、圆环、椭圆、样条曲线等命令在室内设计专业中的技能实训。

一、学习问题导入

本次学习任务主要讲解曲线类绘图命令,主要学习圆弧、圆、圆环、椭圆、样条曲线的绘制方法和表现技巧。教学中应充分发挥学生自主学习的能动性。在课堂练习环节,同学们要按照要求进行技能实训,在实践中总结方法和技巧,养成自己的绘图习惯。

二、知识讲解与技能实训

知识点一:绘制圆

1. 命令执行方式

(1) 点击工具栏:绘图 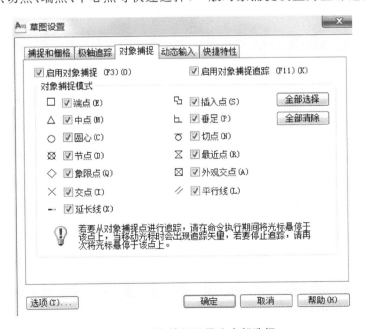。

(2) 命令行输入 CIRCLE 或 C,按 Enter 键确认。

(3) 点击菜单栏:绘图(D)➤圆(C)➤半径(R)、直径(D)、两点(2)、三点(3)或相切(A)。

(4) 按空格键:重复上一圆命令。

2. 绘制方法指导

(1) 在菜单栏绘图(D)命令下,选择对应命令,并输入对应数值或操作。

■点击绘图(D)➤圆(C)➤圆心、半径(R)➤确定圆心,输入半径,按 Enter 键确认。

■点击绘图(D)➤圆(C)➤圆心、直径(D)➤确定圆心,输入直径,按 Enter 键确认。

■点击绘图(D)➤圆(C)➤两点(2)➤确定圆上两点,按 Enter 键确认。

■点击绘图(D)➤圆(C)➤三点(3)➤确定圆上三点,按 Enter 键确认。

■点击绘图(D)➤圆(C)➤相切、相切、半径(T)➤确定两切点,输入半径,按 Enter 键确认。

■点击绘图(D)➤圆(C)➤相切、相切、相切(A)➤确定三切点,输入半径,按 Enter 键确认。

(2) 命令行输入 C,按 Enter 键确认;根据命令行的提示选择圆心、三点(3P)、两点(2P)、切点、切点、半径(T),进行操作。

(3) 为方便对圆心、切点、端点、中心点等快速选择,一般对象捕捉设置为全部选择。如图 2-33 所示。

<figure>

图 2-33　对象捕捉设置为全部选择
</figure>

3. 操作技能实训

(1) 圆心+半径或圆心+直径方式画圆。

命令行输入 C,按 Enter 键确认;点击圆心 A;输入半径 R,按 Enter 键确认;输入半径 100,按 Enter 键确认,绘图完成。输入 C,按 Enter 键确认;点击圆心 B;输入直径 D,按 Enter 键确认;输入直径径 200,按 Enter 键确认,绘图完成。如图 2-34 所示。

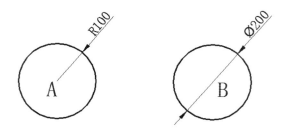

图 2-34　圆心＋半径或圆心＋直径方式画圆

（2）两点"2P"或三点"3P"方式画圆。

命令行输入 C,按 Enter 键确认;输入 2P(确定两点画圆),点击 A 和 B 两点,绘图完成。

命令行输入 C,按 Enter 键确认;输入 2P(确定两点画圆),点击 B 和 C 两点,绘图完成。

命令行输入 C,按 Enter 键确认;输入 3P(确定三点画圆),点击 A、B 和 C,绘图完成。源对象△ABC,利用直线命令自行绘制。如图 2-35 所示。

（3）相切、相切、相切方式画圆。

■点击绘图(D)➤圆(C)➤相切、相切、相切(A)➤依次点击 AB、BC、CA 三直线的切点。

■点击绘图(D)➤圆(C)➤相切、相切、相切(A)➤依次点击 AB、BC、圆 1 的三切点。

■点击绘图(D)➤圆(C)➤相切、相切、相切(A)➤依次点击 BC、CA、圆 1 的三切点。

■点击绘图(D)➤圆(C)➤相切、相切、相切(A)➤依次点击 CA、AB、圆 1 的三切点。如图 2-36 所示。

复习正多边形命令绘制正三角形:输入 POL,按 Enter 键确认;输入 3,按 Enter 键确认;输入 E,按 Enter 键确认;按 F8 键,打开正交;输入 400,按 Enter 键确认。如图 2-37 所示。

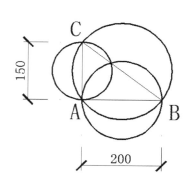

图 2-35　两点"2P"或三点"3P"方式画圆

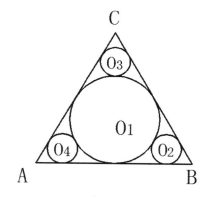

图 2-36　相切、相切、相切方式画圆

（4）相切、相切、半径方式画圆。

■点击绘图(D)➤圆(C)➤相切、相切、半径(T)➤依次点击 AB、BC 切点➤输入半径 R,按 Enter 键确定➤输入半径 50,按 Enter 键确定。

■点击绘图(D)➤圆(C)➤相切、相切、半径(T)➤依次点击 BC、CA 切点➤输入半径 R,按 Enter 键确定➤输入半径 50,按 Enter 键确定。

■点击绘图(D)➤圆(C)➤相切、相切、半径(T)➤依次点击 CA、AB 切点➤输入半径 R,按 Enter 键确定➤输入半径 50,按 Enter 键确定。

■点击绘图(D)➤圆(C)➤相切、相切、相切(A)➤依次点击圆 1、圆 2、圆 3 的三切点。如图 2-38 所示。

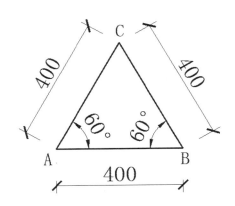

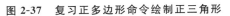

图 2-37　复习正多边形命令绘制正三角形

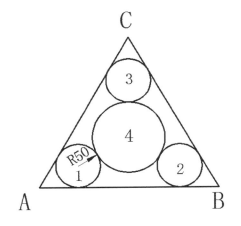

图 2-38　相切、相切、半径或相切、相切、相切方式画圆

知识点二:绘制圆弧

1. 命令调用方式

(1) 点击工具栏:绘图 。

(2) 命令行输入 ARC 或 A,按 Enter 键确认。

(3) 点击菜单栏:绘图(D)➤圆弧(A)➤选择各组合选项进行圆弧绘制。

(4) 按空格键:重复上一圆弧命令。

2. 绘制方法指导

在菜单栏绘图(D)➤圆弧(A)命令下,选择对应选项,并输入对应数值或进行操作。

■点击绘图(D)➤圆弧(A)➤选择起点、圆心、端点(S),进行输入、设置、确定绘图。

■点击绘图(D)➤圆弧(A)➤选择起点、圆心、角度(T),进行输入、设置、确定绘图。

■点击绘图(D)➤圆弧(A)➤选择起点、圆心、长度(A),进行输入、设置、确定绘图。

■点击绘图(D)➤圆弧(A)➤选择起点、端点、角度(N),进行输入、设置、确定绘图。

■点击绘图(D)➤圆弧(A)➤选择起点、端点、方向(D),进行输入、设置、确定绘图。

■点击绘图(D)➤圆弧(A)➤选择起点、端点、半径(R),进行输入、设置、确定绘图。

■点击绘图(D)➤圆弧(A)➤选择圆心、起点、角度(E),进行输入、设置、确定绘图。

■点击绘图(D)➤圆弧(A)➤选择圆心、起点、长度(L),进行输入、设置、确定绘图。

3. 绘制技能实训

(1) 利用弧形命令绘制弧形装饰线。

命令行输入圆弧 A,按 Enter 键确认,指定起点 C,指定第二点 B,指定第二端点 A,按 Enter 键确认;圆弧默认逆时针方向绘制。如图 2-39 所示。

(2) 利用弧形命令绘制扇形装饰线。

点击绘图(D)➤圆弧(A)➤选择起点、端点、角度(N),指定起点 B,指定端点 A,输入角度 120°,按 Enter 键确认。如图 2-40 所示。

(3) 利用弧形命令绘制门扇。

点击绘图(D)➤圆弧(A)➤选择起点、端点、半径(R),指定起点 A,指定端点 B,输入半径 900,按 Enter 键确认。如图 2-41 所示。

(4) 利用弧形命令绘制装饰杯。

点击绘图(D)➤圆弧(A)➤选择起点、端点、半径(R),指定起点 A,指定端点 B,输入半径 800,按 Enter 键确认。如图 2-42 所示。

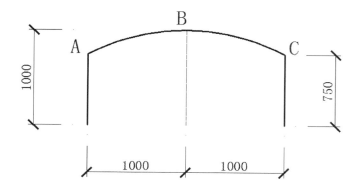

图 2-39　三点圆弧绘制圆弧

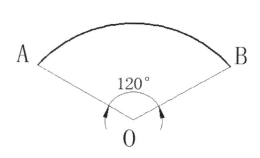

图 2-40　起点、端点、角度命令绘制圆弧

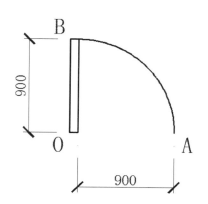

图 2-41　起点、端点、半径命令绘制圆弧

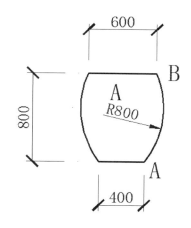

图 2-42　起点、端点、半径命令绘制弧形

知识点三：绘制椭圆

1. 命令执行方式

（1）点击工具栏：绘图 ⬭ 。

（2）命令行输入 ELLISPE 或 EL，按 Enter 键确认。

（3）点击菜单栏：绘图（D）➤椭圆（E）➤轴、端点（E）或圆心（C）或圆弧（A）。

（4）按空格键：重复上一椭圆命令。

2. 绘制方法指导

点击菜单栏绘图（D）➤椭圆（E）➤选项轴、端点（E）或圆心（C）或圆弧（A）。

点击菜单栏绘图（D）➤椭圆（E）➤选项轴、端点（E），指定轴起点和端点，指定半轴端点。

点击菜单栏绘图（D）➤椭圆（E）➤选项圆心（C），指定圆心、半轴端点、半轴端点。

点击菜单栏绘图（D）➤椭圆（E）➤选项圆弧（A），指定轴起点和端点，指定半轴端点；指定椭圆弧角度。

3. 绘制方法指导与绘制技能实训

（1）三端点法绘制椭圆。

命令行输入 EL，按 Enter 键确认，点击端点 A、按 F8 键，打开正交；点击端点 B、端点 C，按 Enter 键确认，椭圆完成绘制。

命令行输入 EL，按 Enter 键确认，点击端点 A；按 F8 键，打开正交；鼠标右拉，输入 90，按 Enter 键确认；鼠标上拉，输入 30，按 Enter 键确认；椭圆绘制完成。如图 2-43 所示。

命令行输入 EL，按 Enter 键确认，点击端点 A；按 F8 键，打开正交；鼠标右拉，输入 20，按 Enter 键确认；鼠标上拉，输入 30，按 Enter 键确认；椭圆完成绘制。如图 2-43 所示。

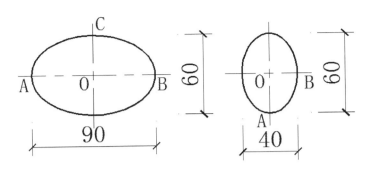

图 2-43　三端点法绘制椭圆

（2）圆心和两端点法绘制椭圆。

命令行输入 EL，按 Enter 键确认，输入 C，确认；点击圆心 O；按 F8 键，打开正交；鼠标下拉，输入 20，按 Enter 键确认；鼠标右拉，输入 30，按 Enter 键确认；椭圆绘制完成。

命令行输入 EL，按 Enter 键确认，输入 C，确认；点击圆心 O；按 F8 键，打开正交；鼠标下拉，输入 45，按 Enter 键确认；鼠标右拉，输入 30，按 Enter 键确认；椭圆绘制完成。如图 2-44 所示。

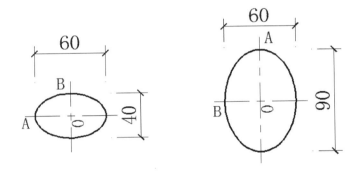

图 2-44　圆心＋两端点法绘制椭圆

（3）椭圆弧的绘制。

已知长轴 200，半短轴 50，角度－30°或 150°。

点击菜单栏绘图（D）➤椭圆（E）➤圆弧（A），指定起点，鼠标下拉，输入 200，按 Enter 键确认；鼠标下拉，输入 50，按 Enter 键确认；指定起始角度－30°，按 Enter 键确认；指定起始角度 150°。如图 2-45 所示。

已知长轴 200，半短轴 50，角度－150°或 150°。

点击菜单栏绘图（D）➤椭圆（E）➤圆弧（A），指定起点，鼠标下拉，输入 200，按 Enter 键确认；鼠标下拉，输入 50，按 Enter 键确认；指定起始角度－150°，按 Enter 键确认；指定起始角度 150°。如图 2-45 所示。

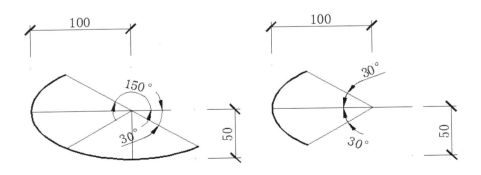

图 2-45　椭圆弧绘制

知识点四：绘制圆环

1. 命令调用方式

（1）点击工具栏：绘图 ⊙。

（2）命令行：输入 DONUT 或 DO，按 Enter 键确认。

（3）点击菜单栏：绘图（D）➤圆环（D）。

（4）按空格键：重复上一圆环命令。

2. 绘制方法指导

点击菜单栏绘图（D）➤圆环（D）或命令行：输入 DO，按 Enter 键确认；指定圆环的内径，按 Enter 键确认；指定圆环的外径，按 Enter 键确认；点击圆环的位置。

3. 绘制技能实训

综合绘制圆、圆环与多段线。如图 2-46 所示。

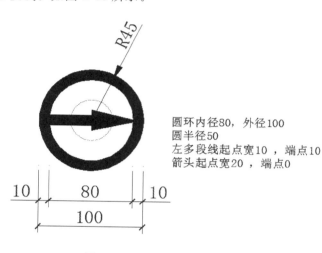

圆环内径80，外径100
圆半径50
左多段线起点宽10，端点10
箭头起点宽20，端点0

图 2-46 绘制圆、圆环和多段线

4. 综合绘制技能实训

（1）直线、圆、圆弧、椭圆的综合绘制。如图 2-47 和图 2-48 所示。

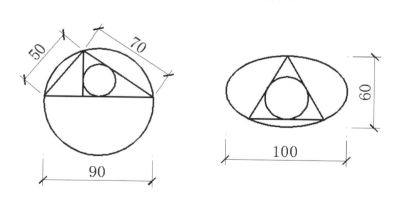

图 2-47 直线、圆、椭圆的综合绘制

（2）矩形、直线、圆环的综合绘制。如图 2-49 和图 2-50 所示。

（3）圆和弧形多段线的综合绘制。如图 2-51 所示。

知识点五：绘制样条曲线

1. 命令调用方式

（1）点击工具栏：绘图 〰。

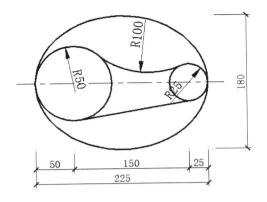

图 2-48 直线、圆、椭圆的综合绘制

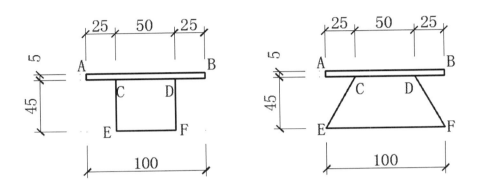

图 2-49 矩形、直线和圆环的综合绘制(1)

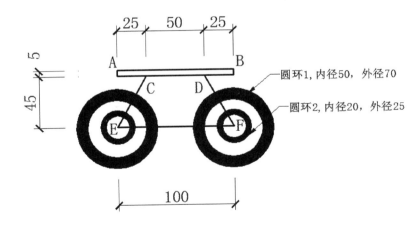

图 2-50 矩形、直线和圆环的综合绘制(2)

(2) 命令行:输入 SPLINE 或 SPL,按 Enter 键确认。

(3) 点击菜单栏:绘图(D)➤样条曲线(S)。

(4) 按空格键:重复上一条曲线命令。

2. 绘制方法指导

命令行输入 SPL,按 Enter 键确认。

指定样条曲线的起点、第二点、第三点……绘制样条曲线的关键是点的捕捉,需要耐心;结束时按 Enter 键确认。

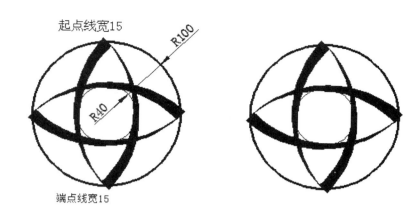

图 2-51　圆和弧形多段线的综合绘制

3. 绘制技能实训

（1）根据装饰花边底稿，用样条曲线绘制装饰花边。

绘制图形时，捕捉点需要提前设置。装饰花边底稿也可用矩形、直线以及预习修改命令中的复制 CO 命令与阵列 AR 命令自行绘制。

■绘制矩形 100×100。

■在矩形边的中点绘制直线 10，呈规律性排列，确定样条曲线的点的位置。

■命令行输入 SPL，按 Enter 键确认。

■从矩形一个角点开始，依次按位置要求点击小直线的点，绘制样条曲线，绘制一圈闭合线条，按 Enter 键确认。如图 2-52 和图 2-53 所示。

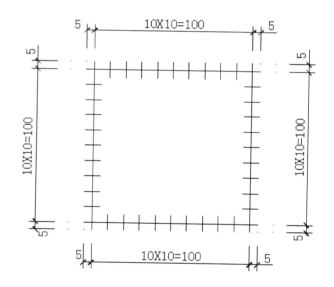

图 2-52　装饰花边的底稿

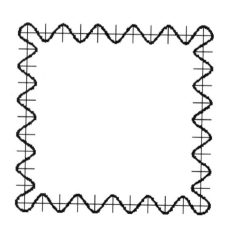

图 2-53　装饰花边的绘制

（2）根据矩形分割线的底稿，用样条曲线绘制装饰线，如图 2-54 所示。

■绘制矩形 1000×200，绘制间隔为 50 的小线，确定样条曲线的点的位置。

■从矩形左中点开始，依次点击确定，变中点，按 Enter 键确认。

■装饰花边底稿可用矩形、直线绘制，也可用修改命令中的复制 CO 命令与阵列 AR 命令绘制。

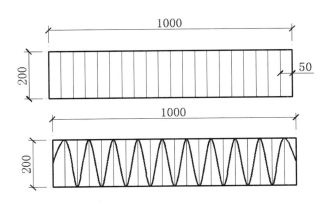

图 2-54 装饰花边的绘制

三、学习任务小结

本次任务主要学习了圆弧、圆、圆环、椭圆、样条曲线命令的调用方式、绘制方法和绘制技巧,并进行技能实训。课后,希望同学们反复练习和实践,养成一丝不苟和自主学习的习惯,举一反三地进行室内图形的绘制。

四、作业布置

完成图 2-35～图 2-54 的绘制。

五、技能成绩评定

技能成绩评定如表 2-5 所示。

表 2-5　技能成绩评定

考核项目		评价方式	说明
技能成绩	出勤情况(10%)	小组互评,教师参评	作业完成方式分辅助完成、独立完成、独立完成并进行辅导;学习态度分拖拉、认真、积极主动。
	学习态度(10%)	小组互评,教师参评	
	作业速度(20%)	教师主评,小组参评	
	作业质量(60%)	教师主评,小组参评	

六、学习综合考核

学习综合考核如表 2-6 所示。

表 2-6　学习综合考核

项目	教学目标	学习目标	学习活动
60%	专业能力	技能目标	课堂活动
25%	社会能力	知识目标	课后活动
15%	方法能力	素质目标	课前活动

学习任务四 点、块、文字、图案填充类绘图命令学习与技能实训

教学目标

（1）专业能力：能用多种方式调用点、块、文字、图案填充等绘图命令，并能掌握操作方法；能利用点、块、文字、图案填充命令，针对性地进行室内图形绘制专业实训。

（2）社会能力：能提高图纸阅读能力，养成细致、认真、严谨的绘图习惯。

（3）方法能力：能多看课件和视频，能认真倾听、多做笔记；能多问、多思、勤动手；课堂上小组活动主动承担责任，相互帮助；课后在专业技能上多实践。

学习目标

（1）知识目标：点、块、文字、图案填充等命令的调用方式、操作方法和操作技巧。

（2）技能目标：点、块、文字、图案填充等命令的技能实训。

（3）素质目标：培养一丝不苟、细致观察、自主学习的习惯。

教学建议

1. 教师活动

（1）备自己：热爱学生，知识丰富，技能精湛。

（2）备学生：课件精美，示范清晰，理论结合实际操作。

（3）备课堂：讲解清晰，重点突出，因材施教。

（4）备专业：根据室内设计专业的岗位技能要求安排技能实训。

2. 学生活动

（1）课前活动：看书，看课件，看视频，记录问题，重视预习。

（2）课堂活动：听讲，看课件，看视频，解决问题，反复实践。

（3）课后活动：总结，做笔记，写步骤。

（4）专业活动：加强点、块、文字、图案填充等命令在室内设计专业中的技能实训。

一、学习问题导入

本次学习任务主要讲授点、块、文字、图案填充类绘图命令,主要学习点、块、文字、图案填充的操作方式。每个命令的知识与技能讲解按"命令执行方式"、"绘制方法指导"、"绘制技能实训"的顺序,用任务驱动法和项目实际操作法,充分发挥学生自主学习的主动性,螺旋上升式展开学习。同学们要按照要求进行课堂练习,并总结和归纳绘图方法和技巧,逐步提高绘图效率。

二、知识讲解与技能实训

知识点一:绘制点

1.命令执行方式

(1)点击工具栏:绘图 ⁕ 。

(2)命令行:输入 POINT 或 PO,按 Enter 键确认。

(3)点击菜单栏绘图(D)➤点(O)➤多点(P)➤单点(S)。

点击菜单栏绘图(D)➤点(O)➤多点(P)➤多点(P)。

点击菜单栏绘图(D)➤点(O)➤多点(P)➤定数等分(D)。

点击菜单栏绘图(D)➤点(O)➤多点(P)➤定距等分(M)。

(4)命令行:定数等分快捷键 DIV,按 Enter 键确认。

(5)命令行:定距等分快捷键 ME,按 Enter 键确认。

(6)按空格键:重复上一点命令。

2.绘制方法指导

(1)绘图工具面板上点击 ⁕ ,或命令行输入命令 PO,按 Enter 键确定。

(2)点击绘制点;可连续绘制,点的位置若有一定规律,可以绘制成各种图案。

(3)为使绘制的点可见,并且有一定的大小,应点击格式(O)➤点样式(P),打开点样式面板进行设置,如图 3-54 所示。

(4)命令行输入 DIV,按 Enter 键确认;选择要定数等分的对象;输入线段等分数目,按 Enter 键确认。

(5)命令行输入 ME,按 Enter 键确认;选择要定距等分的对象;输入线段等分距离,按 Enter 键确认。

(6)除了用点将对象进行定数等分和定距等分外,还可以用事先设置的块进行等分。

■命令行输入 DIV,按 Enter 键确认;选择要定数等分的对象;输入块 B,按 Enter 键确认;输入线段等分的数目,按 Enter 键确认。

■命令行输入 ME,按 Enter 键确认;选择要定距等分的对象;输入块 B,按 Enter 键确认;输入线段等分的距离,按 Enter 键确认。

■执行定距等分直线时,鼠标点击哪一端,直线定数等分就从哪一端开始。如图 2-55 所示。

3.绘制技能实训

(1)有规则地绘制点。如图 2-56 所示。

(2)对象定数的等分。

将直线 AB、CD 各等分 10 份;将直线 BC、DA 各等分 4 份;将圆等分 20 份;如图 2-57 所示。

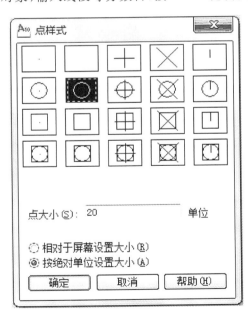

图 2-55　点样式设置面板

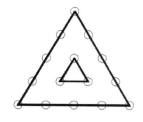 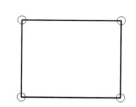 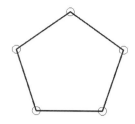

图 2-56　有规则地绘制点

命令行输入 DIV，按 Enter 键确认；点击直线 AB；输入 10，按 Enter 键确认；执行定数等分。

命令行输入 DIV，按 Enter 键确认；点击直线 BC；输入 4，按 Enter 键确认；执行定数等分。

命令行输入 DIV，按 Enter 键确认；点击圆；输入 20，按 Enter 键确认；执行定数等分；如果四边形 ABCD 是由矩形或多段线绘制，应先分解后再执行以上定数等分的操作。

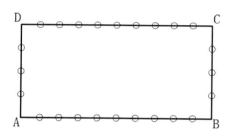 

图 2-57　对象的定数等分

（3）对象的定距等分。

将直线 AB、CD 等距分段；鼠标点击哪端，就从哪端开始等分。

命令行输入 ME，按 Enter 键确认；点击直线 AB；输入 500，按 Enter 键确认；执行定距等分。

命令行输入 ME，按 Enter 键确认；点击直线 CD；输入 500，按 Enter 键确认；执行定距等分。

选择对象点击左端，定距等分从左端开始。

命令行输入 ME，按 Enter 键确认；点击直线 AB；输入 750，按 Enter 键确认；执行定距等分。

命令行输入 ME，按 Enter 键确认；点击直线 CD；输入 750，按 Enter 键确认；执行定距等分。

选择对象点击右端，定距等分从右端开始。如图 2-58 所示。

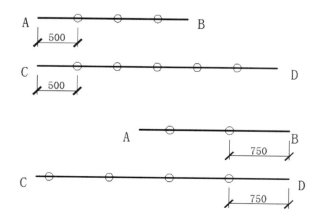

图 2-58　对象的定距等分

知识点二:创建块

1. 命令执行方式

(1)点击工具栏:绘图。

(2)命令行输入 BLOCK 或 B,按 Enter 键确认。

(3)点击菜单栏:绘图(D)➤块(K)➤创建(M)或基点(B)或定义属性(D)。

(4)按空格键:重复上一创建块命令。

2. 绘制方法指导

绘图工具面板上点击,或命令行输入快捷键 B,按 Enter 键确定,弹出块定义面板,分别进行名称命名、拾取点和选择对象等操作,块创建结果显示在块名称后的预显框,点击确定按钮,完成创建。块定义工具面板如图 2-59 所示。

图 2-59　块定义工具面板

3. 绘制技能实训

(1)创建块。

■创建矩形块:先建一个矩形,命令行输入 B,按 Enter 键确定,在块定义工具面板,名称输入"矩形",对象选择已建立的小矩形;拾取点,点击小矩形下边中点;勾选转化为块;按确定按钮,矩形块建立完成。如图 2-60 所示。

■创建圆块:先建一个圆,命令行输入 B,按 Enter 键确定,在块定义工具面板,名称输入"圆",对象选择已建立的圆;拾取点,点击圆心;勾选转化为块;按确定按钮,圆块建立完成。

■创建树块:先建一棵树,命令行输入 B,按 Enter 键确定,在块定义工具面板,名称输入"树",对象选择已建立的树;拾取点,点击树底中心;勾选转化为块;按确定按钮,树块建立完成。

■创建菜碟块:先建一个菜碟,命令行输入 B,按 Enter 键确定,在块定义工具面板,名称输入"菜碟",对象选择已建立的菜碟;拾取点,点击瓷碟圆心;勾选转化为块;点击确定按钮,菜碟块建立完成。

■创建筒灯块:先建一个筒灯,命令行输入 B,按 Enter 键确定,在块定义工具面板,名称输入"筒灯",对象选择已建立的筒灯;拾取点点击筒灯中心;勾选转化为块;按确定按钮,筒灯块建立完成。各种已建好的块如图 2-61 所示。块建好后,作为一个整体对象,方便复制阵列,也可用于对象的定数等分和定距等分。

(2)块定数等分。

■矩形或组合块定数等分大圆。

矩形块已建立,大圆已绘制,命令行输入 DIV,按 Enter 键确认;点击选择要定数等分的大圆,按 Enter

图 2-60 创建矩形块

图 2-61 建立矩形、圆、小树、菜碟、筒灯块

键确认；输入块命令 B，按 Enter 键确认；输入块名"矩形"，按 Enter 键确认；输入线段数目 20，按 Enter 键确认，块也可以是组合图形。如图 2-62 所示。

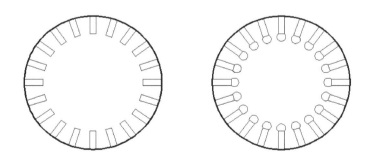

图 2-62 矩形块或组合块 20 等分大圆

■矩形块定数等分大矩形。

矩形块已建立，大矩形已绘制，命令行输入 DIV，按 Enter 键确认；点击选择要定数等分的大矩形，按 Enter 键确认；输入块命令 B，按 Enter 键确认；输入块名"矩形"，按 Enter 键确认；输入线段数目 30 或 60，按 Enter 键确认。如图 2-63 所示。

（3）块定距等分。

■用建立的小树块定距等分直线。

小树块已建立，两直线已绘制，命令行输入 ME，按 Enter 键确认；点击选择要定距等分的对象，按 Enter 键确认；输入块命令 B，按 Enter 键确认；输入块名"小树"；按 Enter 键确认；输入线段长度 500，按 Enter 键确认，从左边定距等分直线。

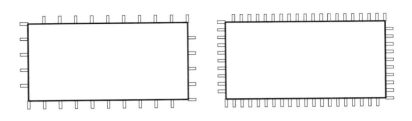

图 2-63　小矩形块等分大矩形

■用建立的菜碟块定距等分直线。

菜碟块已建立,两直线已绘制,命令行输入 ME,按 Enter 键确认;点击选择要定距等分的对象,按 Enter 键确认;输入块命令 B,按 Enter 键确认;输入块名"菜碟";按 Enter 键确认;输入线段长度 500,按 Enter 键确认,从右边定距等分直线。如图 2-64 所示。

■用建立的筒灯块等距等分直线。

筒灯块已建立,三矩形已绘制,命令行输入 ME,按 Enter 键确认;点击选择要定距等分的中间,按 Enter 键确认;输入块命令 B,按 Enter 键确认;输入块名"筒灯";按 Enter 键确认;输入线段长度 1000,按 Enter 键确认。如图 2-65 所示。

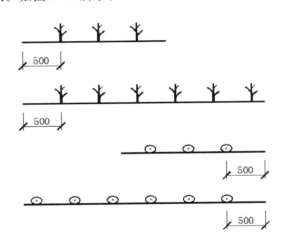

图 2-64　块定距等分直线

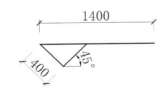

图 2-65　筒灯块等距等分直线

（4）定义块属性。

要创建属性,首先创建包含属性特征的属性定义,特征包括标记（标识属性的名称）、插入块时显示的提示、值的信息、文字格式、块中的位置和所有可选模式（不可见、常数、验证、预设、锁定位置和多行）。

■绘制标高符号:水平边长 400,斜边 400,角度 45°。如图 2-66 所示。

<figure>
1400
400
45°
</figure>

图 2-66　绘制标高符号

■属性定义标高:依次点击绘图（D）▶块（K）▶定义属性（D）,输入标记、提示和文字设置等,点击确定按钮。如图 2-67 所示。

■创建块:命令行输入 B,按 Enter 键确定,选"标高符号"与"属性标高"组合作为对象,取名动态标高,不勾选按统一比例缩放,如图 2-68 所示。

■插入（I）▶块（B）▶动态标高▶确定位置、角度、标高值,点击确定按钮,输入新标高值,点击确定。如图 2-69 所示。

属性定义、制作标高符号、创建块、插入块结果图如图 2-70 所示。

■点击双击属性定义的标高符号,出现增强属性编辑器,进行对应的修改,如图 2-71 所示。

（5）绘制可变换长宽的窗块:建立窗块、插入窗块、修改窗快属性中 X 或 Y 的比例。

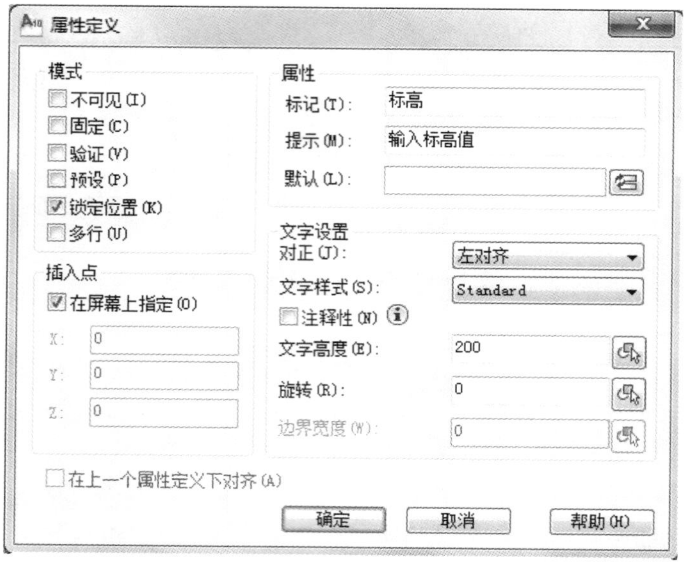

图 2-67 属性定义设置面板和结果

动态标高

动态标高

图 2-68 创建块（不勾选按统一比例缩放）

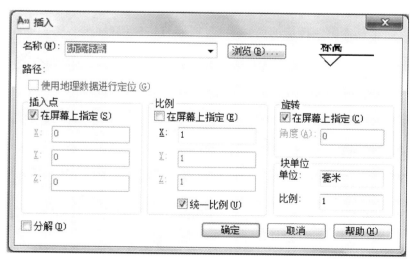

图 2-69 插入块（不勾选"在屏幕上指定"）

（1）标高

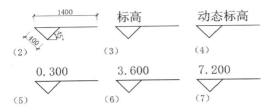

（2）　　　　　　（3）　　　　　　（4）

（5）　　　　　　（6）　　　　　　（7）

图 2-70　属性定义、制作标高符号、创建块、插入块结果图

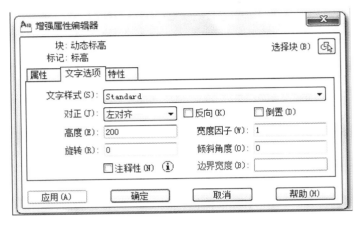

图 2-71　编辑属性编辑器

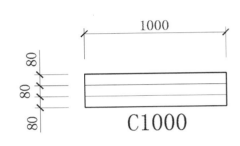

图 2-72　绘制标准窗

图 2-73　建立窗块(不勾选按统一比例缩放)

■绘制标准窗,窗宽 240 mm,长 1000 mm。如图 2-72 所示。

■建立窗块,不勾选按统一比例缩放。

■插入窗块,注意不勾选在屏幕上指定。如图 2-74 所示。

■点击插入的窗块,键盘按 Ctrl＋1 键,改变块属性的 X 或 Y 比例,得到窗的长与宽。如图 2-75 所示。

■点击插入的窗块,等比例缩放图形。如图 2-76 所示。

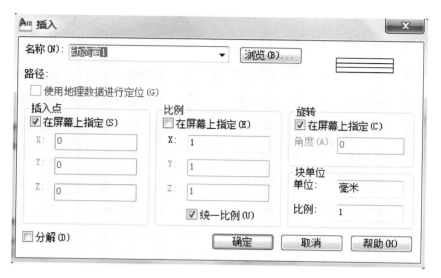

图 2-74　插入窗块(不勾选在屏幕上指定)

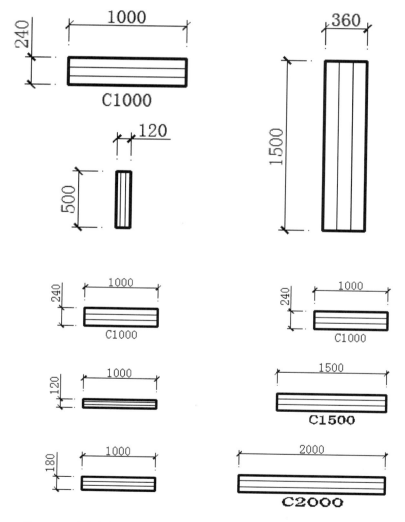

按Ctrl+1，改变窗宽比例　　　　　　　按Ctrl+1，改变窗长比例

图 2-75　改变块属性的单向长或宽的比例

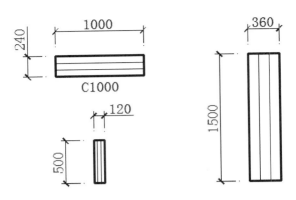

图 2-76　等比例缩放图形

知识点三：文字命令

1. 命令执行方式

（1）点击工具栏：绘图 **A**。

（2）命令行输入 MTEXT 或 MT 或 T，按 Enter 键确认。

（3）点击菜单栏：绘图（D）➤文字（X）➤多行文字（M）。

（4）按空格键：重复上一文字命令。

2. 绘制方法指导

依次点击绘图（D）➤文字（X）➤多行文字（M），也可输入 MT 或 T，按 Enter 键确定。点击第一点，拖动鼠标拉出一个矩形，在矩形框输入文字。如果功能区处于活动状态，则将显示"多行文字"功能区上下文选项卡。如果功能区未处于活动状态，则将显示在位文字编辑器。

3. 绘制技能实训

（1）14 号仿宋加粗。

（2）10 号仿宋加下划线。

（3）7 号仿宋倾斜。

（4）5 号黑体。如图 2-77 所示。

14号字体：AutoCAD快速入门与技能实训

10号字体：字体工整、笔划清楚、间隔均匀、排列整齐

7号字体：ABCDEFGHIJKLMNOPQRSTUVWXYZ

5号字体：abcdefghijklmnopqrstuvwxyz

图 2-77　文字设置与输入技能实训

知识点四：图案填充

1. 命令调入方式

（1）点击工具栏：绘图 ▨。

（2）命令行：输入 HATCH 或 H，按 Enter 键确认。

（3）点击菜单栏：绘图（D）➤图案填充（H）。

（4）按空格键：重复上一创建块命令。

2. 设置方法指导

（1）点击绘图（D）➤图案填充（H）或命令行输入 H，按 Enter 键确认；弹出图案填充和渐变色对话框；点击选择设置的图案类型，点击拾取点，点击封闭的图形，输入图案填充比例和角度等，如图 2-78 所示。拾取

对象时,对象必须是封闭的图形。

（2）打开 ANSI 图案、ISO 图案、其他预定义图案、自定义图案进行选择,在预览栏显示选定的自定义图案的预览图像。

图 2-78　图案填充对话框

3. 绘制技能实训

（1）封闭图形内部没有任何其他对象的填充。

■绘制水管平面图:绘制直径为 100 的圆,填充对应图案。如图 2-79 所示。

■绘制房屋柱子图:绘制 300×300 的矩形,填充对应图案。如图 2-79 所示。

■绘制装饰画图案:绘制 450×600 的椭圆,填充对应图案。如图 2-80 所示。

■绘制屋墙样例图:绘制 240×1000 的矩形,填充对应图案。如图 2-80 所示。

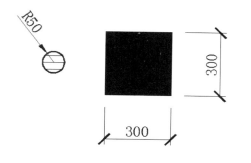

图 2-79　水管和柱子平面图

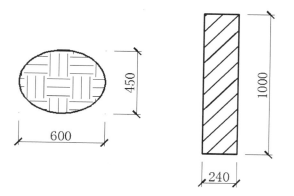

图 2-80　封闭图形内无对象的团填充

（2）封闭图形内部还有文字或图形的填充。如图 2-81 所示。

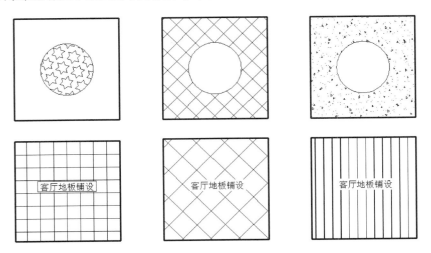

图 2-81　封闭图形内无对象的团填充

（3）多样图案不同比例的填充。同学们可以绘制填充前的原始封闭图形。如图 2-82 所示。

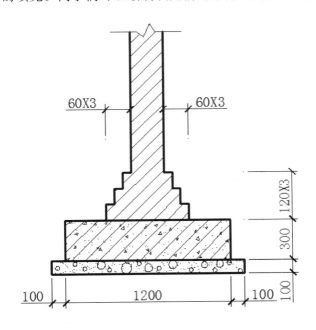

图 2-82　墙基础的绘制与填充

三、学习任务小结

本次任务主要学习点、块、文字、图案填充命令的调用方式、绘制方法和绘制技巧,并进行了点、块、文字、图案填充命令的技能实训。课后,同学们要勤加练习,熟练掌握绘制方法和技巧,提升绘图能力。

四、作业布置

完成图 2-55～图 2-82 的绘制。

五、技能成绩评定

技能成绩评定如表 2-7 所示。

表 2-7 技能成绩评定

考核项目		评价方式	说明
技能成绩	出勤情况（10%）	小组互评，教师参评	作业完成方式分辅助完成、独立完成、独立完成并进行辅导；学习态度分拖拉、认真、积极主动
	学习态度（10%）	小组互评，教师参评	
	作业速度（20%）	教师主评，小组参评	
	作业质量（60%）	教师主评，小组参评	

六、学习综合考核

学习综合考核如表 2-8 所示。

表 2-8 学习综合考核

项目	教学目标	学习目标	学习活动
60%	专业能力	技能目标	课堂活动
25%	社会能力	知识目标	课后活动
15%	方法能力	素质目标	课前活动

项目三　AutoCAD 修改工具的快速入门与技能实训

学习任务一　数量、位置类修改命令的学习与技能实训

学习任务二　形状与大小类修改命令的学习与技能实训

学习任务三　合并分解类修改命令的学习与技能实训

学习任务四　修改命令在专业图形绘制中的技能实训

学习任务一　数量、位置类修改命令的学习与技能实训

教学目标

（1）专业能力：能用多种方式调用选择、删除、复制、镜像、偏移、阵列、移动、旋转等修改命令；能分别掌握数量与位置类修改命令的操作方法；能应用数量与位置类修改命令针对性地进行室内图形绘制专业实训，以用导学、检学和促学。

（2）社会能力：能熟练键盘和鼠标操作；能熟练掌握数量与位置类修改命令的快捷操作；能分析图形组成，确定图形的绘制顺序；能选择较快的绘制方式，提高绘图速度和质量。

（3）方法能力：能多看课件、多看视频，能认真倾听，多做笔记；多问，多思，勤动手；课堂上小组活动主动承担，相互帮助；课后在专业技能上多实践。

学习目标

（1）知识目标：选择、删除、复制、镜像、偏移、阵列、移动、旋转等修改命令的调用方式、操作方法和操作技巧。

（2）技能目标：选择、删除、复制、镜像、偏移、阵列、移动、旋转等操作命令在家具设计和室内设计中的应用实训。

（3）素质目标：培养一丝不苟、细致观察的态度和自主学习、团队协作的精神；始终坚持努力拼搏的精神，始终保持认真的学习态度，互帮互助。

教学建议

1. 教师活动

（1）备自己：要热爱学生，知识丰富，技能精湛，内容难易适当，加强实用性。

（2）备学生：做教案课件，图形成果展示，分解步骤，实例示范，加强针对性。

（3）备课堂：要讲解清晰，重点突出，难点突破，因材施教，加强层次性。

（4）备专业：掌握室内设计专业的技能要求，教授的知识与传授技能为专业服务。

2. 学生活动

（1）课前活动：看书，看课件，看视频，记录问题，重视预习。

（2）课堂活动：听讲，看课件，看视频，解决问题，反复实践。

（3）课后活动：总结，做笔记，写步骤，举一反三。

（4）专业活动：加强选择、删除、复制、镜像、偏移、阵列、移动、旋转等修改命令在家具设计和室内设计专业中的技能实训。

一、学习问题导入

应用修改命令可以使得图形的数量与位置发生变化,形状、属性发生改变,还可以在图形的属性上进行编辑和修改,从而完成更加复杂图形的绘制、设计和编辑。修改命令主要包括选择、删除、复制、镜像、偏移、阵列、移动、旋转、缩放、拉伸、拉长、修剪、延伸、倒角、圆角、合并、打断、粘贴成块、分解、特性匹配、对象编辑等。本项目按照数量与位置修改类命令、形状大小类修改命令、合并分解与编辑类修改命令、绘图修改命令来展开学习。学习任务一是位置与数量类修改命令,主要学习选择、删除、复制、镜像、偏移、阵列、移动、旋转命令。每个命令的知识与技能讲解,按"命令执行方式"、"操作方法指导"、"操作技能实训"的顺序,用任务驱动法和项目案例法,充分发挥学生自主学习的主动性,螺旋上升式展开学习。

二、知识讲解与技能实训

知识点一:选择命令

1. 命令执行方式

(1) 一般选择:点击矩形窗口,矩形窗交+Shift 键结合。
(2) 排除选择:执行菜单命令格式(O)➤图层(L)➤锁定图层或 LA ➤锁定图层。
(3) 快速选择:点击鼠标右键➤选择(Q)或快捷键 QSELECT。
(4) 全部选择:执行菜单命令编辑(E)➤全部选择(L)或 Ctrl+A。

2. 操作方法指导

(1) 一般选择,如图 3-1 所示。

在任何命令的"选择对象"提示下,进行如下操作,进行对象选择,如图 3-1 所示。

■鼠标点击对象:依次点击对象。
■窗口选择对象:从左向右拖动光标,以选择完全位于图 3-1(a)所示矩形区域中的对象。
■窗交选择对象:从左向右拖动光标,以选择图 3-1(b)所示矩形窗口包围的或相交的对象。
■按住 Shift 键,可选择集中删除对象。

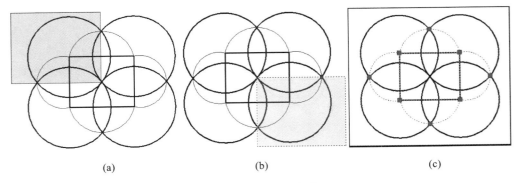

(a)   (b)   (c)

图 3-1 选择对象方式

(2) 排除选择。

■为防止被选中,在图层特性管理器中,点击对象所在的图层,该图层对象都不会被选中。如 LA➤锁定细线图层,细线图层所有对象都不能被选择。如图 3-2 所示。

(3) 快速选择。

■输入 QSELECT➤按 Enter 键确定➤调出快速选择面板。
■依次对应用到➤对象类型➤特性➤运算符➤值进行设置。
■依次设置为整个图形、所有图元、颜色、等于、黑色,如图 3-3 所示。
■依次设置为整个图形、多段线、颜色、等于、黑色,如图 3-3 所示。
■黑色图形被快速选择,如图 3-4 所示;黑色多段线被快速选择,如图 3-5 所示。

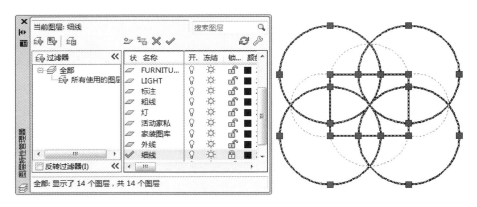

图 3-2　锁定图层排除对象选择

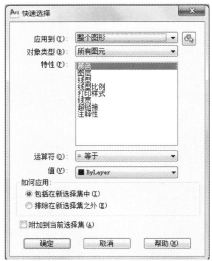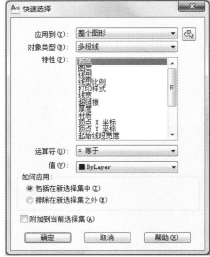

图 3-3　快速选择面板条件设置

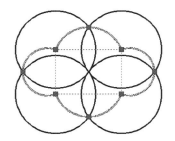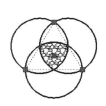

图 3-4　黑色图形被快速选择

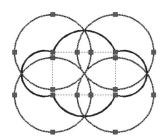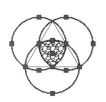

图 3-5　黑色多段线被快速选择

知识点二:移动命令

1. 命令执行方式

(1) 点击工具栏:修改➤移动 ✛。

(2) 命令行:输入 MOVE 或 M,按 Enter 键确认。

(3) 点击菜单栏:修改(M)➤移动(V)。

(4) 按空格键:重复上一移动命令。

2. 操作方法指导

(1) 命令行输入 M,按 Enter 键确认。

(2) 选择要移动的对象,按 Enter 键确认。

(3) 指定移动的基点。

(4) 指定移动的第二点,按 Enter 键确认。移动对象的新位置由第二点的方向和距离确定。

■直接点击指定屏幕上的点。

■正交情况下,输入水平或垂直距离。

■输入相对坐标或极坐标值。

3. 操作技能实训

将绘制好的门、窗、柱子移动到规定位置,如图 3-6 所示。

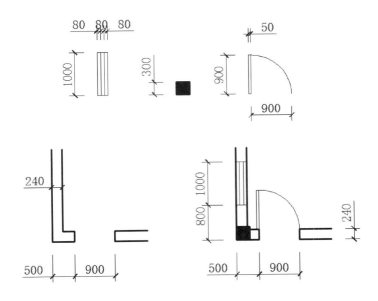

图 3-6 门、窗、柱子的移动

知识点三:偏移命令

1. 命令执行方式

(1) 点击工具栏:修改➤偏移 ⬚。

(2) 命令行:输入 OFFSET 或 O,按 Enter 键确认。

(3) 点击菜单栏:修改(M)➤移动(S)。

(4) 按空格键:重复上一偏移命令。

2. 操作方法指导

(1) 命令行输入 O,按 Enter 键确认。

(2) 命令行输入要偏移的距离,按 Enter 键确认。

(3) 点击要偏移的对象。

（4）点击要偏移的方向。

（5）相同偏移距离的多个对象，可以同一批偏移完成。

3. 操作技能实训

（1）绘制长 4000 的直线，陆续往上偏移 1000，800，500，300。

（2）绘制半径为 3000 的直线，往上偏移 1000，各上下偏移 60。如图 3-7 所示。

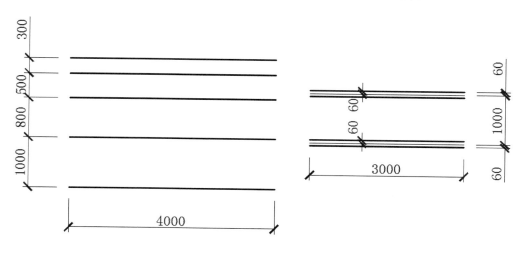

图 3-7　直线的偏移

（3）绘制 4000×3000 的矩形，陆续往内偏移 400，300，如图 3-8 所示。

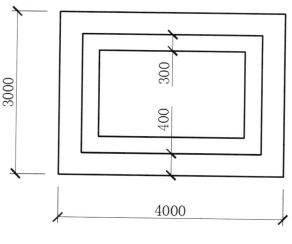

图 3-8　矩形的偏移

知识点四：旋转命令

1. 命令执行方式

（1）点击工具栏：修改➤旋转 ⟳ 。

（2）命令行：输入 RO，按 Enter 键确认。

（3）点击菜单栏：修改（M）➤旋转（R）。

（4）按空格键：重复上一偏移命令。

2. 操作方法指导

（1）命令行输入 RO，按 Enter 键确认。

（2）选择要旋转的对象，按 Enter 键确认。

（3）指定旋转的中心点。

（4）输入旋转角度，逆时针为正，顺时针为负，按 Enter 键确认。

（5）如果需复制保留源对象，输入角度前输入 C，按 Enter 键确认。

（6）如果旋转角度不是具体的数值，输入角度前输入 R，按 Enter 键确认；依次点击旋转中心基点、原位置端点、新位置端点，从而无具体角度值，也可旋转到所需要的位置。

3．操作技能实训

（1）圆的旋转。

■绘制 500，1000，1300 的同心圆，绘制圆半径为 180 的 A 处小圆。

■逆时针旋转复制 45°和 90°的圆。

■顺时针旋转复制 30°和 60°的圆。

■旋转时应用相对参照 R，将 A 处圆旋转复制到任意点 B 处。如图 3-9 所示。

（2）交谈椅的旋转实训。

将水平放置的交谈椅应用旋转 RO 和参照 R，旋转到任意倾斜放置。如图 3-10 所示。

■命令行输入 RO，按 Enter 键确认。

■选择要旋转的椅子，按 Enter 键确认。

■指定旋转的中心点 O。

■输入参照 R，按 Enter 键确认。

■依次点击旋转中心基点、原位置端点 A、新位置端点 B，完成旋转操作。

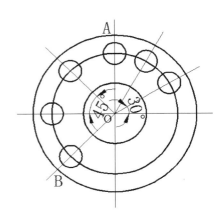

图 3-9　圆旋转实训

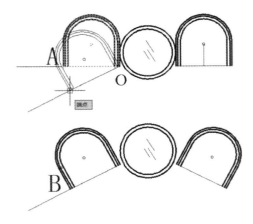

图 3-10　交谈椅的旋转实训

知识点五：镜像命令

1．命令执行方式

（1）点击工具栏：修改➤镜像 △△。

（2）命令行：输入 MI，按 Enter 键确认。

（3）点击菜单栏：修改（M）➤镜像（I）。

（4）按空格键：重复上一偏移命令。

2．操作方法指导

（1）命令行输入 MI，按 Enter 键确认。

（2）选择要镜像的对象，按 Enter 键确认。

（3）指定镜像线的第一点；指定镜像线的第二点。

（4）要删除源对象吗？如果删除源对象输入 Y；如果不删除源对象输入 N，绘制完成。

3．操作技能实训

门饰、门扇玻璃、床、桌子的镜像，如图 3-11、图 3-12 和图 3-13 所示。

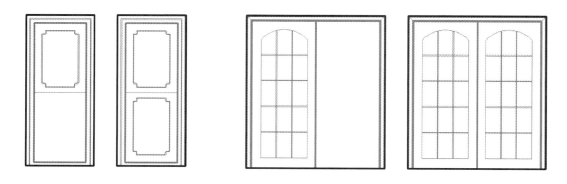

图 3-11　门饰、门扇玻璃的镜像实训

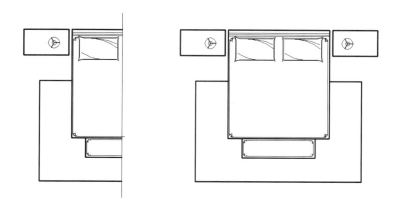

图 3-12　门饰、门扇玻璃的镜像实训

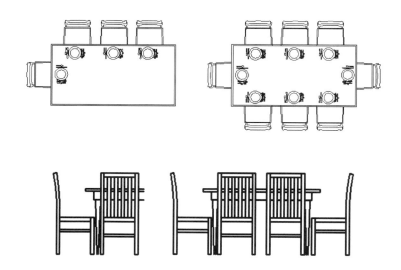

图 3-13　桌子的镜像实训

知识点六：复制命令

1. 命令执行方式

（1）点击工具栏：修改➤复制 。

（2）命令行输入 COPY 或 CO，按 Enter 键确认。

（3）点击菜单栏：修改（M）➤复制（Y）。

（4）按空格键：重复上一复制命令。

2．操作方法指导

（1）命令行输入 CO，按 Enter 键确认。

（2）选择要复制的对象，按 Enter 键确认。

（3）指定复制的基点；指定复制的第二点。

（4）连续指定复制的第二点，可以连续复制多个对象。

（5）对象数量较少，排列有规律，往往用复制命令完成，数量多则用阵列命令完成。

3．操作技能实训

（1）餐桌椅子的定位复制，以及餐桌椅子的少量等距离复制，位置用小直线辅助。

（2）长桌凳子的定位复制，以及长桌凳子的少量等距离复制，如图 3-14 所示。

（3）衣柜被子、衣服、柜门拉手的复制，指定基点和第二点，如图 3-15 所示。

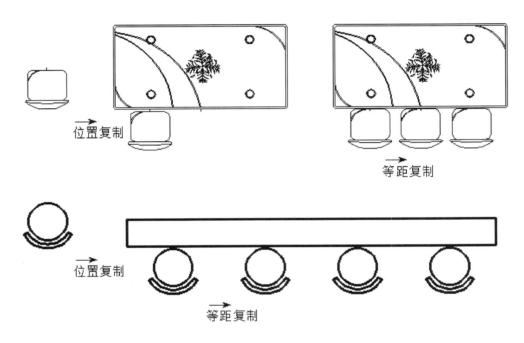

图 3-14　对象的复制和等距离复制

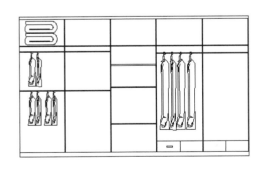
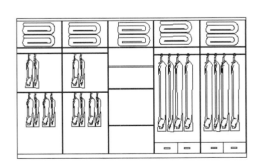

图 3-15　被子、衣服和柜门拉手的定位复制

知识点七：删除命令

1．命令执行方式

（1）选择要删除的对象，按 Enter 键确认，点击修改➤删除 ✎。

（2）选择要删除的对象，按 Enter 键确认，按 Del。

（3）选择要删除的对象，按 Enter 键确认，点击➤删除。

（4）选择要删除的对象，按 Enter 键确认，修改（M）➤删除（E）。

（5）按空格键：重复上一删除命令。

2．操作方法指导

（1）可以先选择对象再执行删除，也可先输入删除命令，再选择对象。

（2）输入 L（上一个），删除绘制的上一个对象。

（3）输入 P（上一个），删除上一个选择集。

（4）输入 ALL，从图形中删除所有对象。

（5）删除某图层上所有对象，可以先锁好其他图层，再执行全部选择删除。

（6）删除某一类型的图形，可先快速选择，再执行删除。

（7）绘图常用到辅助线，可以专门设置辅助线图层，最后可通过删除图层来删除辅助对象。

3．操作技能实训

（1）删除床上乱线，如图 3-16 所示。

（2）删除不布局的椅子，如图 3-17 所示。

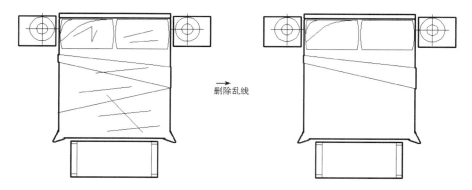

图 3-16　直线的删除实训

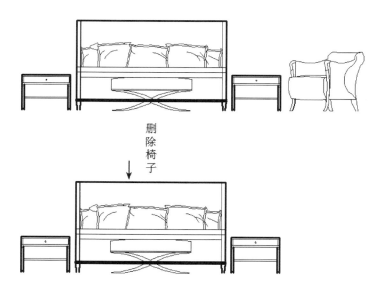

图 3-17　图形的删除实训

知识点八：阵列命令

1．命令执行方式

（1）点击工具栏：修改➤阵列

（2）命令行:输入 AR,按 Enter 键确认。

（3）点击菜单栏:修改(M)➤阵列(A)。

（4）按空格键:重复上一阵列命令。

2．矩形阵列操作方法指导

（1）依次点击修改(M)➤阵列(A)或在命令行输入 AR,按 Enter 键确定。

（2）在"阵列"对话框中选择"矩形阵列"。

（3）点击"选择对象","阵列"对话框将关闭,程序将提示选择对象,选择要进行阵列的对象,并按 Enter 键确认。

（4）在"行"和"列"框中输入阵列中的行数和列数。

（5）在"行偏移"和"列偏移"框中,输入行间距和列间距,添加加号（＋）或减号（—）确定方向。或点击"拾取行列偏移"按钮,使用定点设备指定阵列中行和列的水平和垂直间距。

（6）"阵列角度"旁边输入新角度,如果是水平垂直阵列,默认角度为零。

（7）显示结果,点击"确定"创建阵列。如图 3-18 所示。

图 3-18　矩形阵列设置面板

3．环形阵列操作方法指导

（1）依次点击修改(M)➤阵列(A)或在命令行输入 AR,按 Enter 键确定。

（2）在"阵列"对话框中选择"环形阵列"。

（3）在"阵列"对话框中点击阵列中心点设置按钮,执行以下操作之一。

■输入环形阵列中心点的 X 坐标值和 Y 坐标值。

■点击"拾取圆心"按钮,"阵列"对话框将关闭,使用定点设备指定环形阵列的中心点。

（4）点击"选择对象","阵列"对话框将关闭,选择要进行阵列的对象,并按 Enter 键确认。

（5）在"项目总数"中,输入环形阵列数目。

（6）在"填充角度"中,输入阵列总角度或项目间的角度。

■点击"拾取要填充的角度"按钮和"拾取项目间角度"按钮。

■使用定点设备指定要填充的角度和项目间角度。显示结果如图 3-19 所示。

4．环形技能实训

（1）将凳子绕桌子中心环形阵列 8 张凳子。如图 3-20 所示。

（2）将灯具绕灯架中心环形阵列 6 个灯具。如图 3-21 所示。

（3）环形阵列制作扇子(阵列角度120°)。如图 3-22 所示。

5．矩形技能实训

（1）桌椅的矩形阵列。

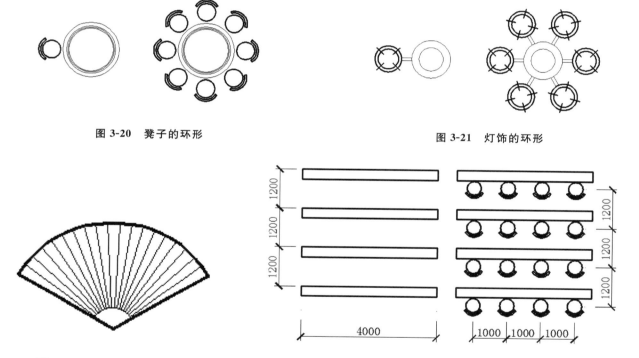

图 3-19　矩形阵列设置面板

图 3-20　凳子的环形　　　　　　　　　　　　　图 3-21　灯饰的环形

图 3-22　环形阵列制作扇子　　　　　　　　　　图 3-23　对象的矩形阵列

（2）对象的矩形阵列（见图 3-23）。

■矩形 400×400，外偏移 20，矩形阵列 6 行 6 列，行偏移 600，列偏移 600，角度 45°。

■矩形 400×400，外偏移 20，矩形阵列 5 行 5 列，行偏移 800，列偏移 800，角度 30°。

■矩形 400×400，外偏移 20，矩形阵列 5 行 5 列，行偏移 800，列偏移 800，角度 60°。

三、学习总结

　　本任务主要学习了选择、删除、复制、镜像、偏移、阵列、移动、旋转等命令的调用方式、修改方法和修改技巧，进行了选择、删除、复制、镜像、偏移、阵列、移动、旋转等修改命令的技能实训和在家具设计、室内设计中的技能实训。希望同学们通过本次技能实训，能养成一丝不苟和自主学习的习惯，并能举一反三地进行室内图形的绘制实训，整体加快图形绘制速度，提高绘图质量。

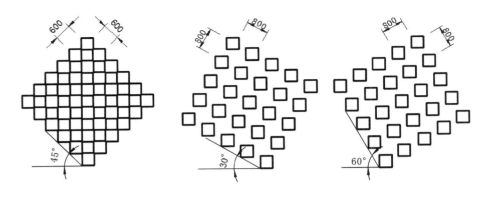

图 3-24　对象的有角度矩形阵列

四、作业布置

完成图 3-1～图 3-24 的绘制。

五、技能成绩评定

技能成绩评定如表 3-1 所示。

表 3-1　技能成绩评定

考核项目		评价方式	说明
技能成绩	出勤情况(10%)	小组互评,教师参评	作业完成方式分辅助完成、独立完成、独立完成并进行辅导;学习态度分拖拉、认真、积极主动
	学习态度(10%)	小组互评,教师参评	
	作业速度(20%)	教师主评,小组参评	
	作业质量(60%)	教师主评,小组参评	

六、学习综合考核

学习综合考核如表 3-2 所示。

表 3-2　学习综合考核

项目	教学目标	学习目标	学习活动
60%	专业能力	技能目标	课堂活动
25%	社会能力	知识目标	课后活动
15%	方法能力	素质目标	课前活动

学习任务二　形状与大小类修改命令的学习与技能实训

教学目标

（1）专业能力：能用多种方式调用缩放、拉伸、拉长、修剪、延长、倒角、圆角等修改命令；能分别掌握形状与大小类修改命令的操作方法；能应用形状与大小类修改命令针对性地进行室内图形绘制专业实训，以用导学、检学和促学。

（2）社会能力：能熟练掌握键盘和鼠标操作；能熟练形状与大小类修改命令的快捷操作；能分析图形组成，确定图形的绘制顺序；能选择较快的绘制方式，整体加快图形绘制速度，提高绘图质量。

（3）方法能力：能多看课件、多看视频，认真听讲多做笔记；能多问多思勤动手；课堂上小组活动主动承担，相互帮助；课后在专业技能上主动多实践。

学习目标

（1）知识目标：缩放、拉伸、拉长、修剪、延长、倒角、圆角等修改命令的调用方式、操作方法和操作技巧。

（2）技能目标：缩放、拉伸、拉长、修剪、延长、倒角、圆角等命令和在家具设计、室内设计中的技能实训。

（3）素质目标：培养学生一丝不苟、细致观察、自主学习、团队协作的精神；能举一反三；能始终坚持努力拼搏的精神，始终保持开心、快乐的学习态度，互帮互助多包容。

教学建议

1. 教师活动

（1）备自己：要热爱学生，知识丰富，技能精湛，注重示范，加强实用性。

（2）备学生：做教案课件，示范步骤清晰，加强针对性。

（3）备课堂：要讲解清晰，重点突出，难点突破，因材施教，加强层次性。

（4）备专业：根据室内设计专业的技能要求，教授的知识与传授技能为专业服务。

2. 学生活动

（1）课前活动：看书，看课件，看视频，记录问题，重视预习。

（2）课堂活动：听讲，看课件，看视频，解决问题，反复练习。

（3）课后活动：总结，做笔记，写步骤，举一反三。

（4）专业活动：加强缩放、拉伸、拉长、修剪、延长、倒角、圆角等修改命令在室内设计专业中的技能实训。

一、学习问题导入

本次学习任务主要讲授形状与大小类修改命令,并进行相应的技能实训。主要学习缩放、拉伸、拉长、修剪、延伸、倒角、圆角命令。每个命令的知识与技能讲解,按"命令执行方式"、"操作方法指导"、"操作技能实训"的顺序,用任务驱动法和项目案例法,充分发挥学生自主学习的主动性。同学们要认真聆听老师的讲解,积极观看课堂教学示范,主动进行技能实训。

二、知识讲解与技能实训

知识点一:缩放命令

1. 命令执行方式

(1)点击工具栏:修改□。

(2)命令行:输入 ALE 或 SC,按 Enter 键确认。

(3)点击菜单栏:修改(M)➤缩放(L)。

(4)按空格键:重复上一移动命令。

2. 操作方法指导

(1)命令行输入 SC,按 Enter 键确认。

(2)选择要移动的对象,按 Enter 键确认。

(3)指定移动的基点。

(4)指定缩放比例。

■可以输入缩放前后的比例值。

■可以输入缩放前后的比例算式。

■可以输入参照 R,按 Enter 键确认,先输入缩放前的尺寸,再输入缩放后的尺寸。

■可以输入参照 R,按 Enter 键确认,先输入比值中的分子,再输入比值中的分母,其中

$$分子/分母=旧/新$$

3. 操作技能实训

(1)对象缩放比例通过数值输入。

命令行输入 SC,按 Enter 键确定;选择对象,按 Enter 确定;选择基点;比例分别输入数值 2 和 0.6,确定。如图 3-25 所示。

(2)算式输入对象缩放比例。

■前后对象缩放比例 300/180;命令行输入 SC,按 Enter 键确定;选择对象,按 Enter 键确定;选择基点;比例分别输入 300/180,按 Enter 键确定。

■前后对象缩放比例 300/180;命令行输入 SC,按 Enter 键确定;选择对象,按 Enter 键确定;选择基点;比例分别输入 320/400,确定。如图 3-26 所示。

(3)参照 R,鼠标测量获取参照长度,如图 3-27 所示。

■命令行输入 SC,按 Enter 键确定;选择对象,按 Enter 键确定;选择基点;输入参照 R,按 Enter 键确定;鼠标测量参照长度 A,按 Enter 键确定;输入新长度 1000,按 Enter 键确定。

■命令行输入 SC,按 Enter 键确定;选择对象,按 Enter 键确定;选择基点;输入参照 R,按 Enter 键确定;鼠标测量参照长度 B,按 Enter 键确定;输入新长度 1000,按 Enter 键确定。

(4)参照 R,鼠标测量获取新长度。

■命令行输入 SC,按 Enter 键确定;选择对象,按 Enter 键确定;选择基点;输入参照 R,按 Enter 键确定;输入 800,按 Enter 键确定;鼠标测量 A,按 Enter 键确定。

■命令行输入 SC,按 Enter 键确定;选择对象,按 Enter 键确定;选择基点;输入参照 R,按 Enter 键确定;输入 800,按 Enter 键确定;鼠标测量 B,按 Enter 键确定,如图 3-28 所示。

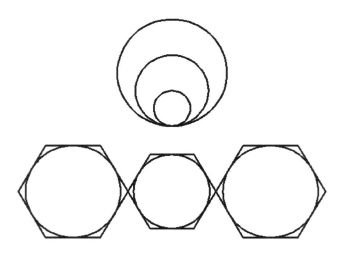

图 3-25　数值输入缩放比例

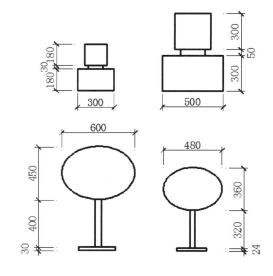

图 3-26　算式输入缩放比例

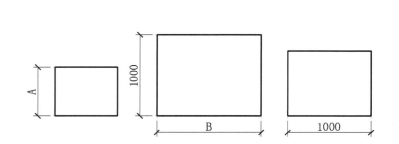

图 3-27　参照 R，鼠标测量获取参照长度

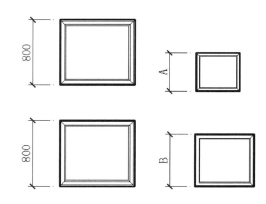

图 3-28　参照 R，鼠标测量获取新长度

（5）缩放的综合实训，如图 3-29 所示。

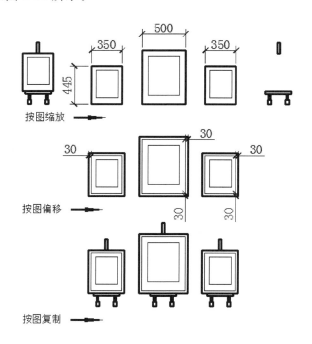

图 3-29　缩放的综合实训（画板展架的缩放与偏移）

知识点二:修剪命令

1．命令执行方式

（1）点击工具栏:修改 -/--。

（2）命令行:输入 TRIM 或 TR,按 Enter 键确认。

（3）点击菜单栏:修改(M)➤修剪(T)。

（4）按空格键:重复上一修剪命令。

（5）在执行 TR 命令时,按 Shift 键,可进行对象延伸。

（6）在执行 EX 命令时,按 Shift 键,可进行对象修剪。

2．操作方法指导

（1）命令行输入 TR,按 Enter 键确认。

（2）选择修剪边界,按 Enter 键确认。

（3）边界可以是线、圆、矩形、多边形等封闭或不封闭的多个图形。

（4）在未选择任何对象的情况下按 Enter 键,显示的所有对象都作为可能的剪切边界。

（5）点击或框选要修剪的对象。修剪的对象大或多,用矩形框选,速度快。

（6）修剪的对象可以是对象的端部,也可以是对象的中间段。

（7）操作时,按 Shift 键,可延伸对象到指定边界。

3．修剪命令实训

（1）墙与门窗洞口的修剪,如图 3-30 所示。

命令行输入 TR 命令,按 Enter 键确认。

可以全选所有对象作为修剪的边界,按 Enter 键确认。

依次选择要修剪的对象,一次操作修剪不完,可以操作多次,注意修剪的先后顺序。

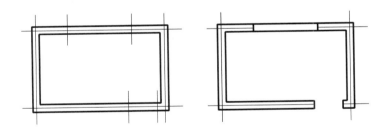

图 3-30　墙与门窗洞口线的修剪

（2）装饰灯架线的修剪,如图 3-31 所示。

命令行输入 TR 命令,按 Enter 键确认。

选择中间大圆和端部大圆作为修剪的边界,按 Enter 键确认。

点击要修剪的灯架线的两端,可以放大视图以方便对小对象的选择。

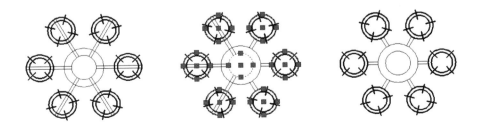

图 3-31　装饰灯架线的修剪

知识点三：延伸命令

1. 命令执行方式

（1）点击工具栏：修改➝ ／ 。

（2）命令行：输入 EXTEND 或 EX，按 Enter 键确认。

（3）点击菜单栏：修改（M）➤修剪（D）。

（4）按空格键：重复上一延伸命令。

（5）在执行 TR 命令时，按 Shift 键，可进行对象延伸。

（6）在执行 EX 命令时，按 Shift 键，可进行对象修剪。

2. 操作方法指导

（1）命令行输入 EX，按 Enter 键确认。

（2）选择延伸边界，按 Enter 键确认。

（3）边界可以是线、圆、矩形、多边形等封闭或不封闭的多个图形。

（4）在未选择任何对象的情况下按 Enter 键，显示的所有对象都作为可能的延伸边界。

（5）点击或框选要延伸的对象。延伸的对象大或多，用矩形框选速度快。

（6）操作时，按 Shift 键，可修剪超过边界的对象。

3. 延伸命令实训

（1）轴线与墙线的延伸，如图 3-32 所示。

①将轴线延伸到外矩形边界，整齐美观且方便标注。

②内部纵墙延伸到底部横墙。

③用多线修改命令，T 型打开多线墙的结合方式。

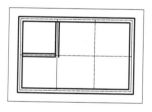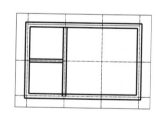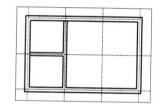

图 3-32　轴线与墙线的延伸

（2）窗线的延伸与修剪，如图 3-33 所示。

①命令行输入 EX 命令，按 Enter 键确认。

②全选所有对象作为边界，按 Enter 键确认。

③选择要延伸的纵向窗线延伸到边界。

④按 Shift 键，点击要修剪的窗线进行修剪。

⑤删除多余线，多段线画边框，加粗框线。

知识点四：拉伸命令

1. 命令执行方式

（1）点击工具栏：修改 。

（2）命令行：输入 S，按 Enter 键确认。

（3）点击菜单栏：修改（M）➤拉伸（H）。

（4）按空格键：重复上一拉伸命令。

2. 操作方法指导

（1）命令行输入 S，按 Enter 键确认。

（2）矩形框选要拉伸的对象，按 Enter 键确认。

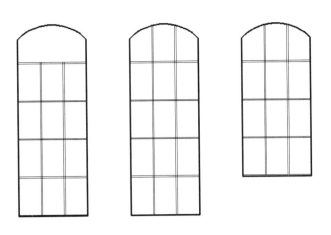

图 3-33　用 EX 命令延伸或修剪对象

（3）指定拉伸的基点。

（4）指定拉伸的第二个点。

①选择对象,框选要拉伸对象的一端,如果框选对象的全部,则对象整体发生移动。

②操作后,部分对象利用延伸和修剪命令进行完善修护。

3. 操作技能实训

（1）已知原矩形板 150×225,陆续复制并将画板的短边用 S 命令拉长至原来的 2 倍,如图 3-34 所示。

（2）已知原衣柜的长度 1400,用 S 拉伸命令和参照 R 将衣柜缩短至 1000。如图 3-35 所示。

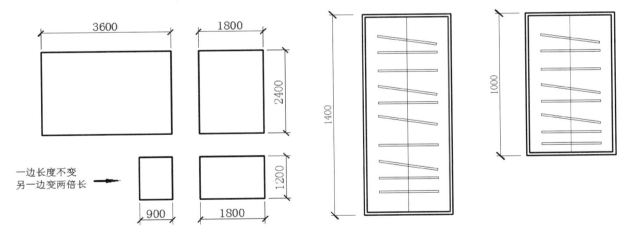

一边长度不变
另一边变两倍长

图 3-34　陆续用 S 命令单边拉长至原来的 2 倍　　**图 3-35　用 S 拉伸命令和参照 R 将衣柜缩短**

（3）已知原衣柜的长度 1740,用 S 拉伸命令和参照 R 将衣柜拉伸至 2000。如图 3-36 所示。

（4）两人沙发变三人沙发后将茶几对应拉长,如图 3-37 所示。

①命令行输入 S 拉伸命令,按 Enter 键确认。

②选择矩形框选茶几需要拉长的端部部分。

③打开正交和对象捕捉追踪,指定第二个沙发座位中点作为拉伸的基点。

④指定第三个沙发座位中点作拉伸的第二点。两个茶几的操作相同。

（5）两人沙发变三人沙发,如图 3-38 所示。

①独立的沙发,用复制的方式将两人沙发变成三人沙发。

②连坐的沙发,用 S 拉伸命令,将两人沙发变成三人沙发。

③命令行输入 S 拉伸命令,按 Enter 键确认。

④矩形框选沙发需要拉长的端部部分。

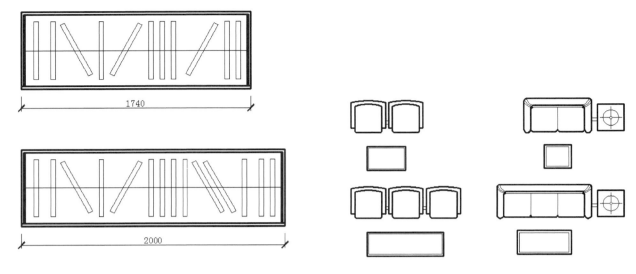

图 3-36 用 S 拉伸命令和参照 R 将衣柜拉长　　　　　图 3-37 茶几的拉伸

⑤打开正交和对象捕捉追踪,指定第一个沙发座位中点作为拉伸的基点。

⑥指定第二个沙发座位中点作为拉伸的第二点。

(6) 减少沙发的座位数,如图 3-39 所示。

用 S 拉伸命令,五人沙发变四人沙发,并移动茶几到合适位置。

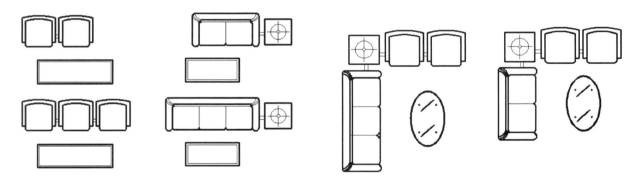

图 3-38 用 CO 复制命令和 S 拉伸命令将两人沙发变三人沙发　　　图 3-39 用 S 拉伸命令减少沙发座位数

知识点五:圆角命令

1. 命令执行方式

(1) 点击工具栏:修改。

(2) 命令行:输入 FILLET 或 F,按 Enter 键确认。

(3) 点击菜单栏:修改(M)➤圆角(F)。

(4) 按空格键:重复上一圆角命令。

2. 操作方法指导

(1) 命令行输入 F,按 Enter 键确认。

(2) 输入半径 R 选项,按 Enter 键确认;输入半径数值,按 Enter 键确认。

(3) 如果要修改成圆角的对象是多个,则输入多个 M 选项,按 Enter 键确认。

(4) 点击需修改成圆角的对象,完成后按 Enter 键确认。

(5) 圆角半径设置不能太大,否则无法实现圆角。

(6) 圆角半径设置为 0 时,被修改成圆角的对象将被修剪或延伸至相交,并不创建圆弧。

(7) 选择对象时,可以按住 Shift 键,以使用值 0(零)圆角半径替代当前圆角半径。

（8）可以使用"修剪（T）"选项和"不修剪（N）"选项，对象被修剪成圆角后，依然保留原始直角边。如图3-40所示。

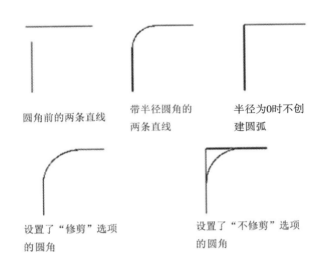

图 3-40　用 F 圆角命令以及半径 R、修剪 T 等选项进行对象圆角

3．操作方法指导

（1）将凳子的各矩形按图示半径进行圆角处理。如图3-41所示。

（2）将躺椅的各矩形按图示半径进行圆角处理。如图3-42所示。

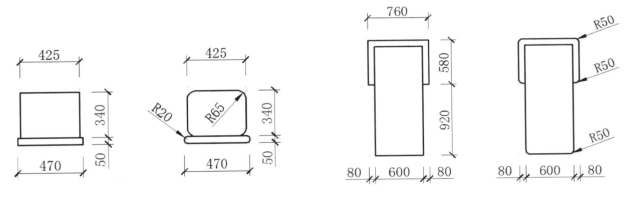

图 3-41　凳子的圆角处理　　　　　　　　**图 3-42　躺椅的圆角处理**

（3）将直角边沙发的各矩形按图示半径进行圆角处理。如图3-43所示。

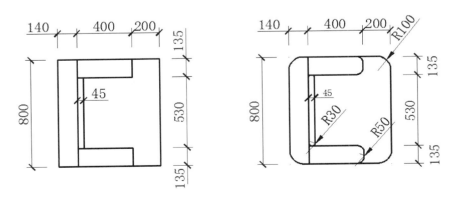

图 3-43　沙发圆角处理

知识点六:倒角命令

1. 命令执行方式

(1) 点击工具栏:修改 ◢。

(2) 命令行:输入 CHA,按 Enter 键确认。

(3) 点击菜单栏:修改(M)➤倒角(C)。

(4) 按空格键:重复上一倒角命令。

2. 操作方法指导

(1) 命令行输入 CHA,按 Enter 键确认。

(2) 输入距离 D 选项,按 Enter 键确认。

(3) 输入倒角第一距离,按 Enter 键确认;输入倒角第二距离,按 Enter 键确认。

(4) 如果需倒角的对象是多个,则输入多个 M 选项,按 Enter 键确认。

(5) 点击需倒角的第一条边,再点击需倒角的第二条边,与设置的倒角距离对应。

(6) 倒角距离设置不能太大,否则无法实施倒角。

(7) 倒角距离设置为 0 时,被倒角的对象将被修剪或延伸直到它们相交,并不创建倒角。

(8) 选择对象时,可以按住 Shift 键,以使用值 0(零)圆角半径替代倒角距离。

(9) 可以使用"修剪(T)"选项和"不修剪(N)"选项,对象被倒角后,依然保留原始直角边。

3. 操作技能实训

(1) 正方形的等距离倒角,如图 3-44 所示。

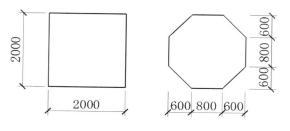

图 3-44　正方形的等距离倒角

(2) 长方形的等距离倒角,如图 3-45 所示。

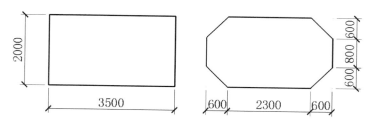

图 3-45　长方形的等距离倒角

(3) 长方形非等距离且不修剪的倒角,如图 3-46 所示。

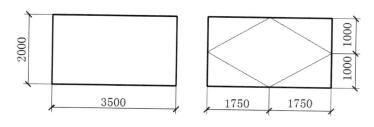

图 3-46　长方形的非等距离且不修剪的倒角

知识点七：拉长命令

1. 命令执行方式

（1）点击工具栏：修改 。

（2）命令行：输入 LEN，按 Enter 键确认。

（3）点击菜单栏：修改（M）➤拉长（G）。

2. 操作方法指导

命令行输入 LEN，按 Enter 键确认；选项分别设置后，选择对象，执行拉长命令。

（1）输入 DE（增量），按 Enter 键确认；输入拉长值，按 Enter 键确认；正拉长，负缩短。

（2）输入 P（百分数），按 Enter 键确认；输入百分值，按 Enter 键确认；大于 100% 拉长，小于 100% 缩短。

（3）输入 T（总长），按 Enter 键确认；输入总长度值，按 Enter 键确认。

3. 操作技能实训

对正交直线或斜线，执行 DE（增量－1000）、P（百分数 50%）、T（总长 3000）等拉长操作。如图 3-47 所示。

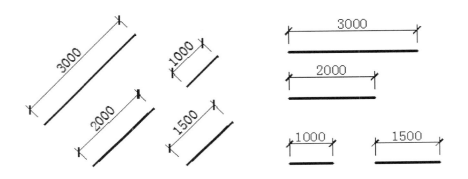

图 3-47 直线段和斜线段的拉长或缩短

三、学习总结

本次任务主要学习了缩放、拉伸、拉长、修剪、延长、倒角、圆角等命令的调用方式、修改方法和修改技巧，进行了缩放、拉长、修剪、延长、倒角、圆角等修改命令的技能实训。课后，同学们要勤加练习，在实践中提高熟练程度，并能举一反三地进行室内图形的绘制实训。

四、作业布置

完成图 3-25～图 3-47 的绘制。

五、技能成绩评定

技能成绩评定如表 3-3 所示。

表 3-3 技能成绩评定

考核项目		评价方式	说明
技能成绩	出勤情况（10%）	小组互评，教师参评	作业完成方式分辅助完成、独立完成、独立完成并进行辅导；学习态度分拖拉、认真、积极主动
	学习态度（10%）	小组互评，教师参评	
	作业速度（20%）	教师主评，小组参评	
	作业质量（60%）	教师主评，小组参评	

六、学习综合考核

学习综合考核如表 3-4 所示。

表 3-4　学习综合考核

项目	教学目标	学习目标	学习活动
60%	专业能力	技能目标	课堂活动
25%	社会能力	知识目标	课后活动
15%	方法能力	素质目标	课前活动

学习任务三　合并分解类修改命令的学习与技能实训

教学目标

（1）**专业能力**：能用多种方式调用合并、打断、粘贴成块、分解、特性匹配、对象编辑等修改命令；能分别掌握合并分解与编辑类修改命令的操作方法；能应用合并分解与编辑类修改命令针对性地进行室内图形绘制专业实训。

（2）**社会能力**：能熟练掌握合并分解与编辑类修改命令的快捷操作；能分析图形组成，确定图形的绘制顺序；能快速绘制图形，提高绘图速度和效率。

（3）**方法能力**：能多看课件，多看视频，能认真倾听多做笔记；能多问、多思、勤动手，课堂上主动学习，课后反复实践。

学习目标

（1）**知识目标**：合并、打断、粘贴成块、分解、特性匹配、对象编辑等修改命令的调用方式、操作方法和操作技巧。

（2）**技能目标**：合并、打断、粘贴成块、分解、特性匹配、对象编辑等修改命令技能实训。

（3）**素质目标**：严谨细致、主动学习、举一反三、互帮互助。

教学建议

1. 教师活动

（1）备自己：知识储备丰富，技术技能精湛。

（2）备学生：教案课件通俗易懂，理论结合实践，示范步骤清晰。

（3）备课堂：讲解条理清晰，重点突出，因材施教。

（4）备专业：根据室内设计专业的要求，教授知识与传授技能紧密结合。

2. 学生活动

（1）课前活动：看书，看课件，看视频，记录问题，重视预习。

（2）课堂活动：听讲，看课件，看视频，解决问题，积极互动，反复实践。

（3）课后活动：总结归纳，举一反三，反复练习。

（4）专业活动：加强合并、打断、粘贴成块、分解、特性匹配、对象编辑等修改命令在室内设计专业中的技能实训。

一、学习问题导入

简单的图形单元,由绘图命令绘制完成后,应用修改命令可以使得图形在数量与位置上发生变化,在形状以及属性上发生改变,还可以在图形的属性上进行编辑和修改,从而完成更加复杂的图形的绘制、设计和编辑。本次学习任务主要学习合并分解与编辑类修改命令,内容包括合并、打断、粘贴成块、分解、特性匹配、对象编辑等命令的具体操作方法。每个命令的知识与技能讲解,按"命令执行方式"、"操作方法指导"、"操作技能实训"的顺序,用任务驱动法和项目案例法,充分发挥学生自主学习、自主练习的主动性,螺旋上升式展开学习。

二、知识讲解与技能实训

知识点一:合并命令

1. 命令执行方式

(1)点击工具栏:修改 ➡。

(2)命令行:输入 JOIN 或 J,按 Enter 键确认。

(3)点击菜单栏:修改(M)➤合并(J)。

(4)按空格键:重复上一合并命令。

2. 操作方法指导

(1)命令行输入 J,按 Enter 键确认。

(2)选择要合并对象的源对象。

(3)选择要合并到源对象中的一个或多个对象,按 Enter 键确认。

(4)有效的对象包括圆弧、椭圆弧、直线、多段线和样条曲线。

①合并的对象可以是一个或多个对象,要合并的对象必须位于相同的层面上。

②与直线合并的对象必须共线(位于同一无限长的直线上),对象之间可以有间隙。

③与多段线合并的对象可以是直线、多段线或圆弧,对象之间必须首尾相接,不能有间隙。

④与圆弧合并的对象必须位于同一假想的圆上,但是它们之间可以有间隙。

⑤与椭圆弧合并的对象必须位于同一椭圆上,但是它们之间可以有间隙。

⑥对修剪后、镜像后和分解后的对象,由于对象类型、位置复杂,不能直接合并,但可以可以通过修改(M)➤对象(O)➤多段线(P)➤多条(M)➤选择对象,按 Enter 键确定➤是否转化(Y)➤合并(J)➤模糊距离(默认 0),进行多段线的转化和合并,合并后的对象可以整体偏移,这种操作比较常用。

3. 操作方法指导

(1)直线的合并实训:命令行输入 J,按 Enter 键确认;点击要合并的源直线,选择要合并的直线对象,可以是一条或多条对象,按 Enter 键确认。直线可以是相连或有间隔,单直线必须在同一直线上,如图3-48所示。

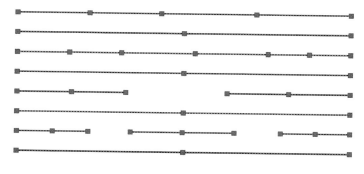

图 3-48　直线的合并实训

（2）多段线的合并实训：命令行输入 J，按 Enter 键确认；点击要合并的源多段线，选择要合并的多段线对象，可以是一条或多条对象，按 Enter 键确认。多段线可以是直线型多段线，也可是弧线型多段线，多段线之间必须首尾相连，如图 3-49 所示。

（3）圆弧类的合并实训：圆、圆弧等非多段线，若先转化为多段线再实施合并，通过修改（M）➤对象（O）➤多段线（P）➤多条（M）➤选择对象，按 Enter 键确定➤是否转化（Y）➤合并（J）➤模糊距离（默认 0）实施合并，如图 3-50 所示。

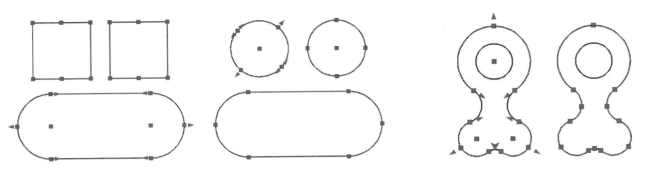

图 3-49　多段线的合并实训　　　　　　　　　　　图 3-50　圆弧类对象合并实训

（4）椭圆弧类的合并实训：椭圆、椭圆弧等非多段线，若先转化为多段线再实施合并，通过修改（M）➤对象（O）➤多段线（P）➤多条（M）➤选择对象，按 Enter 键确定➤是否转化（Y）➤合并（J）➤模糊距离（默认 0）实施合并，如图 3-51 所示。

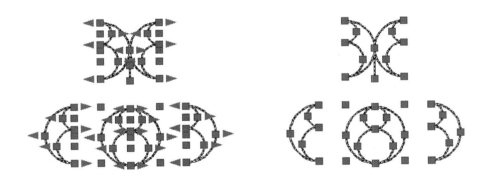

图 3-51　椭圆弧的合并实训

知识点二：打断与打断于点命令

1. 命令执行方式

（1）点击工具栏：修改 🔲 或修改 🔲 。

（2）命令行：输入 BREAK 或 BR，按 Enter 键确认。

（3）点击菜单栏：修改（M）➤打断（K）。

（4）按空格键：重复上一打断命令。

2. 操作方法指导

（1）命令行输入 BR，按 Enter 键确认。

（2）点击要打断的对象，依次确认第一个打断点和第二个打断点。

①默认情况下，选择对象时点击的点就是第一个打断点。

②选择其他点为第一个打断点时，输入 F（第一个）按 Enter 键确认，然后指定打断点。

③点击对象或坐标输入法指定第二个打断点。

④输入（（@0，0）作为第二个打断点，意味着在同一点打断对象而不创建间隔。

⑤打断于点,即打断对象而不创建间隔,点击打断于点命令 ,点击对象某点完成。在 BR 操作命令下,在相同位置指定两个打断点,或在提示输入指定第二点时输入(@0,0)。

3. 操作技能实训

(1) 直线的打断技能实训。

绘制一条 6000 的直线,复制多条,分别使用打断于点命令 打断于任一点、打断于中点,使用打断命令 打断间隔点,如图 3-52 所示。

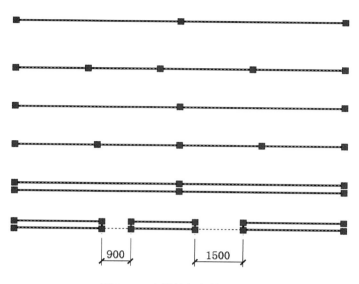

图 3-52 直线的打断技能实训

(2) 圆的打断技能实训。

绘制半径为 2000 的圆,将圆在 60°、90°和 120°位置进行打断,执行操作前确定需打断对象点的位置,执行时选择选项 F(第一点)的操作,以更准确选择打断点,如图 3-53 所示。此操作结果,还可以通过用 TR(修剪)命令完成。

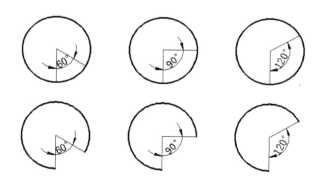

图 3-53 圆弧的打断技能实训

(3) 打断命令在室内设计中的应用。

门洞的打开,可以使用 BR 打断命令,在直线上创建间隔打开门洞,也可用修剪命令将门中间部分的直线修剪。如图 3-54 所示。

知识点三:分解和复制粘贴成块命令

1. 命令执行方式

(1) 点击工具栏:修改 。

(2) 命令行:输入 EXPLODE 或 X,按 Enter 键确认。

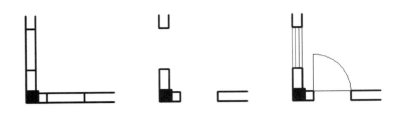

图 3-54　门窗洞间隔的打开

（3）点击菜单栏：修改（M）➤分解（X）。

（4）按空格键：重复上一分解命令。

（5）点击菜单栏：编辑（E）➤复制（C）➤选择对象，确定 ➤编辑（E）➤粘贴成块（K）。

2. 操作方法指导

（1）命令行输入 X，按 Enter 键确认；选择分解对象，按 Enter 键确认，分解对象可以是块和多段线。

（2）如果需要在一个块中单独修改一个或多个对象，可以将块分解；分解后的块局部修改后，对象可以重新再创建成块或复制粘贴成块。

3. 操作技能实训

（1）多段线的分解实训，如图 3-55 所示。

（2）装饰块的分解、修改、复制、粘贴成块实训，如图 3-56 和图 3-57 所示。先将块分解，进行局部图案更改后，再编辑复制对象粘贴成块，编辑（E）➤复制（C）➤选择对象，确定 ➤编辑（E）➤粘贴成块（K）。如图 3-56 和图 3-57 所示。

图 3-55　多段线的分解实训　　**图 3-56　装饰块的分解、修改、粘贴成块实训（1）**

（3）衣柜的分解、修改、复制、粘贴成块实训，如图 3-58 所示。先将块分解，局部图案进行更改后，再编辑复制对象粘贴成块，编辑（E）➤复制（C）➤选择对象，确定 ➤编辑（E）➤粘贴成块（K）。如图 3-58 所示。

（4）环境设置的分解、修改、复制、粘贴成块实训，如图 3-59 所示。先将块分解，局部图案进行更改后，再编辑、复制对象粘贴成块，编辑（E）➤复制（C）➤选择对象，确定 ➤编辑（E）➤粘贴成块（K）。

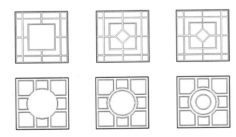

图 3-57　装饰块的分解、修改、粘贴成块实训（2）

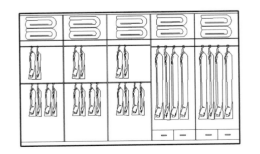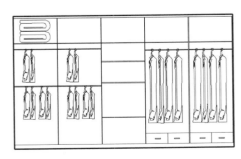

图 3-58　衣柜块的分解、修改、粘贴成块实训

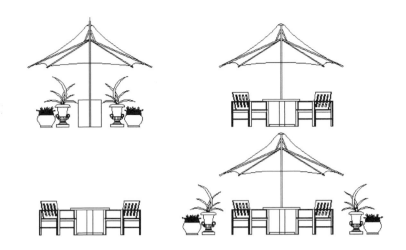

图 3-59　环境块的分解、修改、粘贴成块实训

知识点四：特性匹配

1. 命令执行方式

（1）点击工具栏：标准。

（2）命令行：输入 MA，按 Enter 键确认。

（3）点击菜单栏：修改（M）➤ 特性匹配（M）。

（4）按空格键：重复上一特性匹配命令。

2. 操作方法指导

（1）特性匹配是将一个对象的某些特性或所有特性复制到其他对象。

（2）特性匹配可以复制的特性类型包括但不仅限于颜色、图层、线型、线型比例、线宽。

（3）点击，或命令行输入 MA，按 Enter 键确定。

（4）点击特性匹配的源对象，点击需要特性匹配的对象。

（5）在选对象前，设置 S，按 Enter 键确定，可以对特性进行设置，如图 3-60 所示。

图 3-60　特性匹配的设置

（6）特性匹配作用很大，通过快速匹配对象的颜色、图层、线型、线型比例、线宽，使得绘图简单明了。

3. 操作技能实训

（1）进行设计平面图的线型、图层、标注样式等特性匹配的技能实训，如图 3-61 所示。

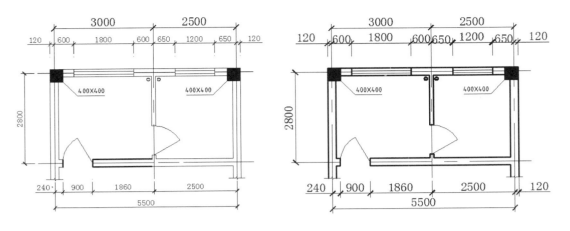

图 3-61　特性匹配的实训

（2）将样式、大小与格式不一致的文字，编辑为统一的样式、大小与格式点击![icon]，或命令行输入 MA，按 Enter 键确定；点击符合要求的文字，在点击需要匹配的文字，文字的字体、大小与样式跟源对象相同，实现统一，如图 3-62 所示。

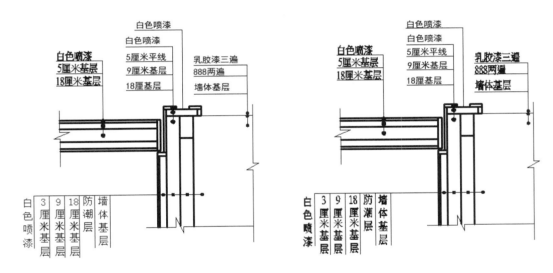

图 3-62　将左图不统一的文字匹配成如右图

知识点五：对象编辑

1. 命令执行方式

（1）点击工具栏：修改 II ![icon]。

（2）点击菜单栏：修改（M）➤对象（O）➤多段线（P）、多线（M）等，如图 3-63 所示。选择不同的工具得到不同的编辑面板或命令行操作提示，如图 3-64 和图 3-65 所示。例如选择多段线编辑，命令行提示：选择多段线或多线（M）。选择输入 M，按 Enter 键确定；选择对象，按 Enter 键确定；选择输入选项［闭合（C）/打开（O）/合并（J）/宽度（W）/拟合（F）/样条曲线（S）/非曲线化（D）/线型生成（L）/反转（R）/放弃（U）］等操作。

（3）直接输入快捷键：如多段线编辑，命令行输入 PE，按 Enter 键确认。

2. 操作方法指导

（1）命令行输入 PE，按 Enter 键确定。

（2）选择多条（M），按 Enter 键确定。

（3）选择要修改的多段线；按 Ctrl 键，可以选择多段线。

（4）选定的对象不是多段线，在是否将其转换为多段线时输入 Y，按 Enter 键。

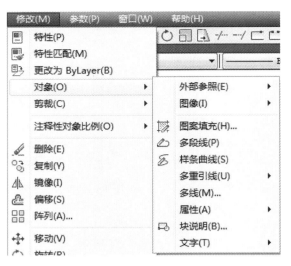

图 3-63　修改对象下属命令显示

图 3-64　图案填充编辑工具面板

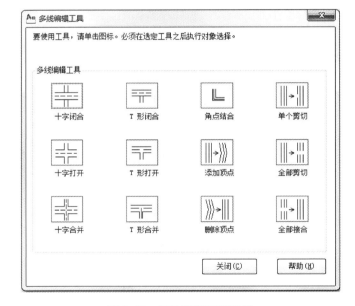

图 3-65　多线编辑工具面板

（5）指定精度 ＜10＞：输入新的精度值或按 Enter 键。

（6）通过选择命令行中闭合、合并、宽度、编辑顶点命令进行编辑。

（7）通过选择命令行中 S、L、R 等样条曲线、线型生成、反转命令进行编辑。

（8）通过选择命令行中 U、X，放弃或退出编辑。

3．操作技能实训

（1）多段线的闭合和宽度编辑实训，如图 3-66 所示。

（2）圆弧与直线的多段线转化合并与整体偏移，如图 3-67 所示。

（3）多段线转化合并复制粘贴成块，如图 3-68 所示。

三、学习总结

　　本次任务主要学习了合并、打断、粘贴成块、分解、特性匹配、对象编辑等命令的调用方式、修改方法和修改技巧，进行了合并、打断、粘贴成块、分解、特性匹配、对象编辑等修改命令的技能实训。希望通过本次

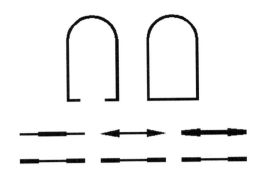

图 3-66　多段线的闭合与宽度编辑实训

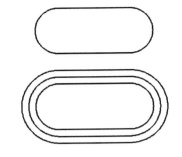

图 3-67　圆弧与直线的多段线转化合并与整体偏移

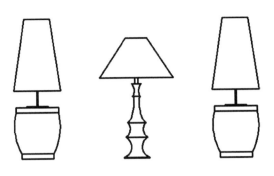

图 3-68　多段线的宽度编辑

课的学习,同学们能养成严谨细致、一丝不苟的学习习惯,并能举一反三地进行室内图形的绘制。

四、作业布置

完成图 3-48～图 3-68 的绘制。

五、技能成绩评定

技能成绩评定如表 3-5 所示。

表 3-5　技能成绩评定

考核项目		评价方式	说明
技能成绩	出勤情况(10%)	小组互评,教师参评	作业完成方式分辅助完成、独立完成、独立完成并进行辅导;学习态度分拖拉、认真、积极主动
	学习态度(10%)	小组互评,教师参评	
	作业速度(20%)	教师主评,小组参评	
	作业质量(60%)	教师主评,小组参评	

六、学习综合考核

学习综合考核如表 3-6 所示。

表 3-6　学习综合考核

项目	教学目标	学习目标	学习活动
60%	专业能力	技能目标	课堂活动
25%	社会能力	知识目标	课后活动
15%	方法能力	素质目标	课前活动

学习任务四　修改命令在专业图形绘制中的技能实训

教学目标

（1）专业能力：能熟练应用绘图和修改操作；能熟练使用绘图和修改快捷键；能将所学的绘图与修改工具命令，综合应用到装饰画、家具设备、平面布局、楼梯平立面图、墙柱基础等专业图形的绘制中。

（2）社会能力：能熟练掌握快捷键的操作；能分析图形组成，确定图形的绘制顺序；能选择较快的绘制方式，提高图形绘制速度。

（3）方法能力：能多看课件、多看视频，能认真倾听、多做笔记；能多问、多思、勤动手；课堂上主动学习，课后反复练习。

学习目标

（1）知识目标：掌握绘图与修改工具命令的调用方式、操作方法和操作技巧。

（2）技能目标：绘图与修改工具命令在装饰画、家具设备、平面布局、楼梯平立面图、墙柱基础等专业图形的综合应用实训。

（3）素质目标：一丝不苟、严谨细致、自主学习、举一反三。

教学建议

1. 教师活动

（1）备自己：热爱学生，知识丰富，技能精湛。

（2）备学生：课件美观，步骤清晰，示范到位。

（3）备课堂：讲解清晰，重点突出，难点突破，因材施教。

（4）备专业：根据室内设计专业的要求，理论讲解与技能实训紧密结合。

2. 学生活动

（1）课前活动：看书，看课件，看视频，记录问题，重视预习。

（2）课堂活动：听讲，看课件，看视频，解决问题，反复练习。

（3）课后活动：总结，做笔记，写步骤，举一反三。

（4）专业活动：绘图与修改工具命令在装饰画、家具设备、平面布局、楼梯平立面图、墙柱基础等专业图形的综合实训。

一、学习问题导入

学习绘图和修改工具命令的调用方式、操作方法后,需通过专业图形的综合实训实现"以用导学、以用检学、以用促学"。本次学习任务通过装饰画、家具设备、平面布局、楼梯平立面图、墙柱基础等专业图形绘制中的综合实训,进行绘图与修改工具命令讲解与训练,要求学生熟练掌握键盘和鼠标操作,熟练掌握快捷键的操作,培养分析图形组成,确定图形绘制顺序,选择较快绘制方式的能力。同时,为后续的图形设计、家装设计制图、工装设计制图打下扎实的基础。每一幅图纸都有完整的结果图和步骤分解图,也都有具体尺寸标注和绘制方法指导,方便自学和教学。

二、学习任务讲解

1. 综合实训一:快速入门在装饰画中的综合实训

(1)多边形、直线、镜像、阵列的综合实训,多边形16条边,多边形边长为1000,直线阵列360°。快捷键提示:【多边形】①POL、【直线】L、【镜像】MI、【阵列】AR。如图3-69所示。

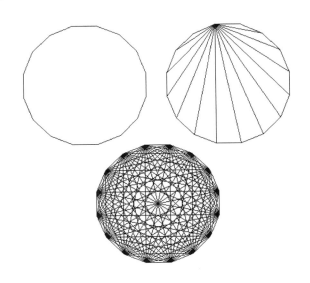

图3-69　多边形、直线、镜像、阵列的综合实训

(2)圆、复制、多段线、镜像命令的综合实训,圆半径500,多段线起点线宽0,端点线宽400,多段线圆弧角度180°。快捷键提示:【圆】C、【复制】CO、【多段线】PL、【镜像】MI。如图3-70所示.

图3-70　圆、复制、多段线、镜像命令的综合实训

(3)圆、复制、阵列、直线、圆角、镜像命令的综合实训,圆半径500,阵列角度60°,直线与相切,直线圆角半径为0。快捷键提示:【圆】C、【复制】CO、【阵列】AR、【直线】L、【圆角】F、【镜像】MI,如图3-71所示。

---

① 此处快捷键为避免和正文描述混淆,加【】予以区分。

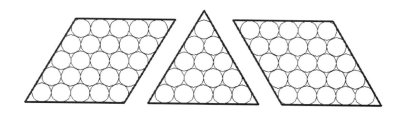

图 3-71 圆、复制、阵列、直线、圆角、镜像命令的综合实训

2. 综合实训二：快速入门在家具设备图中的综合实训

（1）复制、旋转、移动、镜像、删除命令的综合实训。复制距离 600，旋转 90°，椅子离桌边距离 150。快捷键提示：【复制】CO、【旋转】RO、【移动】M、【镜像】MI、【删除】E，如图 3-72 所示。

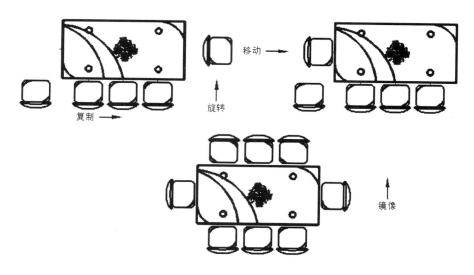

图 3-72 复制、旋转、移动、镜像、删除命令的综合实训

（2）矩形、圆弧、修剪、删除、创建块、复制、旋转、移动、镜像命令的综合实训。桌面矩形 1852×793；椅面矩形 516×235，椅背圆弧半径分别为 275 和 260；复制间距 600；椅子离桌边 150。快捷键提示：【矩形】REC、【圆弧】A、【修剪】TR、【删除】E、【创建块】B、【复制】CO、【旋转】RO、【移动】M、【镜像】MI。如图 3-73 所示。

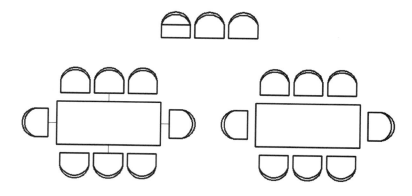

图 3-73 桌子、椅子的绘制与布局

（3）矩形、移动、直线、旋转、延伸、图案填充命令的综合实训，床背矩形 400×2250、床面矩形 2040×1500，直线旋转角度分别是－13°和－26°，图案填充 GROSS，比例 15。快捷键提示：【矩形】REC、【移动】M、【直线】L、【旋转】RO、【延伸】EX、【图案填充】H。如图 3-74 所示。

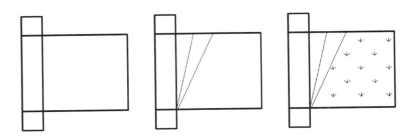

图 3-74　床的绘制与图案填充

（4）矩形、圆、修剪、多段线、偏移、旋转、圆、移动、删除、镜像等命令的综合实训，茶话椅矩形 500×275，圆半径 250，多段线沿椅边绘制且闭合，多段线往外偏移 30 和 20，椅子旋转角度 38°，圆桌半径 275 和 300，椅子和圆桌位置矩形 800×400。快捷键提示：【矩形】REC、【圆】C、【修剪】TR、【多段线】PL、【偏移】O、【旋转】RO、【移动】M、【删除】E、【镜像】MI。如图 3-75 所示。

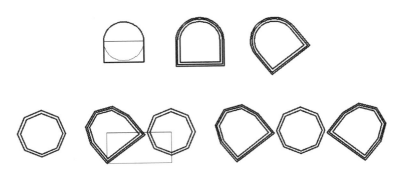

图 3-75　圆桌的绘制与椅子的移动及镜像

（5）直线、矩形、复制、旋转、删除命令的综合实训，直线 2500，衣架矩形 50×450，复制距离 250，旋转角度 20°和－20°，衣柜矩形 2500×600。快捷键提示：【直线】L、【矩形】REC、【复制】CO、【旋转】RO、【删除】E。如图 3-76 所示。

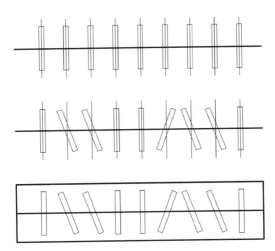

图 3-76　衣架的绘制、复制与旋转以及衣柜的绘制

（6）矩形、移动、偏移、修剪、延伸、圆、圆角、直线、阵列的综合实训，大矩形 550×700，369×200，偏移 20，大圆半径 70，大圆角半径 45，小圆角半径 30，直线 80，行阵列距离 40。快捷键提示：【矩形】REC、【移动】M、【偏移】O、【修剪】TR、【延伸】EX、【圆】C、【圆角】F、【直线】L、【阵列】AR。如图 3-77 所示。

（7）矩形、对角直线、阵列、圆、偏移、修剪、修剪、复制命令的综合实训，小正方形 375，对角线，阵列 8 个，

图 3-77　蹲厕的绘制

阵列 360°,圆半径分别为 98,94,76,大小正方形边长分别为 856,750。快捷键提示:【矩形】REC、【直线】L、【阵列】AR,【圆】C、【偏移】O、【修剪】TR、【复制】CO。如图 3-78 所示。

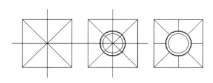

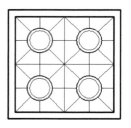

图 3-78　蹲厕的绘制

(8) 矩形、直线、多段线、圆命令的综合实训,大矩形 1542×813,1200×583,对角中心相同,四边定位直线长分别 86 和 39,多段线三点画圆弧,圆半径 25,圆心离最左边 127。快捷键提示:【矩形】REC、【直线】L、【多段线】PL、【圆】C,如图 3-79 所示。

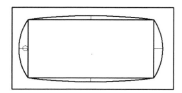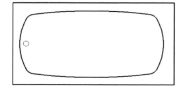

图 3-79　浴缸的绘制

(9) 矩形、直线、移动、镜像命令的综合实训。

抽屉矩形 50×15,拉手矩形 12×4;定位直线 3;抽屉复制距离 21;柜门矩形 50×60,拉手矩形 3×12,定位直线 6;柜子矩形 75×140,桌面矩形 390×12,左定位距离 38;抽屉离桌底边 6,柜门离柜底边距离 9,柜门离柜右边距离 9,两柜对称,距离 164。快捷键提示:【矩形】REC、【直线】L、【移动】M、【镜像】MI,如图 3-80～图 3-82 所示。

3. 综合实训三:快速入门在平面图形布局中的综合实训

(1) 中心线、偏移、多段线、多线、多线编辑、矩形、图案填充、移动、延伸、修剪、删除等综合实训。中心线长 4200,偏移 1260、400;中心线长 2600,偏移 560、2300、560;多线圆弧部分执行起点、第二点(S)和端点;多线对正(J)、无(Z)、比例(S)240 和比例(S)120,多线编辑角点闭合与 T 型打开;门洞宽 2100;柱子矩形 400×400 和 300×300,图案填充黑色,快捷键提示:【直线】L,【线型】选 CENTER,【偏移】O、【多段线】PL、【多线】ML、【多线修改】MLEDIT、【矩形】REC、【图案填充】H、【移动】M、【延伸】EX、【修剪】TR、【删除】E,如图3-83 和图 3-84 所示。

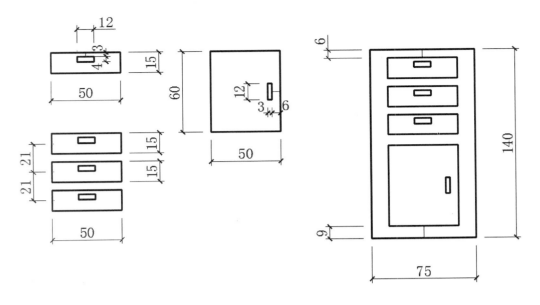

图 3-80　抽屉、拉手、柜门、柜子的绘制

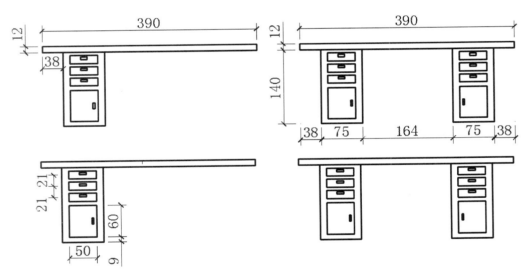

图 3-81　桌子和柜子的绘制

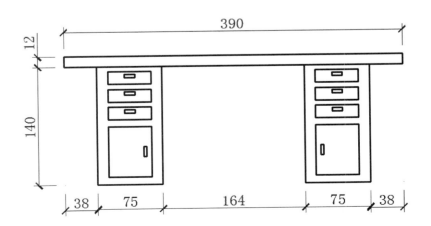

图 3-82　办公桌的绘制

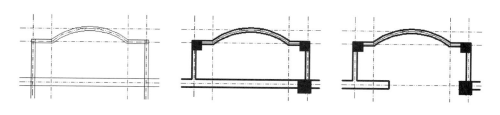

图 3-83　阳台的绘制（1）

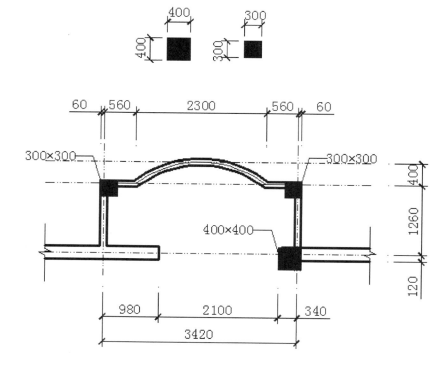

图 3-84　阳台的绘制（2）

（2）直线、偏移、多线、多线编辑、矩形、圆、图案填充、移动、修剪、延伸、旋转、删除等综合实训。水平线6500、偏移2800，垂直线3800，偏移3000、2500；多线对正比例（S）240和120；快捷键提示：【直线】L、【偏移】O、【多线】ML、【多线编辑】MLEDIT、【矩形】REC、【圆】C、【图案填充】H、【移动】M、【修剪】TR、【延伸】EX、【旋转】RO、【删除】E，如图3-85所示。

4. 综合实训四：快速入门在楼梯图形中的综合实训

（1）中心线、偏移、多段线、矩形、移动、多线、延伸、修剪、删除、文字等综合实训。中心线长7720，偏移1450、100、1450；中心线长3000，偏移3300、800、1500；多线对正（J）、无（Z）、比例（S）240；扶手矩形3540×100；台阶长1330，离左墙中心距离120、离右墙轴线800，中心距离1540，阵列12列、列距300；楼梯走向多段线箭头起点W宽50，端点宽0，长度400；文字高200。快捷键提示：【直线】L、【中心线型】CENTER、【偏移】O、【多段线】PL、【矩形】REC、【移动】M、【多线】ML、【延伸】EX、【修剪】TR、【删除】E、【文字】T，如图3-86所示。

（2）中心线、偏移、多段线、多线、多线编辑、矩形、移动、延伸、修剪、删除、文字等综合实训。中心线长3600，偏移250、1000、3750和偏移1380、2080、1540；中心线长6000，偏移550、1500、550；多线对正（J）、无（Z）、比例（S）240，多线编辑角点闭合；扶手内矩形50×2180，外偏移50；台阶长1105，离下墙中心距离1380、离下墙中心距离1540，阵列9行、行距260；楼梯走向多段线箭头起点W宽50，端点宽0，长度400；上下文字高200，标高数值高150，标高符号长1400，斜线45°长400。快捷键提示：【直线】L、【偏移】O、【多段线】PL、

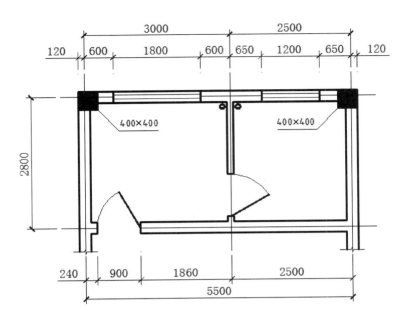

图 3-85　厨卫平面结构图的绘制

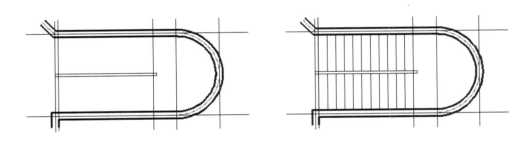

图 3-86　弧形平台楼梯的绘制

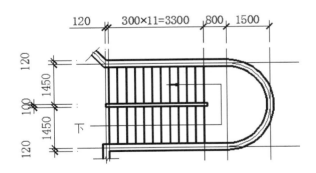

【多线】ML、【多线编辑】MLEDIT、【矩形】REC、【移动】M、【延伸】EX、【修剪】TR、【删除】E、【文字】T。如图 3-87～ 图 3-89 所示。

　　（3）多段线、直线、复制、矩形、偏移、延伸、修剪、删除等综合实训。平台长 1000，后 100；台阶长 300、高 150，台阶 11 步；左梁高 500、宽 250，右梁高 400、宽 250，梁边距离台阶边 100；梁底板距离台阶 140。快捷键提示：【多段线】PL、【直线】L、【复制】CO、【矩形】REC、【偏移】O、【延伸】EX、【修剪】TR、【删除】E。如图 3-90 所示。

　　5．综合实训五：快速入门在柱墙基础图形中的综合实训

　　（1）矩形、直线、偏移、弧线、多段线、复制、延伸、修剪、删除等综合实训。基础底矩形 4200×3000，基础面矩形 1700×1250、两矩形距离水平 1550，垂直距离 875；柱子矩形 750×400。外偏移 75，多段线复制距离

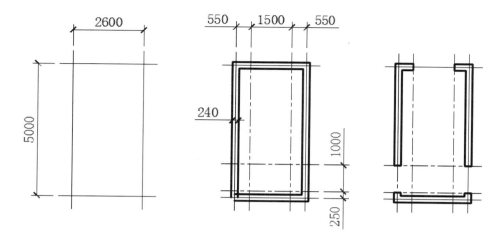

图 3-87　矩形平台楼梯的绘制(1)

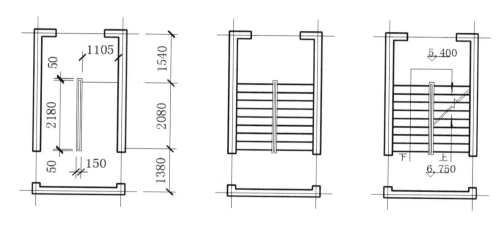

图 3-88　矩形平台楼梯的绘制(2)

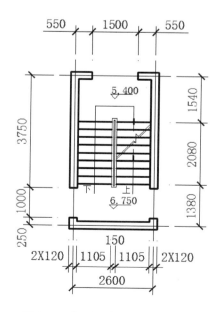

图 3-89　矩形平台楼梯的绘制(3)

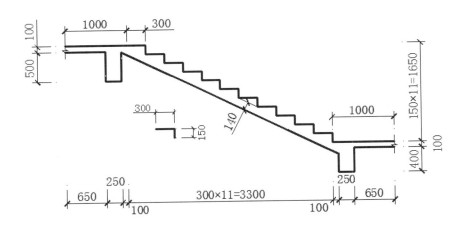

图 3-90　楼梯立面图的绘制

150,线宽分别为 10 和 14,离矩形边 50。快捷键提示:【矩形】REC、【直线】L、【偏移】O、【弧线】A、【多段线】PL、【复制】CO、【延伸】EX、【修剪】TR、【删除】E。如图 3-91 所示。

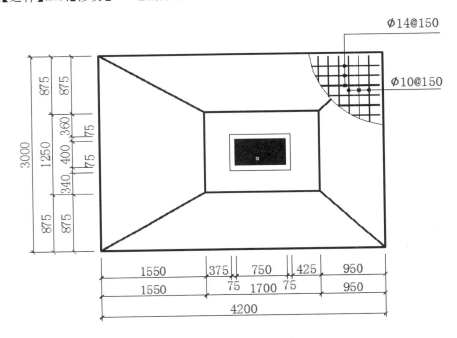

图 3-91　柱子基础绘制

(2) 矩形、多段线、直线、移动、镜像、图案填充、删除等综合实训。垫层矩形 1400×100、底座矩形 1200×300,两矩形距离 100;墙多线 120×3、60×3,离底座 300;墙厚 240,图案填充 ANSI31,比例 30,填充 AR-CONC,比例 1;填充 AR-SAND,比例 1。快捷键提示:【矩形】REC、【多段线】PL、【直线】L、【移动】M、【镜像】MI、【图案填充】H、【删除】E,如图 3-92 所示。

三、学习总结

本次任务主要学习了绘图与修改工具命令的调用方式、操作方法和操作技巧。同时,对学生进行了绘图与修改工具命令在装饰画、家具设备、平面布局、楼梯平立面图、墙柱基础等专业图形的综合实训。希望同学们通过学习养成严谨细致的学习习惯,并能举一反三地进行室内图形的绘制实训。

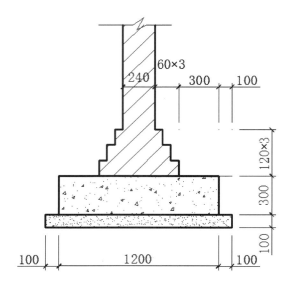

图 3-92 墙基础的绘制

四、作业布置

完成图 3-69～图 3-92 的绘制。

五、技能成绩评定

技能成绩评定如表 3-7 所示。

表 3-7 技能成绩评定

考核项目		评价方式	说明
技能成绩	出勤情况（10%）	小组互评，教师参评	作业完成方式分辅助完成、独立完成、独立完成并进行辅导；学习态度分拖拉、认真、积极主动
	学习态度（10%）	小组互评，教师参评	
	作业速度（20%）	教师主评，小组参评	
	作业质量（60%）	教师主评，小组参评	

六、学习综合考核

学习综合考核如表 3-8 所示。

表 3-8 学习综合考核

项目	教学目标	学习目标	学习活动
60%	专业能力	技能目标	课堂活动
25%	社会能力	知识目标	课后活动
15%	方法能力	素质目标	课前活动

项目四　AutoCAD 标注工具的快速入门与技能实训

学习任务一　直线标注类命令的学习与技能实训

学习任务二　曲线标注类命令的学习与技能实训

学习任务三　角度标注类命令的学习与技能实训

学习任务四　标注命令在专业图形中的技能实训

学习任务一　直线标注类命令的学习与技能实训

教学目标

（1）专业能力：用多种方式调用线性标注、对齐标注、连续标注、基线标注等标注命令；能进行各类线性标注、对齐标注、连续标注、基线标注的室内图形绘制专业实训。

（2）社会能力：提高图纸阅读能力、尺寸分析能力和方法选择能力，养成细致、认真、严谨的绘图习惯。

（3）方法能力：理论结合实践、互帮互助、反复实践。

学习目标

（1）知识目标：线性标注、对齐标注、连续标注、基线标注等命令的调用方式、标注方法和标注技巧。

（2）技能目标：线性标注、对齐标注、连续标注、基线标注等命令的技能实训。

（3）素质目标：严谨认真、自主学习、举一反三。

教学建议

1. 教师活动

（1）备自己：热爱学生、知识渊博、技能精湛。

（2）备学生：示范清晰、深入浅出、理论结合实践。

（3）备课堂：讲解清晰、重点突出、因材施教。

（4）备专业：根据室内设计专业的岗位技能要求进行实训。

2. 学生活动

（1）课前活动：看书、看课件、看视频、记录问题，重视预习。

（2）课堂活动：听讲、看示范、反复练习。

（3）课后活动：总结、归纳、举一反三。

（4）专业活动：强化技能实训。

一、学习问题导入

AutoCAD标注主要分为直线标注、曲线标注和角度标注三类。标注工具主要包括线性标注、对齐标注、连续标注、基线标注等。项目四把以上标注命令按直线类标注命令、曲线类标注命令、角度标注命令等分成以下学习任务来展开学习。

本次学习任务的主要内容是直线类标注命令,主要学习线性标注、对齐标注、连续标注、基线标注的标注方法。

二、知识讲解与技能实训

知识点一:线性类标注

1. 尺寸标注组成

直线尺寸标注由尺寸线、尺寸箭头、尺寸文本、尺寸界线四部分组成。如图4-1所示。

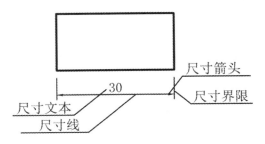

图4-1　尺寸标注的组成

2. 命令执行方式

(1)菜单栏:点击"标注"➤点击 ⊢┤线性(DLI)。

(2)标注工具面板。

(3)命令行:输入 DLI 或 DIMLINEAR。

(4)功能区:按空格键,表示重复执行线性标注命令。

3. 标注方法指导

(1)命令行输入 DLI,按 Enter 键确认。

(2)指定线性标注起点;指定直线标注端点,指定尺寸线位置。

(3)按下空格键,继续绘制新线性标注。

(4)为使标注快速且规范,应提前设置标注样式。

(5)命令行输入 PR,按 Enter 键确认,可以对标注各项目进行修改。

(6)点击标注,鼠标右击,可对标注进行局部修改,如对文字位置进行移动等。

4. 标注样式设置

(1)命令行输入 D,按空格键,或点击格式(O)➤标注样式(D),弹出标注样式管理器面板。如图4-2所示。

(2)在标注样式管理器对话框中,点击"新建"打开"创建新标注样式"对话框,默认新样式名"副本 ISO-25",点击"继续"。如图4-3所示。

(3)"新建标注样式"对话框中包含了7个选项卡,在各选项卡中可对标注样式进行设置,"线"设置尺寸线和尺寸界限的相关参数。如图4-4所示。

(4)"箭头和符号"设置箭头、圆心标记、折断标记弧长符号、半径折弯标注等参数位置。如图4-5所示。

(5)"文字"设置文字的大小、位置和对齐方式等。如图4-6所示。

(6)"调整"设置文字、箭头、尺寸线等的放置。如图4-7所示。

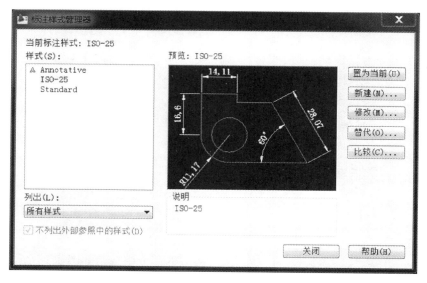

图 4-2 标注样式管理器对话框

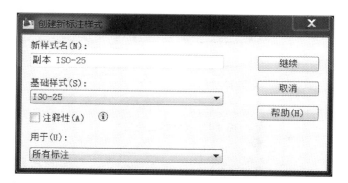

图 4-3 创建新标注样式对话框

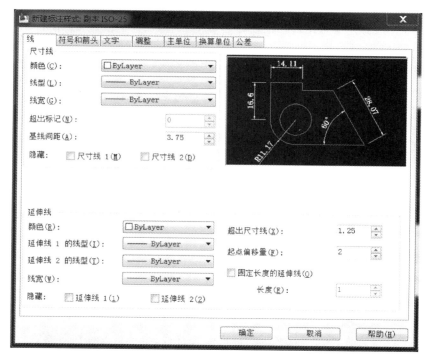

图 4-4 标注样式-线设置

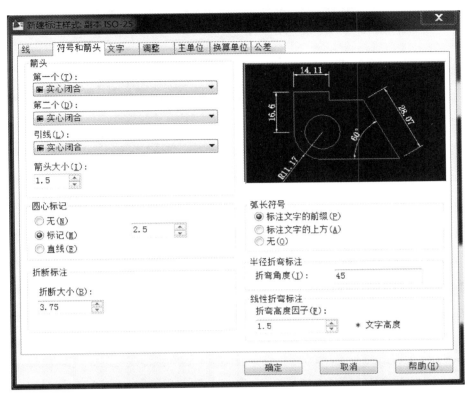

图 4-5　标注样式-符号和箭头设置

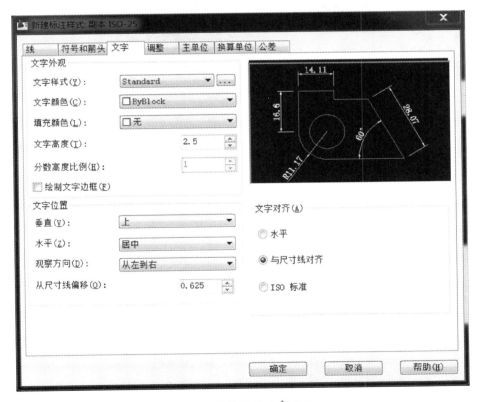

图 4-6　标注样式-文字设置

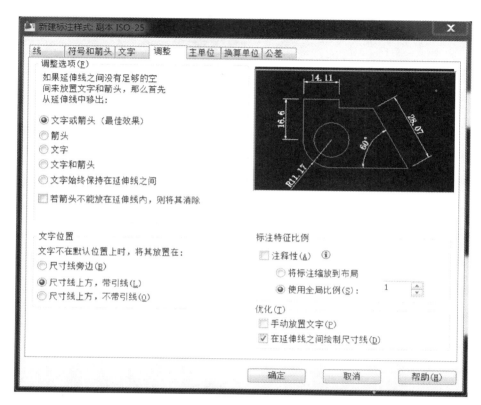

图 4-7 标注样式-调整设置

（7）"主单位"设置标注单位格式和精度，文字的前缀和后缀等参数。如图 4-8 所示。

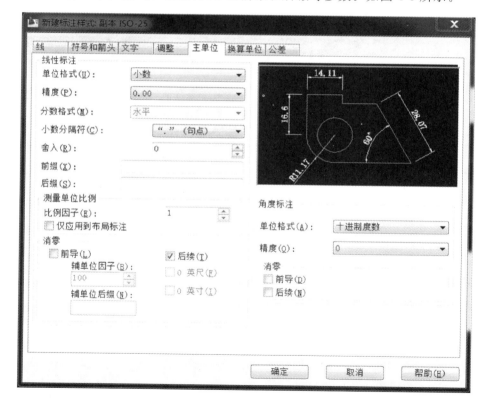

图 4-8 标注样式-主单位设置

5. 线性标注技能实训

（1）命令行输入 DLI，按 Enter 键确认；鼠标捕捉矩形长度起点向右拉；捕捉矩形长度端点；鼠标向上拉至合适位置,如输入 8,按 Enter 键确认,矩形的长度标注完成。

(2)命令行按下空格键,继续对矩形宽度进行标注,鼠标捕捉矩形宽度起点向下拉;捕捉矩形宽度端点;点击向右拉至合适位置,如输入 8,按 Enter 键确认,矩形的宽度标注完成。

(3)各方向标注位置即离起点的距离都设置为相同的值,保证标注规范且美观。标注设置参照"副本 ISO-25"。如图 4-9 所示。

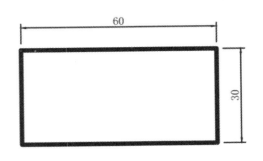

图 4-9 矩形的标注

6. 专业综合实例案例——"瓷砖图案标注"的标注

新建标注设置"副本(10)ISO-25",在"副本 ISO-25"的基础样式上,将选项卡"调整"➤"使用全局比例(S)"设置为"10"。如图 4-10 所示。分析瓷砖图案需标注的位置,运用线性标注,完成瓷砖的标注。如图 4-11 所示。

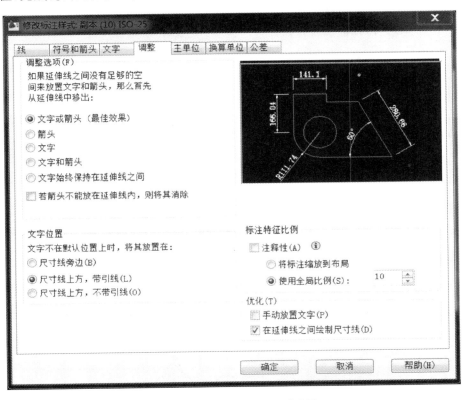

图 4-10 "副本(10)ISO-25"设置

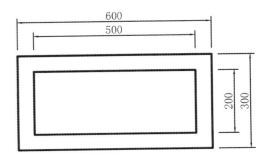

图 4-11 瓷砖图案标注

各方向标注位置即离起点的距离都设置为相同的值。如第一道标注线鼠标所拉距离可设置为 60,第二道标注鼠标所拉距离可设置为 120。

知识点二:对齐标注的运用

1.命令执行方式

(1)菜单栏:点击"标注"➤点击 ↖ 对齐标注(DAL)。

(2)标注工具面板:点击 ↖ 。

(3)命令行:输入 DAL 或 DIMALIGNED。

(4)功能区:按空格键,表示重复执行对齐标注命令。

2.绘制方法指导

(1)命令行输入 DAL 或 DIMALIGNED,按 Enter 键确认。

(2)点击指定线性标注起点。

(3)点击指定直线标注端点确定。

(4)指定尺寸线位置。

(5)按下空格键,继续绘制新线性标注。

(6)为标注快速且规范,应提前进行标注样式设置。

3.绘制技能实训

三角形的标注。

步骤 1:用 POL 命令,绘制等边三角形(内接圆半径 150 mm)。

步骤 2:命令行输入 DAL,按 Enter 键确认;指定三角形顶点,确定标注起点,指定三角形右边点,向右拉至合适位置点击确认,完成三角形一条边的标注;按空格键,继续对三角形底边进行标注,指定三角形左边点,确定标注起点,指定三角形右边点,向下拉至合适位置点击确认,结束命令。样式设置参见"副本(10)ISO-25"。如图 4-12 所示。

4.专业综合实训案例——"建筑标高符号"的标注

"建筑标高符号"的绘制参见项目二学习任务一,综合应用线性标注和对齐标注命令,对建筑标高符号进行标注,样式设置参见"副本(10)ISO-25"。如图 4-13 所示。

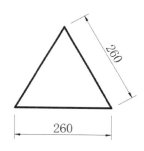

图 4-12 三角形的标注

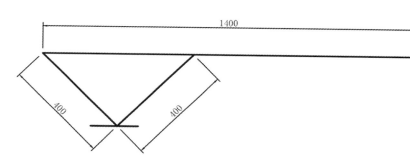

图 4-13 建筑标高符号的标注

知识点三:基线标注的运用

1.命令执行方式

(1)菜单栏:点击"标注"➤点击 ⊢ 基线标注(DBA)。

(2)命令行:输入 DBA 或 DIMBASELINE。

(3)功能区:按空格键,表示重复基线标注命令。

2.绘制方法指导

(1)命令行输入 DBA,按 Enter 键确认。

(2)指定需标注的第二个点,点击确定按钮。

(3)指定需标注的第三个点,按 Enter 键确认,结束基线标注。

（4）操作技巧：第一条标注线用线性标注、对齐标注、角度标注等先标出，再输入基线标注命令进行标注。

3. 基线标注技能实训

命令行输入 DLI，按 Enter 键确认；点击捕捉 P_1 点，捕捉 P_2 点；向上拉至合适位置点击确认，完成第一条线标注。

命令行输入 DBA，按 Enter 键确认；点击捕捉标注线，捕捉 P_3 点确认；捕捉 P_4 点确认；按 Enter 键确认，完成基线标注。样式设置参见"副本（10）ISO-25"。如图 4-14 所示。

4. 基线标注绘制实例——阶梯尺寸标注

用直线类命令，绘制阶梯。综合运用线性标注和基线标注对阶梯进行标注。样式设置参见"副本（10）ISO-25"。如图 4-15 所示。

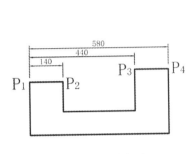

图 4-14　基线标注

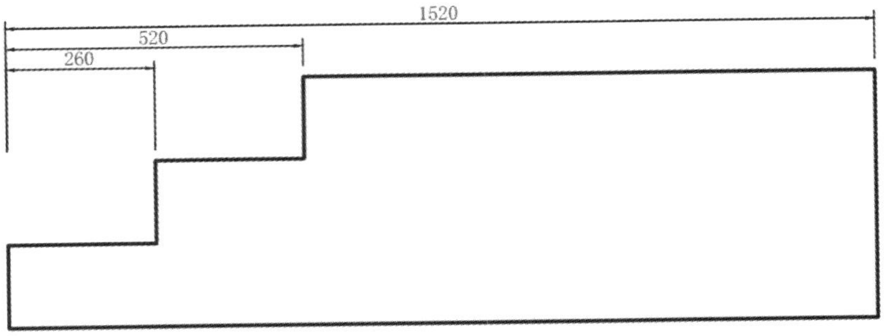

图 4-15　阶梯尺寸标注

知识点四：连续标注的运用

1. 命令执行方式

（1）菜单栏：点击"标注" ➤ 点击 连续标注（DCO）。

（2）命令行：输入 DCO 或 DIMCONTINUE。

（3）功能区：按下空格键，表示重复执行连续标注命令。

2. 绘制方法指导

（1）命令行：输入 DCO，按 Enter 键确认。

（2）指定需标注的第二个点，点击确定按钮。

（3）指定需标注的第三个点，按 Enter 键确认，陆续进行直到完成连续标注。

（4）操作技巧：连续标注前，用线性标注先标出第一条标注线，然后再输入连续标注命令进行标注。

3. 绘制技能实训

命令行输入 DLI，按 Enter 键确认，点击捕捉 P_1 点确认，点击捕捉 P_2 点确认，向上拉至合适位置点击确认完成第一条线标注；输入 DCO，按 Enter 键确认，捕捉 P_3 点确认，捕捉 P_4 点确认，按 Enter 键确认，完成连续标注。样式设置参见"副本（10）ISO-25"。如图 4-16 所示。

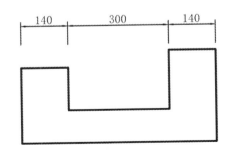

图 4-16　连续标注

4. 专业综合实训案例——建筑平面的标注

新建标注样式"副本（80）ISO-25"，在"副本 ISO-25"的基础样式上，修改"符号和箭头"选项卡的"箭头"为"建筑标记"，修改"调整"选项卡的"使用全局比例（S）"为"80"。如图 4-17～图 4-19 所示。

三、学习总结

本次任务学习了线性标注、对齐标注、连续标注、基线标注等命令的调用方式、标注方法和标注技巧，以

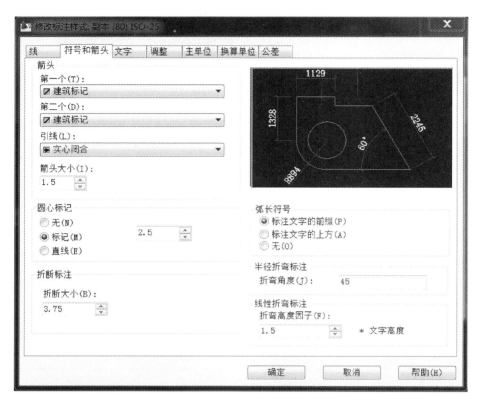

图 4-17　符号和箭头

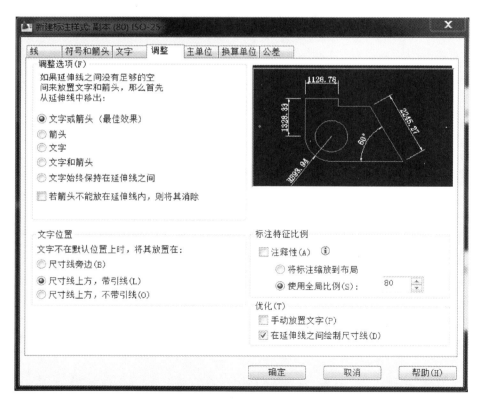

图 4-18　使用全局比例(S)

及标注样式的设置等知识和技能,进行了线性标注、对齐标注、连续标注、基线标注等命令的技能实训。同时,有针对性地加强了所学知识和技能在室内设计图形绘制中的应用,为将来的专业绘图与专业设计打下了扎实的基础。课后,同学们要反复练习以巩固知识点,养成严谨认真的习惯。

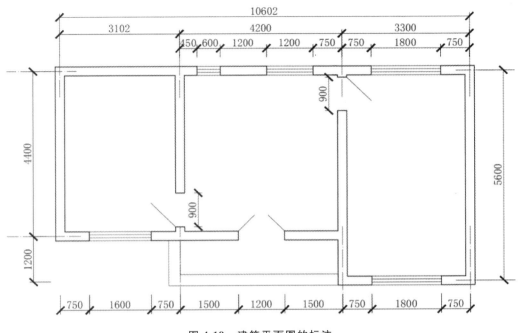

图 4-19   建筑平面图的标注

四、作业布置

（1）线性标注实训，独立完成图 4-1～图 4-10 的设置和绘制。

（2）对齐标注实训，独立完成图 4-12 和图 4-13 的绘制。

五、技能成绩评定

技能成绩评定如表 4-1 所示。

表 4-1   技能成绩评定

考核项目		评价方式	说明
技能成绩	出勤情况（10%）	小组互评，教师参评	作业完成方式分辅助完成、独立完成、独立完成并进行辅导；学习态度分拖拉、认真、积极主动
	学习态度（10%）	小组互评，教师参评	
	作业速度（20%）	教师主评，小组参评	
	作业质量（60%）	教师主评，小组参评	

六、学习综合考核

学习综合考核如表 4-2 所示。

表 4-2   学习综合考核

项目	教学目标	学习目标	学习活动
60%	专业能力	技能目标	课堂活动
25%	社会能力	知识目标	课后活动
15%	方法能力	素质目标	课前活动

学习任务二　曲线标注类命令的学习与技能实训

教学目标

（1）专业能力：能用多种方式调用直径标注、半径标注、折弯半径标注、圆心标注等标注命令；能有针对性地运用直径标注、半径标注、折弯半径标注、圆心标注等多种标注方法进行室内图形绘制专业实训。

（2）社会能力：能提高图纸阅读能力和尺寸分析能力；养成细致、认真、严谨的绘图习惯。

（3）方法能力：积极互动、互帮互助、反复实践。

学习目标

（1）知识目标：直径标注、半径标注、折弯半径标注、圆心标注等命令的运用方式、标注方法和标注技巧。

（2）技能目标：直径标注、半径标注、折弯半径标注、圆心标注等命令的技能实训。

（3）素质目标：严谨认真、自主学习、举一反三。

教学建议

1. 教师活动

（1）备自己：热爱学生、知识丰富、技能精湛。

（2）备学生：示范清晰、深入浅出、理论结合实践。

（3）备课堂：讲解清晰、重点突出、因材施教。

（4）备专业：根据室内设计专业的岗位技能要求进行实训。

2. 学生活动

（1）课前活动：看书，看课件，看视频，记录问题，重视预习。

（2）课堂活动：听讲，看示范，反复练习。

（3）课后活动：总结归纳，举一反三。

（4）专业活动：强化技能实训。

一、学习问题导入

本次学习任务主要讲解曲线类标注命令,主要学习半径标注、直径标注、折弯半径标注、圆心标注的方法。命令的知识与技能讲解,按"命令执行方式"、"绘制方法指导"、"绘制技能实训""专业综合实训案例"的顺序,用任务驱动法和项目实际操作法,充分发挥学生自主学习的主动性。

二、知识讲解与技能实训

知识点一:直径标注

1. 命令执行方式

(1)菜单栏:点击"标注"➤点击 ⊘ 直径标注(DDI)。

(2)标注工具面板:点击 ⊘。

(3)命令行:输入 DDI 或 DIMDIAMETER。

(4)功能区:按下空格键,表示重复执行直径标注命令。

2. 绘制方法指导

(1)命令行输入 DDI,按 Enter 键确认。

(2)选择圆弧或圆。

(3)指定尺寸线位置,点击确认。

(4)命令行输入 PR,按 Enter 键确认,可以对标注各项目进行修改。

(5)点击标注可对标注进行局部修改,如对文字位置进行移动等。

3. 标注技能实训——圆的直径标注

(1)新建标注样式"ISO-25(20)",在"副本 ISO-25"的基础样式上,修改"调整"选项卡中的"使用全局比例(S)"为"20"。如图 4-20 所示。

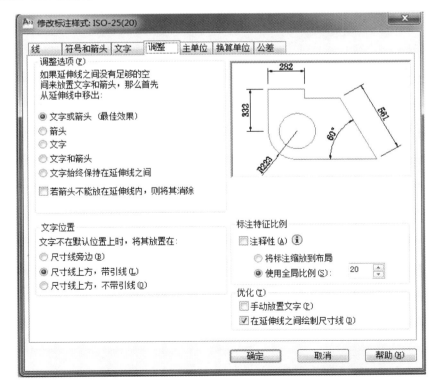

图 4-20 "全局比例"-"20"

（2）输入 DDI,按 Enter 键确认;点击圆(标注文字 = 400),选择尺寸线位置,点击确定,完成直径标注。如图 4-21 所示。

知识点二:半径标注

1. 命令执行方式

（1）菜单栏:点击"标注"➤点击 ◯ 半径标注（DRA）。

（2）标注工具面板:点击 ◯ 。

（3）命令行:输入 DRA 或 DIMRADIUS。

（4）功能区:按下空格键,表示重复执行半径标注命令。

2. 绘制方法指导

（1）命令行输入 DRA,按 Enter 键确认。

（2）选择圆弧或圆。

（3）指定尺寸线位置,点击确认。

（4）命令行输入 PR,按 Enter 键确认,可以对标注各项目进行修改。

（5）点击标注,可对标注进行局部修改,如对文字位置进行移动等。

3. 绘制技能实训

命令行输入 DRA,按 Enter 键确认;点击圆(标注文字 =200),选择尺寸线位置,完成半径标注。标注样式参见"ISO-25(20)"。如图 4-22 所示。

知识点三:折弯半径标注

1. 命令执行方式

（1）☑菜单栏:点击"标注"➤点击 ⌇ 折弯标注（DJO）。

（2）☑标注工具面板:点击 ⌇ 。

（3）☑命令行:输入 DJO 或 DIMJOGGED。

（4）☑功能区:按下空格键,表示重复执行折弯半径标注命令。

2. 绘制方法指导

（1）命令行输入 DJO,按 Enter 键确认。

（2）选择圆弧或圆。

（3）指定尺寸线位置,点击确认,完成半径标注。

（4）命令行输入 PR,按 Enter 键确认,可以对标注各项目进行修改。

（5）点击标注可对标注进行局部修改,如对文字位置进行移动等。

3. 多线技能实训——圆弧的折弯标注

命令行输入 DJO,按 Enter 键确认;点击圆弧,选择图示中心点(标注文字 = 250),确定尺寸线位置,确定折弯位置,完成折弯半径标注。标注样式参见"ISO-25(20)"。如图 4-23 所示。

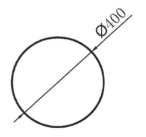
图 4-21　直径标注

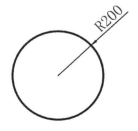
图 4-22　半径标注

图 4-23　折弯半径标注

知识点四:圆心标注

1. 命令执行方式

(1)菜单栏:点击"标注"➤点击 ⊕ 圆心标注（DCE）。

(2)标注工具面板:点击 ⊕ 。

(3)命令行:输入 DCE 或 DIMCENTER。

(4)功能区:按下空格键,表示重复执行圆心标注命令。

2. 绘制方法指导

(1)命令行输入 DCE,按 Enter 键确认。

(2)选择圆弧或圆。

(3)指定尺寸线位置,点击确认,完成圆心标注。

(4)菜单栏:点击格式➤点击点样式,在点样式对话框,选择点的样式和大小,如图 4-24 所示。

3. 圆心标注技能实训——圆心标注

命令行输入 DCE,按 Enter 键确认;点击圆,完成圆心标注。如图 4-25 所示。

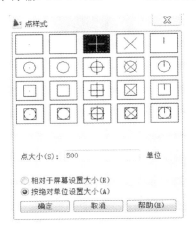

图 4-24 "点样式"对话框

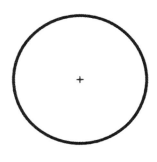

图 4-25 圆心标注

4. 曲线标注综合实训案例——完成"机械零件图"标注

新建标注样式"ISO-25(2)",在"副本 ISO-25"的基础样式上,修改"调整"选项卡中的"使用全局比例(S)"为"2"。如图 4-26 所示。

绘制以下图形,运用线性标注、半径标注、直径标注、折弯半径标注、点击标注对"机械零件图"进行标注。如图 4-27 所示。

三、学习总结

本次任务学习了直径标注、半径标注、折弯半径标注、圆心标注等命令的调用方式、标注方法和标注技巧,以及标注样式的设置等知识和技能,进行了直径标注、半径标注、折弯半径标注、圆心标注等命令的技能实训,并强化了所学知识和技能在室内设计图形绘制中的应用,为绘图打下了扎实的基础。课后,同学们要反复练习知识点和技巧,逐步提高绘图能力。

四、作业布置

(1)直径标注实训,独立完成图 4-21 的绘制。

(2)半径标注实训,独立完成图 4-22 的绘制。

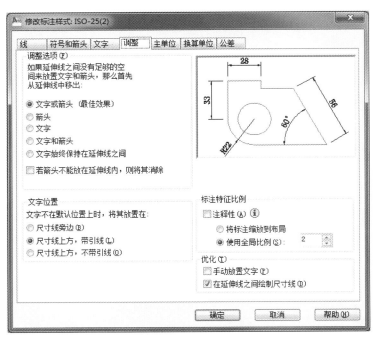

图 4-26 "使用全局比例"-"2"

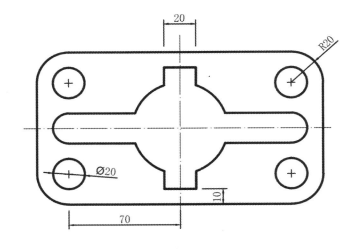

图 4-27 半径和直径的标注

五、技能成绩评定

技能成绩评定如表 4-3 所示。

表 4-3 技能成绩评定

考核项目		评价方式	说明
技能成绩	出勤情况（10%）	小组互评，教师参评	作业完成方式分辅助完成、独立完成、独立完成并进行辅导；学习态度分拖拉、认真、积极主动
	学习态度（10%）	小组互评，教师参评	
	作业速度（20%）	教师主评，小组参评	
	作业质量（60%）	教师主评，小组参评	

六、学习综合考核

学习综合考核如表 4-4 所示。

表 4-4　学习综合考核

项目	教学目标	学习目标	学习活动
60%	专业能力	技能目标	课堂活动
25%	社会能力	知识目标	课后活动
15%	方法能力	素质目标	课前活动

学习任务三　角度标注类命令的学习与技能实训

教学目标

（1）专业能力：能用多种方式调用角度标注命令；能有针对性地运用角度标注进行图形绘制室内图形。

（2）社会能力：能提高图纸阅读能力、尺寸分析能力和方法选择能力，养成细致、认真、严谨的绘图习惯。

（3）方法能力：理论结合实践、互帮互助、反复实践。

学习目标

（1）知识目标：角度标注命令的调用方式、标注方法和标注技巧。

（2）技能目标：角度标注命令的技能实训。

（3）素质目标：严谨认真、自主学习、举一反三。

教学建议

1. 教师活动

（1）备自己：热爱学生，知识渊博，技能精湛。

（2）备学生：示范清晰，深入浅出，理论结合实践。

（3）备课堂：讲解清晰，重点突出，因材施教。

（4）备专业：根据室内设计专业的岗位技能要求进行实训。

2. 学生活动

（1）课前活动：看书，看课件，看视频，记录问题，重视预习。

（2）课堂活动：听讲，看示范，反复练习。

（3）课后活动：总结归纳，举一反三。

（4）专业活动：强化技能实训。

一、学习问题导入

本次学习任务主要讲解角度标注命令,学习角度标注的方法。命令的知识与技能讲解按"命令执行方式"、"绘制方法指导"、"绘制技能实训""专业综合实训案例"的顺序,用任务驱动法和项目实际操作法,充分发挥学生自主学习的主动性,螺旋上升式展开学习。

二、知识讲解与技能实训

1. 命令执行方式

(1) 菜单栏:点击"标注"➤点击 △ 角度标注(DAN)。

(2) 标注工具面板:点击 △ 。

(3) 命令行:输入 DAN 或 DIMANGULAR。

(4) 功能区:按下空格键,表示重复执行角度标注命令。

2. 绘制方法指导

(1) 命令行输入 DAN 或 DIMANGULAR,按 Enter 键确认。

(2) 选择圆弧、圆、直线进行标注。

(3) 指定标注弧线位置。

(4) 按 Enter 键确认重复角度标注,对圆进行角度标注。

(5) 命令行输入 PR,按 Enter 键确认,可以对标注各项目进行修改。

(6) 点击标注,可对标注进行局部修改,如对文字位置进行移动等。

3. 标注技能实训

(1) 直线的角度标注。

命令行输入 DAN,按 Enter 键确认;点击第一条直线,点击第二条直线,选择尺寸线位置,点击确定(标注文字=45),完成直线的角度标注。如图 4-28 所示。

(2) 圆弧的角度标注。

命令行输入 DAN,按 Enter 键确认;点击圆弧,移至合适的尺寸线位置,点击确定(标注文字=157),完成弧形的角度标注。如图 4-29 所示。

(3) 圆的角度标注。

命令行输入 DAN,按 Enter 键确认;点击圆的第一个端点,点击圆的第二个端点,移至合适的尺寸线位置,点击确定(标注文字=135),完成圆的角度标注。如图 4-30 所示。

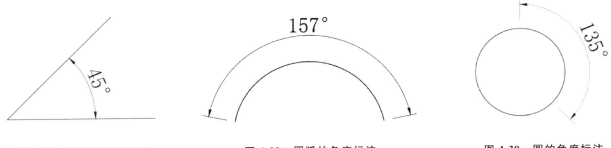

图 4-28 直线的角度标注　　　图 4-29 圆弧的角度标注　　　图 4-30 圆的角度标注

4. 角度标注综合实训案例

绘制几何图,运用角度标注、线性标注、基线标注对几何图进行标注。如图 4-31 所示。

三、学习总结

本次任务学习了角度标注命令的调用方式、标注方法和标注技巧以及标注样式的设置等知识和技能,

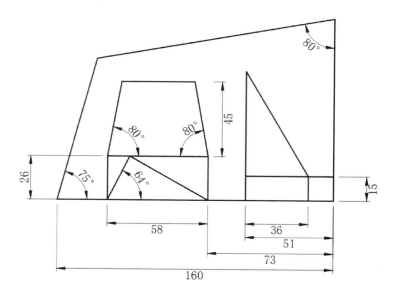

图 4-31 几何图的标注

进行了角度标注技能实训,并有针对性地加强了所学知识和技能在室内设计中的应用。课后,同学们要反复练习巩固知识点,养成严谨认真、自主学习、举一反三的习惯。

四、作业布置

独立完成图 4-23～图 4-26 的角度标注实训绘制。

五、技能成绩评定

技能成绩评定如表 4-5 所示。

表 4-5 技能成绩评定

考核项目		评价方式	说明
技能成绩	出勤情况(10%)	小组互评,教师参评	作业完成方式分辅助完成、独立完成、独立完成并进行辅导;学习态度分拖拉、认真、积极主动
	学习态度(10%)	小组互评,教师参评	
	作业速度(20%)	教师主评,小组参评	
	作业质量(60%)	教师主评,小组参评	

六、学习综合考核

学习综合考核如表 4-6 所示。

表 4-6 学习综合考核

项目	教学目标	学习目标	学习活动
60%	专业能力	技能目标	课堂活动
25%	社会能力	知识目标	课后活动
15%	方法能力	素质目标	课前活动

学习任务四　标注命令在专业图形中的技能实训

教学目标

（1）专业能力：能熟练应用标注命令，能将所学的标注命令综合应用到几何图形、家具设备和建筑等专业图形的绘制中。

（2）社会能力：能熟练掌握键盘和鼠标操作；能熟练掌握快捷键的操作；能分析图形组成，确定图形的绘制顺序。

（3）方法能力：理论结合实践、互帮互助、反复实践。

学习目标

（1）知识目标：标注命令的调用方式、操作方法和操作技巧。

（2）技能目标：标注命令在几何图形、家具设备和建筑等专业图形的综合应用。

（3）素质目标：严谨认真、自主学习、举一反三。

教学建议

1. 教师活动

（1）备自己：热爱学生，知识渊博，技能精湛。

（2）备学生：示范清晰，深入浅出，理论结合实践。

（3）备课堂：讲解清晰，重点突出，因材施教。

（4）备专业：根据室内设计专业的岗位技能要求进行实训。

2. 学生活动

（1）课前活动：看书，看课件，看视频，记录问题，重视预习。

（2）课堂活动：听讲，看示范，反复练习。

（3）课后活动：总结归纳，举一反三。

（4）专业活动：强化技能实训。

一、学习问题导入

学习标注命令的调用方式、操作方法和操作技巧后,需通过专业图形的综合实训,实现"以用导学、以用检学、以用促学"。本次学习任务将通过几何图形、家具设备和建筑等专业图形绘制的综合实训,详细地讲解标注命令的应用方式,让同学们熟练掌握键盘和鼠标操作,熟练掌握快捷键的操作,培养分析图形组成,确定标注绘制顺序,选择较快标注方式的能力,从而整体加快图形绘制速度,提高绘图质量,学以致用。

二、学习任务综合实训

综合实训一:标注在几何图中的综合实训

(1)半径标注、线性标注、连续标注的综合实训。快捷键提示:【半径标注】DRA、【线性标注】DLI、【连续标注】DCO。标注样式参见副本 ISO-25。如图 4-32 所示。

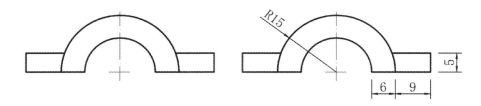

图 4-32 半径标注、线性标注、连续标注的综合实训

(2)线性标注、连续标注、圆心标注、半径标注的综合实训。快捷键提示:【线性标注】DLI、【连续标注】DCO、【圆心标注】DCE、【半径标注】DRA,标注样式参见 ISO-25(2)。如图 4-33 所示。

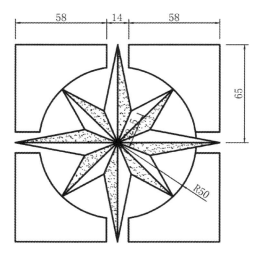

图 4-33 线性标注、连续标注、圆心标注、半径标注的综合实训

(3)基线标注、半径标注、直径标注、线性标注的综合实训,快捷键提示:【基线标注】DBA、【半径标注】DRA、【直径标注】DDI、【线性标注】DLI,标注样式参见副本 ISO-25。如图 4-34 所示。

(4)角度标注、半径标注、直径标注、线性标注的综合实训。

标注样式设置:新建标注样式"副本(2)ISO-25(2)",在副本(2)ISO-25(2)的基础样式上,修改"文字"选项卡中的"文字对齐"-"ISO 标准"。如图 4-35 所示。快捷键提示:【角度标注】DAN、【半径标注】DRA、【直径标注】DDI、【线性标注】DLI。如图 4-36 所示。

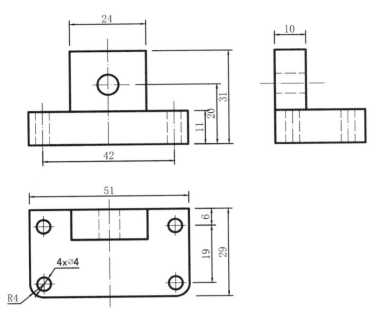

图 4-34　基线标注、半径标注、直径标注、线性标注的综合实训

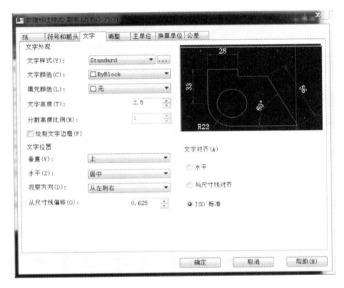

图 4-35　"文字对齐"-"ISO 标准"

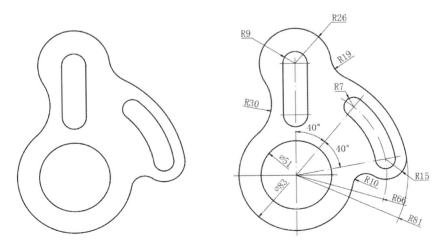

图 4-36　角度标注、半径标注、直径标注、线性标注的综合实训

綜合实训二:标注在家具设备图中的综合实训

(1) 半径标注、线性标注、连续标注、基线标注的综合实训。快捷键提示:【半径标注】DRA、【线性标注】DLI、【连续标注】DCO、【基线标注】DBA。

洗手盆配件 a:标注样式参见副本 ISO-25,如图 4-37 所示。

洗手盆配件 b:新建标注样式 ISO-25(5),在副本 ISO-25(2)的基础样式上,修改"文字"选项卡中的"文字对齐"-"ISO 标准"。如图 4-38、图 4-39 所示。

洗手盆组合:标注样式参见副本(10)ISO-25,如图 4-40 所示。

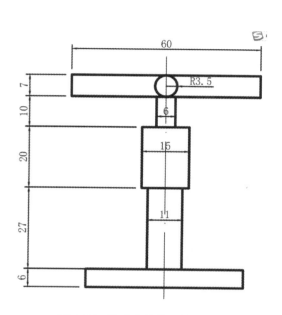

图 4-37　洗手盆配件 a 的标注

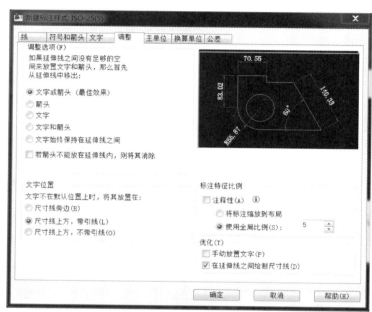

图 4-38　"全局比例"-"5"

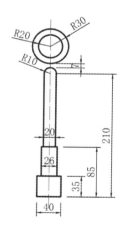

图 4-39　洗手盆配件 a 的标注

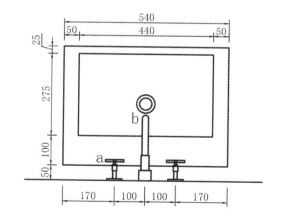

图 4-40　洗手盆组合的标注

(2) 角度标注、半径标注、线性标注、连续标注的综合实训。快捷键提示:【角度标注】DAN、【半径标注】DRA、【线性标注】DLI、【连续标注】DCO。

洗衣机配件 1:标注样式参见副本 ISO-25(2)。如图 4-41 所示。

洗衣机配件 2:标注样式参见副本 ISO-25(5)。如图 4-42 所示。

洗衣机:标注样式参见副本(10)ISO-25。如图 4-43 所示。

(3) 半径标注、线性标注,连续标注的综合实训。快捷键提示:【半径标注】DRA、【线性标注】DLI、【连续标注】DCO。

AutoCAD 绘图快速入门与技能实训

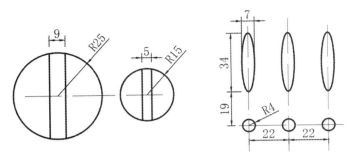

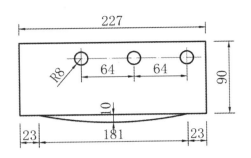

图 4-41 洗衣机配件 1 的标注 图 4-42 洗衣机配件 2 的标注

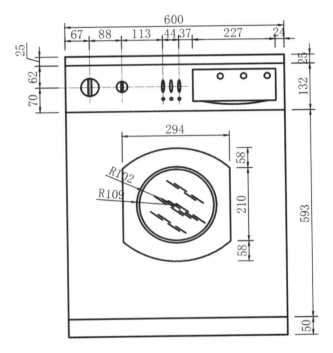

图 4-43 洗衣机的标注

书柜装饰门板和装饰线条:标注样式参见副本(10)ISO-25,如图 4-44 所示。

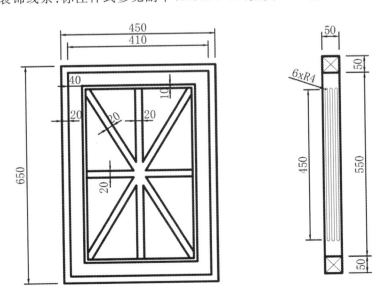

图 4-44 书柜装饰门板和装饰线条的标注

书柜立面:新建标注样式 ISO-25(30),在副本 ISO-25 的基础样式上,修改"调整"选项卡中的"使用全局比例(S)"-"30"。如图 4-45 和图 4-46 所示。

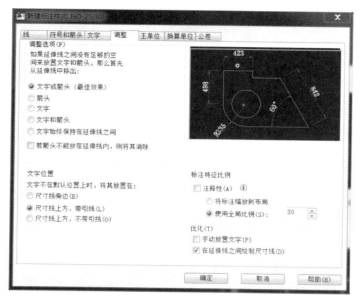

图 4-45 "全局比例"-"30"

图 4-46 书柜立面的标注

综合实训三:标注在建筑图中的综合实训

(1)罗马柱的标注:线性标注、连续标注、半径标注的综合实训。快捷键提示:【线性标注】DLI、【连续标注】DCO、【半径】DRA。柱体造型(1):新建标注样式副本 ISO-25(20),在 ISO-25(20)的基础样式上,修改"符号和箭头"选项卡中的-"箭头"-"第一个""第二个"-"建筑标记",修改"文字"选项卡中的"文字对齐"-"ISO 标准",修改"主单位"选项卡中的"精度"-"0"。如图 4-47~图 4-50 所示。柱体造型(2)、柱体造型(3)的标注样式参见副本 ISO-25(20)。如图 4-51 和图 4-52 所示。

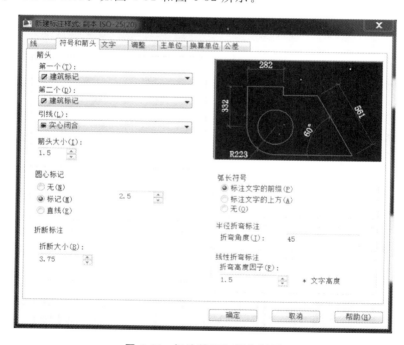

图 4-47 标注符号和箭头设置

(2)罗马柱:新建标注样式 ISO-25(40),在副本 ISO-25 的基础样式上,修改"符号和箭头"选项卡中的"箭头"-"第一个""第二个"-"建筑标记",修改"调整"选项卡中的"使用全局比例"-"40",如图 4-53~图 4-55 所示。

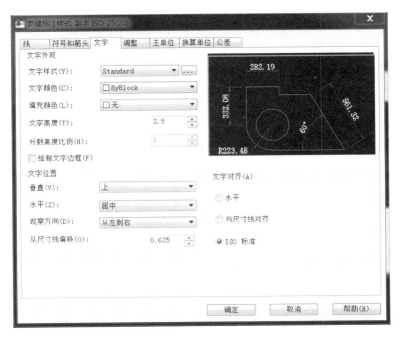

图 4-48　标注文字设置

图 4-49　标注单位设置

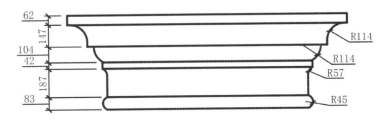

图 4-50　柱体造型标注(1)

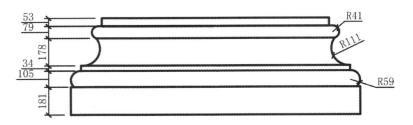

图 4-51　柱体造型标注(2)

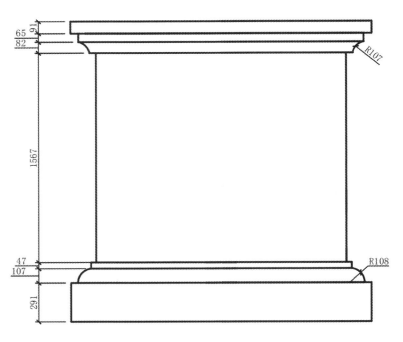

图 4-52　柱体造型标注(3)

图 4-53　标注符号与箭头设置

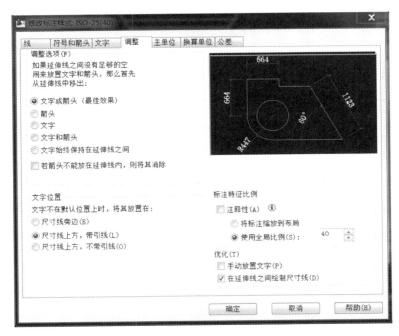

图 4-54　标注比例设置

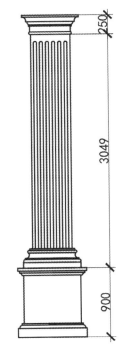

图 4-55　罗马柱的标注

（3）线性标注、连续标注的综合实训。快捷键提示：【线性标注】DLI、【连续标注】DCO。如图 4-56 所示。新建标注样式 ISO-25(50)，在 ISO-25(40) 的基础样式上，修改"调整"选项卡中的"使用全局比例"-"40"。如图 4-56 所示。

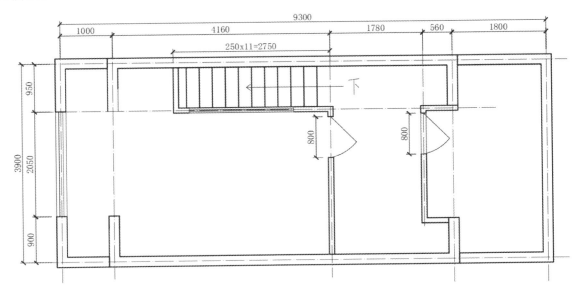

图 4-56　建筑平面图的标注

三、学习总结

本任务学习了标注命令的调用方式、操作方法和操作技巧，以及标注命令在几何图形、家具设备和建筑等专业图形的综合应用。课后，希望同学们能将所学的标注命令应用到几何图形、家具设备以及建筑等专业图形的绘制中。同时，加快图形绘制速度，提高绘图质量，为将来的专业绘图与专业设计打下扎实的基本功。

四、作业布置

完成图 4-32～图 4-56 的技能操作。

五、技能成绩评定

技能成绩评定如表 4-7 所示。

表 4-7 技能成绩评定

考核项目		评价方式	说明
技能成绩	出勤情况（10%）	小组互评，教师参评	作业完成方式分辅助完成、独立完成、独立完成并进行辅导；学习态度分拖拉、认真、积极主动
	学习态度（10%）	小组互评，教师参评	
	作业速度（20%）	教师主评，小组参评	
	作业质量（60%）	教师主评，小组参评	

六、学习综合考核

学习综合考核如表 4-8 所示。

表 4-8 学习综合考核

项目	教学目标	学习目标	学习活动
60%	专业能力	技能目标	课堂活动
25%	社会能力	知识目标	课后活动
15%	方法能力	素质目标	课前活动

项目五　居室平面图的 AutoCAD 绘制技巧与技能实训

学习任务一　原始平面图绘制技巧与技能实训

学习任务二　平面布置图绘制技巧与技能实训

学习任务三　地材布置图绘制技巧与技能实训

学习任务四　天花布置图绘制技巧与技能实训

学习任务一　原始平面图绘制技巧与技能实训

教学目标

（1）专业能力：能够掌握图纸的标准与规范，具备识读室内施工图的能力；能在正确的制图理论和绘图方法的指导下，通过现场测量图和相关数据，绘制规范的室内居室平面图。

（2）社会能力：提高学生的审美能力及表现能力，培养富有创意和电脑绘图能力的实战型室内设计绘图员，使学生具备适应室内设计行业工作需求的技能。

（3）方法能力：信息和资料收集能力，施工图纸分析能力，绘制室内施工图能力。

学习目标

（1）知识目标：能合理设计室内功能区；理解房屋原有的承重结构、进排系统、结构状态、尺寸标注；掌握室内方案创新能力和项目方案汇报的流程及思路。

（2）技能目标：能按规定正确绘制室内原始平面图；能正确及时处理方案设计及施工时出现的各种非正常情况。

（3）素质目标：掌握利用 AutoCAD 进行室内设计的内容、标准、工作流程和工作要领等，具有沟通能力及团队协作精神；具有分析问题、解决问题的能力；具有勇于创新、爱岗敬业的工作作风；具有较强创新意识、学习意识；具备群众意识和社会责任心。

教学建议

1. 教师活动

（1）在一体化教室中采用多媒体教学，结合实物教具、操作示范进行授课。充分利用先进的教学手段和创新的教学方法进行教学。为了更好地获得教学效果，使用多媒体教学，网络资源教学，视频教学等教学手段，同时采用案例分析法、情景模拟法、现场教学、示范教学、项目教学等教学方法，让学生参与体验，提高学习的兴趣。

（2）教师示范和学生分组讨论、训练互动，学生提问与教师解答、指导有机结合，让学生在"教"与"学"过程中，掌握室内方案设计与施工组织工作。

（3）在教学过程中，立足于加强学生设计创新思维以及实际操作能力的培养，采用项目教学，以室内设计项目工作任务为引领，提高学生学习兴趣，激发学生的成就动机。

（4）开展"第二课堂"，鼓励和指导学生开展社会实践，定期举办与课程教学内容契合的专业技能比赛、专题讲座等，将课程教学延伸到课后，引导学生积极主动学习，培养专业综合能力。

（5）课后作业管理，包括个人作业、小组作业、实训作业的布置、指导和评估，提高学生课后自觉学习的意识和能力。

2. 学生活动

（1）学生根据教师的讲授与示范，对学习任务进行课堂练习。

（2）学生分组进行讲解绘制过程中遇到的问题及解决方式，训练自己的语言表达能力和沟通协调能力，促进学生自主学习、自我管理的教学模式和评价模式，突出学以致用，充分体现以学生为中心。

一、学习问题导入

本次学习任务为一套三居室的原始平面图的绘制。如图 5-1 所示,项目为某小区住宅楼的现场户型量房平面图。同学们根据量房图绘制出原始平面图。从制图角度看,原始平面图是一种水平剖面图,即用一个假想的水平剖切平面,沿房屋窗台上方将房屋剖切开,所得到的正投影图。接下来我们学习如何快速绘制出原始平面图。

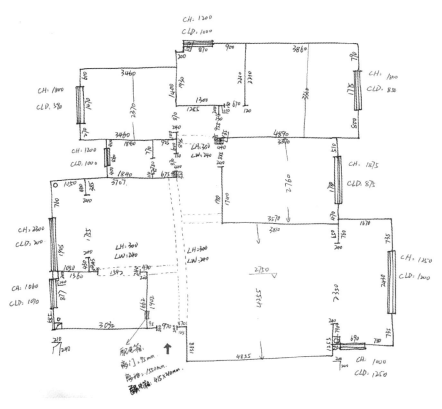

图 5-1 量房平面图

二、学习任务讲解

原始平面图是室内设计施工图的首张图纸,也是第一份平面系列图纸,其余的图纸都是在此原始平面图的基础上绘制完成的。接到设计项目后,首先应对设计项目进行现场勘察及测量,并绘制出现场勘测量房图。经过实地测量尺寸之后,按照现场量房图绘制原始平面图。原始平面图的绘制内容主要包含:原始部分(墙面、层高、地面下沉、天花状态),承重结构(承重墙、横梁),进排系统(强弱电、水管、地漏、烟道、燃气、空调孔),原有尺寸标注(窗户高、空间长宽)。

绘制原始平面图时一般从入户门的一侧开始绘制,根据量房图所给出的数据,围绕空间绘制一圈后,最后的端点闭合于入户门的另一侧。如图 5-2 所示。

1. 绘制墙体

绘制墙体常用快捷键有:【直线】L,【偏移】O,【倒角】F,【剪切】TR,【延长】EX。

步骤一:设置【墙体】图层为当前图层。

步骤二:根据量房图所给的数据,从入户门的一侧开始绘制。操作方法为:按快捷键 L ➤空格执行命令 ➤输入数据 370。如图 5-3 所示。按空格键执行命令 ➤输入数据,重复"空格执行命令 ➤输入数据"的操作,最终绘制出单线的室内墙体图。如图 5-4 所示。

步骤三:根据单线的室内墙体图,调用【偏移】O 命令,偏移出外墙,我国常规的外墙尺寸为 240 mm,由

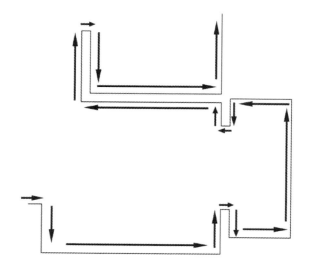

图 5-2　原始平面图绘制方向

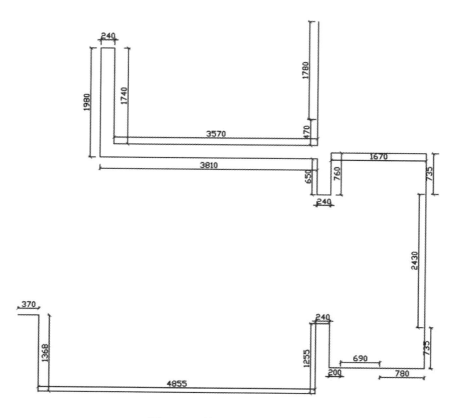

图 5-3　原始平面图绘制数据

于绘制的是室内设计的图纸,对外墙的尺寸不做具体要求,所以将无法测量到的外墙统一向外偏移240 mm。如图5-5所示。

步骤四:偏移后的墙体并不是闭合的,调用【圆角】F命令,默认圆角数值为0。操作方法为:按快捷键F➤空格执行命令➤拾取框点击所要闭合的两条线段,反复拾取点击操作,闭合所有外墙墙体。如图5-6所示。

2. 绘制门窗

原始平面图的墙体绘制完成后,需要进一步细化原建筑的门窗结构。绘制门窗常用快捷键有【直线】L、【偏移】O等命令。

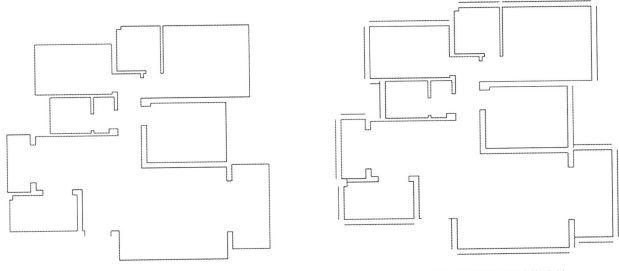

图 5-4 原始平面图单线墙体绘制   图 5-5 原始平面图双线墙体绘制

步骤一：设置【门窗】图层为当前图层。

步骤二：绘制门洞。调用【直线】L 命令，绘制直线，并改线型为 DASH 虚线。如图 5-7 所示。

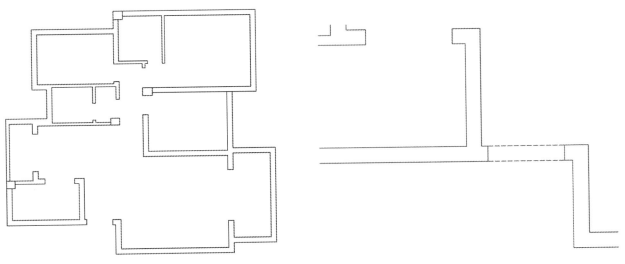

图 5-6 原始平面图墙体闭合绘制   图 5-7 原始平面图门洞绘制

步骤三：绘制窗户，找到需要绘制窗户的结构，由于外墙采用的是 240 mm 的墙厚，调用【偏移】O 命令，将窗户线段向外偏移 80。操作方法为：O ➤ 空格执行命令 ➤ 输入数据 80，再重复一次上述操作。如图 5-8 所示。

3. 绘制梁和填充承重墙

梁和承重墙在设计中起着重要的作用。绘制梁和填充承重墙常用快捷键主要有【直线】L、【偏移】O、【填充】H 等命令。

步骤一：设置【梁】图层为当前图层，根据量房图所标识的梁的尺寸和位置，调用【直线】L 命令，绘制梁，并改线型为 DASH 虚线。如图 5-9 所示。

步骤二：设置【填充】图层为当前图层。调用【直线】L 命令，绘制承重墙区域，闭合承重墙体。调用【填充】H 命令，对承重墙区域进行图案为 SOLID 的填充，填充颜色为 250。如图 5-10 所示。

4. 绘制进排系统图例

在绘制原始平面图时，要绘制进排系统图例。进排系统主要包括强弱电、水管、地漏、烟道、燃气、空调

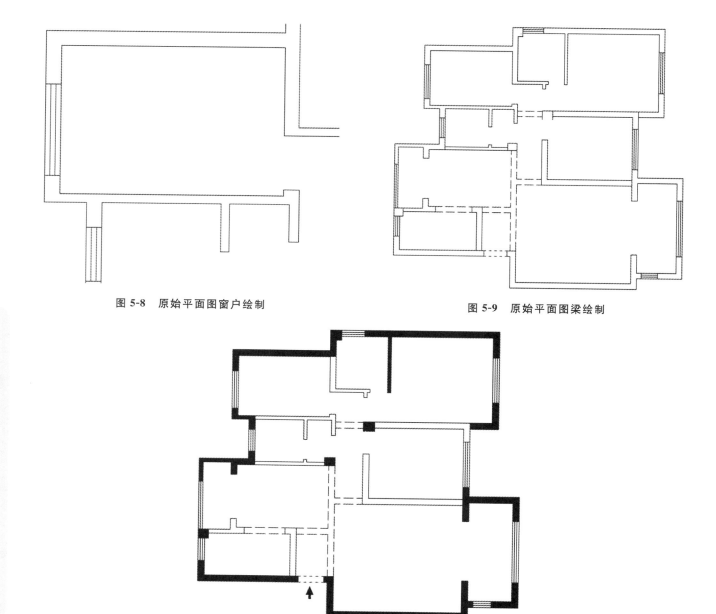

图 5-8　原始平面图窗户绘制　　　　　　　图 5-9　原始平面图梁绘制

图 5-10　原始平面图承重墙绘制

孔。绘制进排系统图例常用快捷键有【圆】C、【矩形】REC、【直线】L、【移动】M、【偏移】O 等命令。

步骤一:设置【进排系统】图层为当前图层。

步骤二:根据量房图所标识的强电箱的尺寸和位置,调用【矩形】REC 命令。操作方法:REC ➤空格执行命令➤输入数据(415,210);其次,L ➤空格执行命令➤对角画线;最后,调用【填充】H 命令,对一半矩形区域进行图案为 SOLID 的填充,填充颜色为 250。调用【移动】M,将绘制出来的矩形强电箱移动至门厅合适的位置。如图 5-11 所示。

步骤三:根据量房图所标识的水管的尺寸和位置,调用【圆】C 命令。操作方法:C ➤空格执行命令➤输入数据(半径 55)。调用【移动】M,将绘制出来的圆水管移动至卫生间、厨房、阳台合适的位置。如图 5-12 所示。

步骤四:根据量房图所标识的烟道的尺寸和位置,调用【矩形】REC。操作方法:REC ➤空格执行命令➤输入数据(240,210)。调用【移动】M,将绘制出来的矩形烟道移动至厨房合适的位置。调用【直线】L,操作方法:L ➤空格执行命令➤依据矩形绘制出折断线。调用【填充】H 命令,对一半矩形区域进行图案为 SOLID 的填充,填充颜色为 250。烟道如图 5-13 所示。

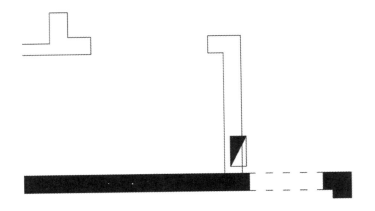

图 5-11 原始平面图强电箱绘制

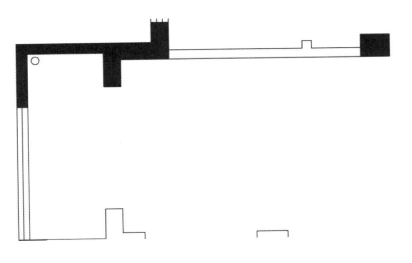

图 5-12 原始平面图水管绘制

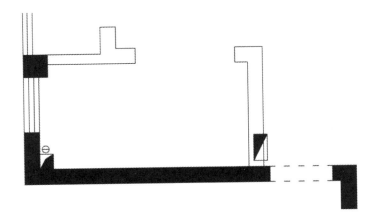

图 5-13 原始平面图烟道绘制

5. 文字说明

绘制完原始平面图后,要对窗户、梁、层高等主要结构添加文字说明,编辑文字说明常用快捷键主要有【文字】T、【复制】CO 等命令。

步骤一:设置【文字说明】为当前图层。

步骤二：标识窗户尺寸。调用【文字】T 命令，窗户的高度用拼音缩写 CH 表示，窗离地面的高度用拼音缩写 CLD 表示，根据量房图标识窗的尺寸，在每个窗户旁用文字标识窗户高和窗户离地的高度。操作方法：T ➤空格执行命令➤出现文字输入界面➤更改文字高度为 120 ➤更改文字颜色➤输入 CH：数据➤ CLD：数据➤点击确定。以上操作完成后，其余窗户的数据只需要调用【复制】CO 命令，复制至每个窗户结构旁边即可。如果数据不同，点击进入文字内部更改数据。如图 5-14 所示。

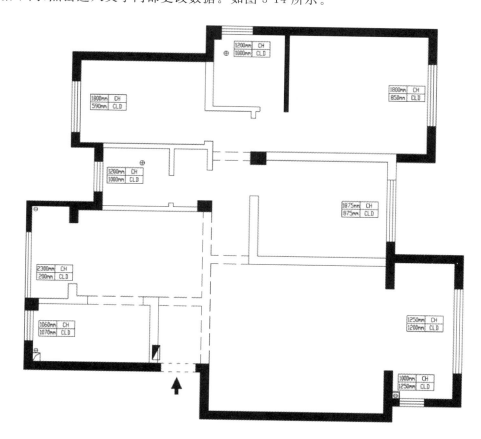

图 5-14 原始平面图窗户文字

步骤三：标识梁尺寸。调用【文字】T 命令，梁下垂的距离用拼音缩写 LH 表示，梁的宽度用拼音缩写 LW 表示，根据量房图标识梁的尺寸，在每根梁户旁用文字标识梁高和梁宽对的尺寸。操作方法：T ➤空格执行命令➤出现文字输入界面➤更改文字高度为 120 ➤更改文字颜色➤输入 LH：数据➤ LW：数据➤点击确定。以上操作完成后，其余梁的数据只需要调用【复制】CO 命令，复制至每个梁结构旁边即可。如果数据不同，点击进入文字内部更改数据。如图 5-15 所示。

步骤四：标识层高尺寸。调用【直线】L 命令，绘制标高符号，并调用【文字】T 命令，根据量房所得尺寸，输入层高数值。操作方法：T ➤空格执行命令➤出现文字输入界面➤更改文字高度为 120 ➤更改文字颜色➤输入层高数据➤点击确定。以上操作完成后，其余层高的数据只需要调用【复制】CO 命令，复制至每个空间即可。如果数据不同，点击进入文字内部更改数据。如图 5-16 所示。

步骤五：标识强电箱的高度。调用【文字】T，强电箱离地面的高度用拼音缩写 QH 表示，在强电箱位置输入文字说明。操作方法：T ➤空格执行命令➤出现文字输入界面➤更改文字高度为 120 ➤更改文字颜色➤输入 QH：数据➤点击确定。如图 5-17 所示。

6. 标注尺寸

尺寸标注有助于了解各空间的长、宽尺寸，以及居室的总开间和总进深尺寸。标注尺寸常用快捷键有【线性标注】DLI、【连续标注】DCO 等命令。

步骤一：设置【尺寸标注】图层为当前图层。

步骤二：调用【线性标注】DLI、【连续标注】DCO 命令，对原始平面图进行标注。操作方法：DLI ➤空格

图 5-15　原始平面图梁尺寸

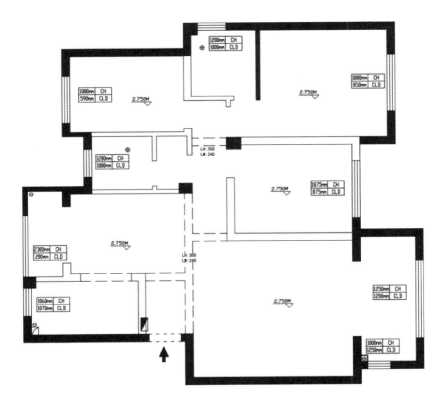

图 5-16　原始平面图层高尺寸

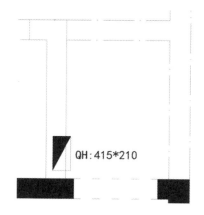

图 5-17　原始平面图强电箱尺寸

执行命令➤鼠标点击界面拾取出第一段线的尺寸标注➤DCO➤重复拾取下一段的尺寸标注。如图 5-18 所示。

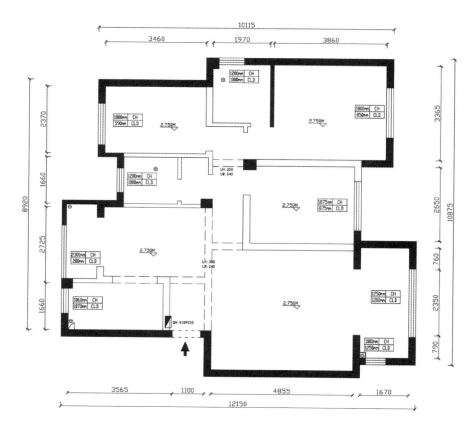

图 5-18　原始平面图标注

步骤三:图名标注。调用【多行文字】T 命令,添加图名及比例,调用【直线】L 命令,绘制同名标注下划线,最终成果如图 5-19 所示。

三、学习任务小结

通过本次课的讲解,同学们学习了绘制原始平面图的技巧,学习过程中大家了解到原始平面图是以表达房屋内部结构为主的图纸,根据量房图绘制出的原始平面图,从制图角度看是一张水平剖面图,是以平行于地面的切面在距地面 1.5mm 左右的位置将上部切去而形成的正投影图。原始平面图的绘制内容主要包含:原始部分(墙面、层高、地面下沉、天花状态),承重结构(承重墙、横梁),进排系统(强弱电、水管、地漏、烟

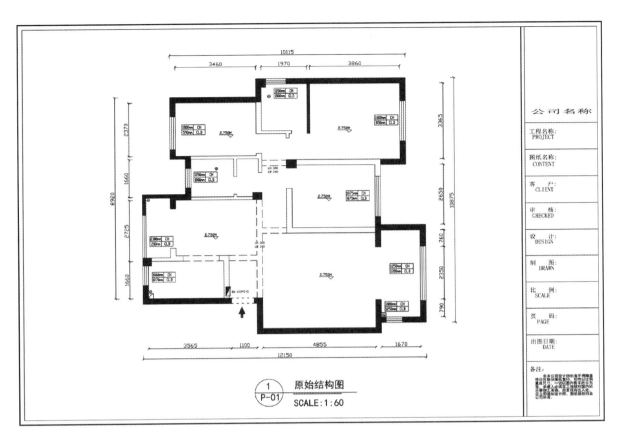

公司名称

工程名称： PROJECT	
图纸名称： CONTENT	
客 户： CLIENT	
审 核： CHECKED	
设 计： DESIGN	
制 图： DRAWN	
比 例： SCALE	
页 码： PAGE	
出图日期： DATE	
备注：	

1
P-01 原始结构图
SCALE：1：60

图 5-19 原始平面图图名标注

道、燃气、空调孔)，原有尺寸标注(窗户高、空间长宽)。原始平面图是室内平面图的首张图纸，其余的图纸都是在此原始平面图的基础上绘制完成的。同学们在掌握了原始平面图的绘制的表现方法和技巧后，希望同学们在课下多练习，提高绘制的速度。

四、课后作业

（1）根据教师的讲授与示范，绘制本次学习任务的原始平面图，幅面大小 A3 纸。

（2）绘制 1 套不同空间的居室原始平面图，幅面大小 A3 纸。

五、技能成绩评定

技能成绩评定如表 5-1 所示。

表 5-1 技能成绩评定

考核项目		评价方式	说明
技能成绩	出勤情况（10%）	小组互评，教师参评	作业完成方式分辅助完成、独立完成、独立完成并进行辅导；学习态度分拖拉、认真、积极主动
	学习态度（10%）	小组互评，教师参评	
	作业速度（20%）	教师主评，小组参评	
	作业质量（60%）	教师主评，小组参评	

学习任务二　平面布置图绘制技巧与技能实训

教学目标

（1）专业能力：具备室内施工图的识读能力；能用正确的绘图方法绘制出平面布置图。

（2）社会能力：提高学生的审美能力及绘图美感表现能力。

（3）方法能力：信息和资料收集能力，施工图纸分析能力，室内CAD绘制施工图能力。

学习目标

（1）知识目标：掌握平面布置图的绘制方法和技巧。

（2）技能目标：能按照制图规范正确绘制室内平面布置图。

（3）素质目标：培养学生分析问题、处理问题的能力和团队合作能力。

教学建议

1. 教师活动

（1）在一体化教室中采用多媒体教学，充分利用先进的教学手段和创新的教学方法进行教学。综合使用多媒体教学、网络资源教学、视频教学等教学手段，同时采用案例分析法、情景模拟法、示范教学法等方法进行教学，让学生参与体验，提高学习的兴趣。

（2）将思政教育融入课堂教学，引导学生发掘中华传统经典的设计元素，并应用到CAD居住空间施工图纸的设计中去。

（3）教师示范和学生分组讨论、训练互动，学生提问与教师解答、指导有机结合，让学生在教与学过程中掌握室内方案设计与施工组织相关知识。

2. 学生活动

（1）学生根据教师的讲授与示范，对学习任务进行课堂练习。

（2）学生分组进行绘制训练，从实践中总结方法和技巧。

一、学习问题导入

本案例的业主是一对 35 岁的夫妻,男主人是律师,女主人是外企职员,有一个 5 岁的儿子,父母偶尔会来家里住。室内设计风格倾向于中式风格,喜爱方正、平稳的空间布局形式。同学们请结合使用者的情况完成平面图的设计与绘制。

二、学习任务讲解

居住空间的基本功能包括睡眠、休息、饮食、家庭团聚、会客、视听、娱乐、学习、工作等。本案例是三室两厅的空间结构,户型方正,南北通透。三居室空间的面积相对宽裕,可以满足一家三口的居住要求。从原始平面图来看,本方案面积分布合理,有足够的存储空间。整体布局上动静分开,动态区域为客厅、餐厅、阳台、厨房,静态区域为卧室、卫生间。本户型的缺点是大门直接面对餐厅,过道太长,门厅占用面积大,容易造成空间浪费,公卫门与次卧门相对。通过测量,得出该户型的房屋建筑面积为 111.7 m² 。在绘制平面布置图时经常用到各种家具图块,常用的家具可以直接使用图库中的图块。本书配套素材中的"家装常用图库.dwg"文件中提供了一些常用图块,方便同学们使用。如图 5-20 所示。

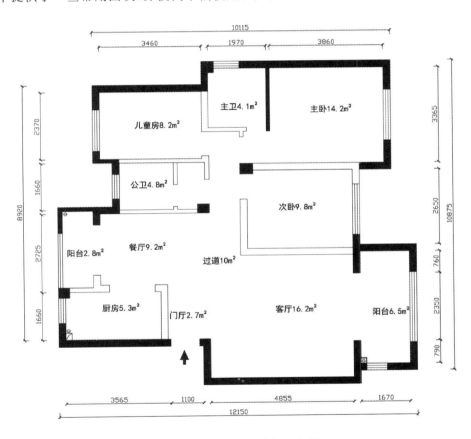

图 5-20　不同功能空间面积图

室内平面布置图主要表达的内容如下。

(1) 墙体,隔断,门窗、各空间大小及布局,家具陈设,人流交通路线,室内绿化等。

(2) 标注各房间尺寸、家具陈设尺寸及布局尺寸。

(3) 注明房间名称、家具名称。

(4) 注明室内地坪标高。

(5) 注明详图索引符号、图例及立面内视符号。

(6) 注明图名和比例。

（7）若需要辅助文字说明的平面布置图,还要注明文字说明、统计表格等。

接下来,我们开始学习平面图布置图的绘制步骤及方法。

1. 绘制门

绘制合租空间室内平面布置图前,先将室内的门绘制完成,以避免出现布置家具时,室内的门不能完全打开等问题。

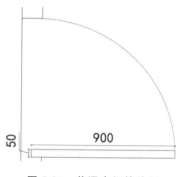

图 5-21　普通房门的绘制

（1）普通房门的绘制方法。

步骤一:将【门】图层设置为当前图层。

步骤二:调用【矩形】REC 命令 ➤ 输入数据"50＊850",根据不同空间内门洞的大小输入具体数据。

步骤三:插入绘制完成的矩形。调用【移动】M ➤ 将矩形放置于门洞合适的位置。

步骤四:调用【弧线】A 命令 ➤ 三点确定一条弧线,绘制门的动向弧线。如图 5-21 所示。

（2）推拉门的绘制方法。

插入推拉门。打开本书配套素材中的"家装常用图库.dwg"文件 ➤ 框选合适本案例的推拉门 ➤ 调用【复制】Ctrl＋C ➤【切换界面】Ctrl＋Tab ➤【粘贴】Ctrl＋V ➤ 根据门洞的大小修改推拉门图例的大小 ➤ 将推拉门放置于空间合适的位置。见图 5-22 所示。

图 5-22　推拉门的绘制

2. 绘制门厅平面布置图

门厅作为进门的缓冲区,是小型公共活动区域,起到空间过渡的作用。门厅一般布置鞋柜和装饰柜。门厅是进入室内空间的第一印象,应从视角和选材方面予以细致设计。针对本案例户型特点,将鞋柜设计在进门的对面,不仅方便业主使用,也保证了主人的私密性。鞋柜进深为 300～350 mm。

步骤一:将【平面家具】图层设置为当前图层。

步骤二:绘制鞋柜的外轮廓线,调用【矩形】REC 命令 ➤ 输入"300×1435"。

步骤三:绘制鞋柜的内轮廓线,调用【偏移】O 命令 ➤ 输入"20" ➤ 将上一步绘制的矩形向内偏移。

步骤四:绘制鞋柜内部两条对角线,调用【矩形】L 命令 ➤【F8】取消正交 ➤ 点击鼠标绘制对角线。

步骤五:调用【文字】T ➤ 插入文字"鞋柜"。如图 5-23 所示。

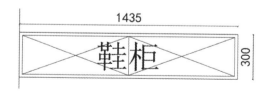

图 5-23　鞋柜的绘制

3. 绘制客厅平面布置图

客厅是家庭中主要的公共活动区域,作为家庭会客、娱乐、团聚等日常活动的空间。作为家庭活动中心,要满足家人聚会、娱乐、休闲的功能。本案例的客厅主要摆放的家具有沙发、茶几、电视柜、装饰柜等。针对业主需求,将客厅沙发背景墙设计为中式的装饰柜,既保证了良好视觉感,又提升了客厅的气质。

步骤一:绘制装饰柜的外轮廓线,调用【矩形】REC 命令 ➤ 输入"300＊1045"。绘制装饰柜的内轮廓线,调用【偏移】O 命令 ➤ 输入"20" ➤ 将上一步绘制的矩形向内偏移。绘制装饰柜内部两条对角线,调用【矩形】

L 命令➤【F8】取消正交➤鼠标绘制对角线。按照以上方式绘制剩余的装饰柜体。如图 5-24 所示。

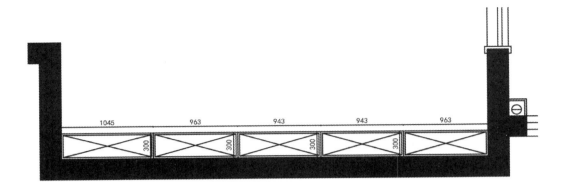

图 5-24　装饰柜的绘制

步骤二：插入客厅沙发茶几组合。打开本书配套素材中的"家装常用图库.dwg"文件➤框选合适本案例的沙发、茶几、组合➤【复制】Ctrl＋C➤【切换界面】Ctrl＋Tab➤【粘贴】Ctrl＋V➤将沙发、茶几组合放置于空间合适的位置。如图 5-25 所示。

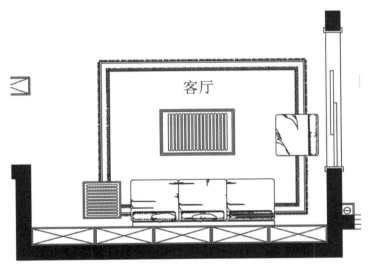

客厅

图 5-25　客厅沙发、茶几组合绘制

步骤三：插入电视机和电视机柜组合。打开"家装常用图库.dwg"文件➤框选适合本案例的电视机和电视机柜组合➤调用【复制】Ctrl＋C➤【切换界面】Ctrl＋Tab➤【粘贴】Ctrl＋V➤将电视机和电视机柜组合放置于空间合适的位置。如图 5-26 所示。

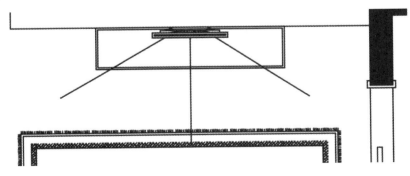

图 5-26　电视机和电视机柜组合绘制

4. 绘制餐厅平面布置图

餐厅主要以就餐为主,需要安排餐桌、椅子、酒柜等家具。根据人流动向,餐厅与厨房应尽量靠近。针对本案例户型中餐厅面积偏小的情况,设计师将酒柜设计在和鞋柜相同的位置,既能保证酒柜的储物实用性,又减少了利用餐厅其他位置安放酒柜的空间面积。

(1)绘制门厅酒柜。

步骤一:绘制酒柜的外轮廓线,调用【矩形】REC 命令➤输入数据"400＊1435"。

步骤二:绘制酒柜的内轮廓线,调用【偏移】O 命令➤输入"20"➤将上一步绘制的矩形向内偏移。

步骤三:绘制酒柜内部两条对角线,调用【矩形】L 命令➤【F8】取消正交➤点击鼠标绘制对角线。

步骤四:调用【文字】T ➤插入文字"酒柜"。如图 5-27 所示。

图 5-27　酒柜绘制

(2)绘制餐厅餐桌椅。

插入餐桌椅组合。打开本书配套素材中的"家装常用图库.dwg"文件➤框选合适本案例的餐桌椅组合➤【复制】Ctrl＋C ➤【切换界面】Ctrl＋Tab ➤【粘贴】Ctrl＋V ➤将餐桌椅组合放置于空间合适的位置。如图 5-28 所示。

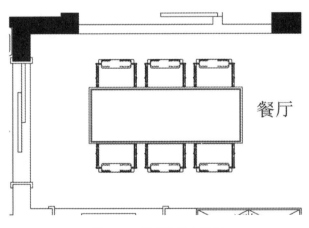

图 5-28　餐桌椅组合绘制

5. 绘制厨房平面布置图

厨房的设计要以减轻操作者劳动强度、方便使用为第一原则。厨房设施、用具的布置应充分考虑人体工程学中对人体尺度、动作域、操作效率等。厨房常见的布局分为"一字型"、"L 型"、"岛型"、"岛台型"等。针对本案例户型特点,本次设计使用"L 型"的厨房,将洗涤区、烹饪区、操作区划分得很明确,提高厨房工作的使用效率,合理利用储藏空间。厨房需要考虑预留放置冰箱的位置,冰箱不可挡住窗户,所以将其放置在厨房进门处,也是为了方便业主使用。燃气灶、洗碗槽的放置要结合窗户和烟囱的位置来安装,炉灶上面大都设置抽油烟机,因此,炉灶不宜布置在窗下。燃气灶应选择离烟囱较近位置,洗碗槽一般靠近窗户,可以保证采光充足。在厨房中布置家具时,要从小处着眼。在厨房中,有各式各样的小装饰物以及各种刀具、餐具等用品。布置好这些东西,房间的装饰效果就可事半功倍。

步骤一:绘制操作台,调用【多段线】PL ➤绘制操作台。

步骤二:调用【偏移】O 命令➤输入"20"➤将上一步绘制的多段线向内偏移。

步骤三:依次插入冰箱、燃气灶、洗碗槽、冰箱。打开本书配套素材中的"家装常用图库.dwg"文件➤框选适合本案例的冰箱、燃气灶、洗碗槽、冰箱➤【复制】Ctrl＋C➤【切换界面】Ctrl＋Tab➤【粘贴】Ctrl＋V➤将冰箱、燃气灶、洗碗槽、冰箱放置于厨房合适的位置。如图 5-29 所示。

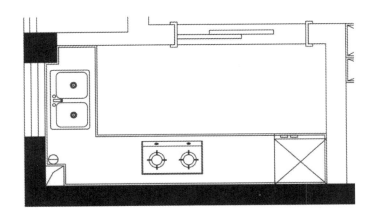

图 5-29　厨房平面图绘制

6. 绘制主卧平面布置图

卧室在功能上以满足休息需要为主,需要安静、舒适、私密的空间环境,因此应与客厅、厨房等公共空间相隔离。本案例主卧室的内部设置有单独的卫生间,以方便主人起居和洗漱。卧室的布局按功能区域可划分为睡眠区、梳妆区和衣物储藏区三部分。

（1）绘制主卧衣柜。

步骤一:调用【矩形】REC➤输入数据"2210,600",绘制出主卧大衣柜的外轮廓线。

步骤二:调用【偏移】O➤输入偏移数据"20",绘制出衣柜的内轮廓线。

步骤三:插入衣柜的内部衣架结构。打开本书配套素材中的"家装常用图库.dwg"文件➤框选合适本案例中衣柜的衣架结构➤【复制】Ctrl＋C➤【切换界面】Ctrl＋Tab➤【粘贴】Ctrl＋V➤将衣架结构放置于已画好的衣柜合适的位置。如图 5-30 所示。

（2）绘制主卧床和床头柜组合。

插入床和床头柜组合。打开本书配套素材中的"家装常用图库.dwg"文件➤框选合适本案例中主卧的床和床头柜组合➤【复制】Ctrl＋C➤【切换界面】Ctrl＋Tab➤【粘贴】Ctrl＋V➤将床和床头柜组合放置于空间合适的位置。如图 5-31 所示。

图 5-30　主卧衣柜绘制

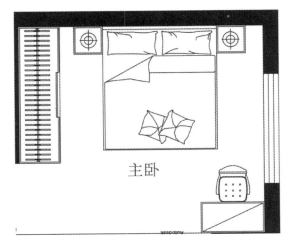

图 5-31　床和床头柜组合绘制

7. 绘制儿童房平面布置图

儿童房除了必要的床和收纳空间之外,还应留有空间供小孩玩耍。同时,还要注意安全性的考虑,如家具转角用圆角等。另外,儿童家具的尺寸也要比成人偏小一点。

(1)绘制儿童房衣柜。

步骤一:调用【矩形】REC ➤ 输入数据"2210,600",绘制出儿童房衣柜的外轮廓线。

步骤二:调用【偏移】O ➤ 输入偏移数据"20",绘制出衣柜的内轮廓线。

步骤三:插入衣柜的内部衣架结构。打开本书配套素材中的"家装常用图库.dwg"文件 ➤ 框选合适本案例中衣柜的衣架结构 ➤【复制】Ctrl+C ➤【切换界面】Ctrl+Tab ➤【粘贴】Ctrl+V ➤ 将衣架结构放置于已画好的衣柜合适的位置。如图 5-32 所示。

(2)绘制儿童房榻榻米。

步骤一:调用【矩形】REC ➤ 输入数据"2370,1500",绘制出儿童房榻榻米的外轮廓线。

步骤二:调用【偏移】O ➤ 输入偏移数据"20",绘制出儿童房榻榻米的内轮廓线。

步骤三:调用【填充】H 命令,对榻榻米区域进行填充图案为 EARTH。如图 5-33 所示。

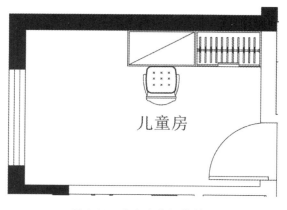

图 5-32 儿童房衣柜绘制

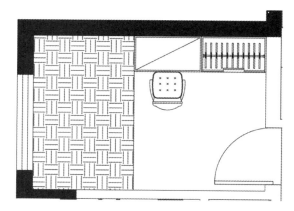

图 5-33 儿童房榻榻米绘制

8. 绘制次卧平面布置图

次卧一般是为老人、客人准备的休息场所,在设计上要满足一般需求,主要配备有床、床头柜、衣柜、梳妆台、书桌和电视柜等家具。

(1)绘制次卧衣柜。

步骤一:调用【矩形】REC ➤ 输入数据"2210,600",绘制出次卧大衣柜的外轮廓线。

步骤二:调用【偏移】O ➤ 输入偏移数据"20",绘制出衣柜的内轮廓线。

步骤三:插入衣柜的内部衣架结构。打开本书配套素材中的"家装常用图库.dwg"文件 ➤ 框选合适本案例中衣柜的衣架结构 ➤【复制】Ctrl+C ➤【切换界面】Ctrl+Tab ➤【粘贴】Ctrl+V ➤ 将衣架结构放置于已画好的衣柜合适的位置。如图 5-34 所示。

(2)绘制次卧床和床头柜组合。

插入床和床头柜组合。打开本书配套素材中的"家装常用图库.dwg"文件 ➤ 框选合适本案例中次卧的床和床头柜组合 ➤【复制】Ctrl+C ➤【切换界面】Ctrl+Tab ➤【粘贴】Ctrl+V ➤ 将床和床头柜组合放置于空间合适的位置。如图 5-35 所示。

9. 绘制主卫平面布置图

卫生间是生活中不可缺少的部分。它是一个极具实用功能的地方,也是家庭装饰设计中重点之一。主卫的空间布局的基本要求是合理布置洗手盆、坐便器、淋浴间。洗手盆的设置必须考虑留出活动空间。坐便器的安装需要预留 0.75 m² 以上。淋浴间的标准尺寸为 0.9m×0.9m,太小会影响使用效果。

依次插入洗手盆、坐便器、淋浴间。打开本书配套素材中的"家装常用图库.dwg"文件 ➤ 框选合适本案例的洗手盆、坐便器、淋浴间 ➤【复制】Ctrl+C ➤【切换界面】Ctrl+Tab ➤【粘贴】Ctrl+V ➤ 将洗手盆、坐便器、淋浴间依次放置于主卫合适的位置。如图 5-36 所示。

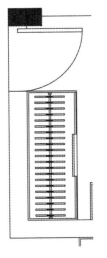

图 5-34　次卧衣柜绘制

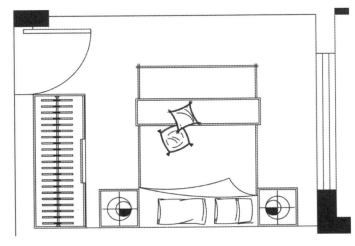

图 5-35　次卧床和床头柜组合绘制

10. 绘制公卫平面布置图

针对本案例户型特点,将洗手盆设计在卫生间外侧,既合理利用空间,又不影响卫生间的使用,也可将卫生间进行干湿分区。

依次插入洗手盆、坐便器、花洒。打开本书配套素材中的"家装常用图库.dwg"文件➤框选合适本案例的洗手盆、坐便器、花洒➤【复制】Ctrl+C ➤【切换界面】Ctrl+Tab ➤【粘贴】Ctrl+V ➤将洗手盆、坐便器、花洒依次放置于公卫合适的位置。如图 5-37 所示。

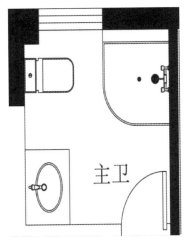

图 5-36　主卫卫生洁具绘制

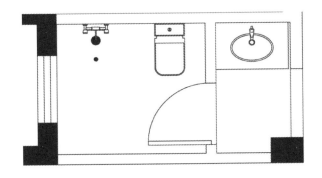

图 5-37　公卫卫生洁具绘制

11. 绘制生活阳台平面布置图

生活阳台通常与厨房、餐厅相连,主要供家务活动、晾晒之用,需要设置晾衣设备,并放置洗衣机。针对本案例户型特点,生活阳台有下水管道和地漏,设计了洗衣机及拖把池放置在阳台,以满足居住的生活要求。

依次插入洗衣机、拖把池。打开本书配套素材中的"家装常用图库.dwg"文件➤框选适合本案例的洗衣机、拖把池➤【复制】Ctrl+C ➤【切换界面】Ctrl+Tab ➤【粘贴】Ctrl+V ➤将洗衣机、拖把池依次放置于生活阳台合适的位置。如图 5-38 所示。

12. 绘制景观阳台平面布置图

景观阳台是建筑室内的延伸,是居住者呼吸新鲜空气、摆放盆栽的场所,景观阳台的设计需要兼顾实用与美观性的原则。景观阳台与客厅相连,主要供观景之用。

根据业主的需求,本案例设置了绿植和躺椅。我们依次插入绿植、躺椅。打开本书配套素材中的"家装

常用图库.dwg"文件➤框选合适本案例的绿植、躺椅➤【复制】Ctrl＋C➤【切换界面】Ctrl＋Tab➤【粘贴】
Ctrl＋V➤将绿植、躺椅依次放置于景观阳台合适的位置。如图5-39所示。

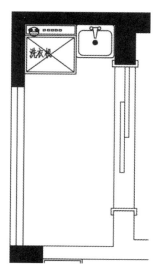

图 5-38 景观阳台绿植、躺椅绘制　　　　　　　　**图 5-39 生活阳台洗衣机、拖把池绘制**

13. 文字说明

步骤一：将【文字说明】图层设置为当前图层。

步骤二：调用【文字】T命令➤对平面布置图进行文字说明➤更改文字高度为120➤更改文字颜色➤输入"客厅"➤点击确定。以上操作完成后，其余空间名称只需要调用【复制】CO命令，复制至每个空间内即可，点击进入文字内部更改名称。如图5-40所示。

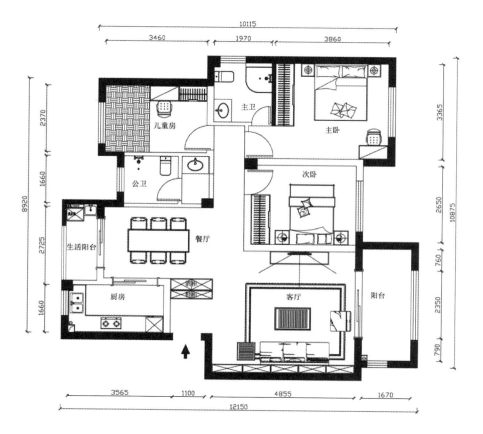

图 5-40 文字说明

AutoCAD 绘图快速入门与技能实训

三、学习任务小结

通过本次课的讲解,同学们学习了平面图布置图的绘制方法。平面布置图是在原始框架图的基础上,根据业主的需求和设计师对该户型的设计想法,对室内空间进行详细的功能划分和相关设施定位。因此,平面布置图中除了要包含上述原始框架图的相关内容外,还应有各种门、窗的位置尺寸,以及划分空间的各种分隔物;各种家具、厨具、洁具等。课后同学们应进行大量练习,提高绘图技巧。

四、课后作业

(1)根据教师的讲授与示范,绘制本次学习任务的平面图布置图,幅面大小 A3 纸。
(2)绘制 2 套不同空间的居室平面布置图,幅面大小 A3 纸。

五、技能成绩评定

技能成绩评定如表 5-2 所示。

表 5-2　技能成绩评定

考核项目		评价方式	说明
技能成绩	出勤情况(10%)	小组互评,教师参评	作业完成方式分辅助完成、独立完成、独立完成并进行辅导;学习态度分拖拉、认真、积极主动
	学习态度(10%)	小组互评,教师参评	
	作业速度(20%)	教师主评,小组参评	
	作业质量(60%)	教师主评,小组参评	

学习任务三　地材布置图绘制技巧与技能实训

教学目标

（1）专业能力：具备室内施工图的识读能力；能用正确的绘图方法绘制出地材布置图。

（2）社会能力：提高学生的审美能力及绘图美感表现能力。

（3）方法能力：信息和资料收集能力，施工图纸分析能力，室内绘制施工图能力。

学习目标

（1）知识目标：掌握地材布置图的绘制方法和技巧。

（2）技能目标：能按照制图规范正确绘制地材布置图。

（3）素质目标：培养学生分析问题、处理问题的能力和团队合作能力。

教学建议

1. 教师活动

（1）在一体化教室中采用多媒体教学，充分利用先进的教学手段和创新的教学方法进行教学。综合使用多媒体教学、网络资源教学、视频教学等教学手段，同时采用案例分析法、情景模拟法、示范教学法等方法进行教学，让学生参与体验，提高学习的兴趣。

（2）教师示范和学生分组讨论、训练互动，学生提问与教师解答、指导有机结合，让学生掌握地材布置图绘制方法。

2. 学生活动

（1）学生根据教师的讲授与示范，对学习任务进行课堂的练习。

（2）学生分组进行绘制训练，从实践中总结方法和技巧。

一、学习问题导入

地面是室内空间中的一个独立、完整的界面,也是装饰的重点界面。地面的饰面材料的尺寸、材质、色彩、图案的选择都对室内空间的装饰效果骑着至关重要的作用。地面铺装设计是室内设计平面图的重要组成部分,对后期施工具有指导性的作用。

二、学习任务讲解

本次学习任务的室内地面以水平形态呈现,通过对地面材料质感及色彩的处理来区别不同的地面区域。处理手法主要有分格处理和图案装饰处理。不同的地面材料质感与色彩会给人不同的感受,粗质材料使人感到力量、稳重,细腻的材料则使人产生精致、轻松的感觉。地面材质应与整体环境协调一致,从空间总体环境效果来看,也要和顶棚、墙面装饰协调配合,这样可以形成室内的统一感。居室地材布置图的主要内容是画出地面材料的图案,并注明材料名称、规格和高低差尺寸。

1. 绘制门槛石

门槛石常用于两个空间之间的门洞下方,在空间中主要有三个作用:①在两个空间的地面铺装之间起到过渡和空间划分的作用;②因不同空间内使用不同的地面材料,导致地面厚度不同,产生高差,则利用门槛石能进行收口;③可以给两个空间形成一定的"挡水高低差",避免湿区的积水流入干区,如阳台与室内之间的门槛石可以起到防雨作用;卫生间门口的门槛石可以起到挡水、防潮作用。

步骤一:将【地材图】图层设置为当前图层。

步骤二:绘制门槛石轮廓线,调用【矩形】REC 命令➤拾取门洞,绘制矩形。如图 5-41 所示。

步骤三:调用【填充】H 命令,对门槛石区域进行图案为 GRAVEL 的填充,如图 5-42 所示。

步骤四:依照以上步骤,绘制出所有门洞的门槛石。

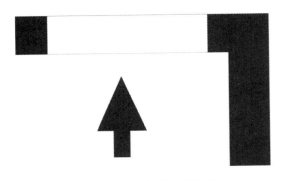

图 5-41　绘制门槛石轮廓线　　　　　　图 5-42　填充门槛石图案

2. 绘制门厅地材布置图

门厅地砖地材铺装设计需要给人独具美感的视觉体验,结合本次案例的设计特点,门厅的地面铺设采用 400×400(mm)斜拼地砖,四周偏移 100 mm 的波导线,门厅属于小面积地砖铺贴,运用波导线和地砖斜贴,使地面整体更富层次感,避免单调乏味。

(1)绘制门厅地材布置图中的波导线。

步骤一:调用【矩形】REC 命令➤拾取门厅空间,绘制矩形。如图 5-43 所示。

步骤二:调用【偏移】O 命令➤输入"100"➤将上一步绘制的矩形向内偏移。

步骤三:调用【填充】H 命令,将波导线区域图案填充为AHCONC,如图 5-44 所示。

图 5-43　绘制门厅波导线框架

（2）绘制门厅地材布置图中的地砖。

调用【填充】H 命令，对门厅地砖区域进行填充➤类型：用户定义➤角度：45➤勾选双向➤间距：400➤指定原点：正中。如图 5-45 所示。

图 5-44 绘制门厅波导线

图 5-45 绘制门厅地砖

3. 绘制客厅地材布置图

（1）绘制客厅中过道区域地砖铺设。

步骤一：调用【矩形】REC 命令➤拾取过道区域，绘制矩形。如图 5-46 所示。

步骤二：调用【偏移】O 命令➤输入"100"➤将上一步绘制的矩形向内偏移。

步骤三：调用【填充】H 命令，将波导线区域图案填充为 AHCONC，如图 5-47 所示。

步骤四：调用【填充】H 命令，对地砖区域进行填充➤类型：用户定义➤角度：0➤勾选双向➤间距：800➤指定原点：左上。如图 5-48 所示。

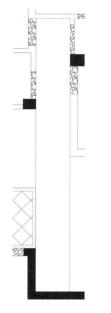

图 5-46 绘制过道地材框架

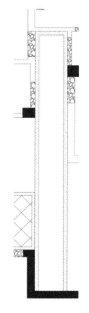

图 5-47 绘制过道波导线

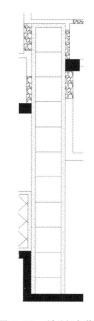

图 5-48 绘制过道地砖

（2）绘制客厅地砖铺设。

步骤一：调用【矩形】REC 命令➤拾取客厅地砖区域，绘制矩形。如图 5-49 所示。

步骤二:调用【填充】H命令,对客厅地砖区域进行填充➤类型:用户定义➤角度:0➤勾选双向➤间距:800➤指定原点:左上。如图 5-50 所示。

图 5-49   绘制客厅地砖框架

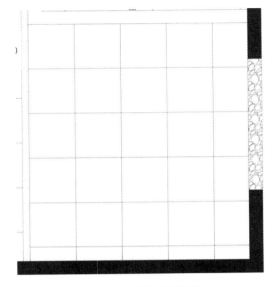

图 5-50   绘制客厅地砖

4. 绘制餐厅地材布置图

绘制餐厅地材布置图应以整体为主,不宜太烦琐。本案例采用 $600 \times 600 (mm)$ 的地砖铺贴,配合现代风格家具使用,体现温馨之感。

(1)绘制餐厅地材布置图中的波导线。

步骤一:调用【矩形】REC 命令➤拾取餐厅空间,绘制矩形。如图 5-51 所示。

步骤二:调用【偏移】O 命令➤输入"100"➤将上一步绘制的矩形向内偏移。

步骤三:调用【填充】H 命令,对波导线区域进行图案为 AHCONC 的填充,如图 5-52 所示。

图 5-51   绘制餐厅地砖框架

图 5-52   绘制餐厅波导线

(2)绘制餐厅地材布置图中的地砖。

调用【填充】H 命令,对餐厅地砖区域进行填充➤类型:用户定义➤角度:45➤勾选双向➤间距:800➤指定原点:正中。如图 5-53 所示。

5. 绘制厨房地材布置图

厨房的地面首选材料为瓷砖,以无釉防滑地砖为佳,不易受污染,容易清理。

步骤一:调用【多段线】PL 命令➤沿着厨房空间绘制地砖铺设区域。如图 5-54 所示。

步骤二:调用【填充】H 命令,对厨房地砖区域进行填充➤类型:用户定义➤角度:0➤勾选双向➤间距:300➤指定原点:右上。如图 5-55 所示。

图 5-53　绘制餐厅地砖

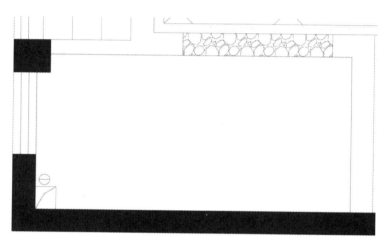

图 5-54　绘制厨房地砖框架

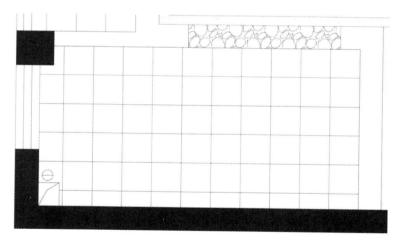

图 5-55　绘制厨房地砖

6. 绘制主卧地材布置图

步骤一：调用【多段线】PL 命令 ➤ 沿着卧室空间绘制地板铺设区域。如图 5-56 所示。

步骤二：调用【填充】H 命令，将主卧区域图案填充为 DOLMIT。如图 5-57 所示。

7. 绘制儿童房地材布置图

步骤一：调用【矩形】REC 命令 ➤ 拾取儿童房空间，绘制矩形。如图 5-58 所示。

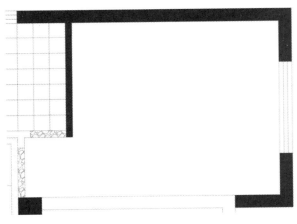

图 5-56 绘制主卧地板框架

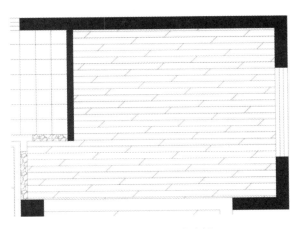

图 5-57 绘制主卧地板

步骤二：调用【填充】H 命令，对儿童房区域进行图案为 DOLMIT 的填充。如图 5-59 所示。

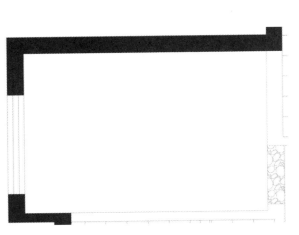

图 5-58 绘制儿童房地板框架

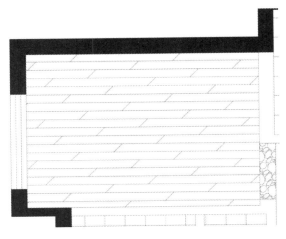

图 5-59 绘制儿童房地板

8. 绘制次卧地材布置图

步骤一：调用【矩形】REC 命令➤拾取次卧空间，绘制矩形。如图 5-60 所示。

步骤二：调用【填充】H 命令，将次卧区域图案填充为 DOLMIT。如图 5-61 所示。

图 5-60 绘制次卧地板框架

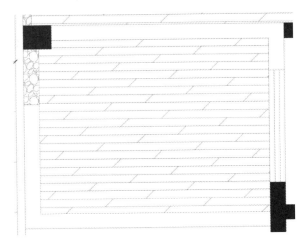

图 5-61 绘制次卧地板

9. 绘制主卫地材布置图

卫生间中各界面材质应具有较好的防水性能，且易于清洁，地面防滑极为重要。卫生间常选用防滑地砖,墙面为防水涂料或瓷质墙面砖,本案例的卫生间均铺设 300×300 的防滑砖。

步骤一:调用【多段线】PL 命令➤沿着主卫空间绘制地砖铺设区域。如图 5-62 所示。

步骤二:调用【填充】H 命令,对主卫地砖区域进行填充➤类型:用户定义➤角度:0➤勾选双向➤间距:300➤指定原点:右下。如图 5-63 所示。

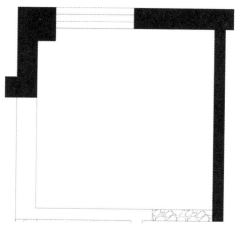

图 5-62　统一文字格式

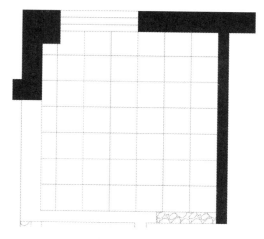

图 5-63　绘制主卫地砖

10.绘制公卫地材布置图

步骤一:调用【多段线】PL 命令➤沿着公卫空间绘制地砖铺设区域。如图 5-64 所示。

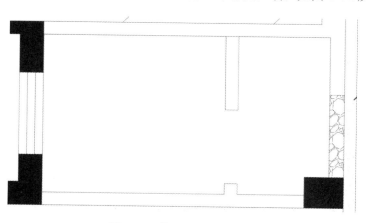

图 5-64　绘制公卫地砖框架

步骤二:调用【填充】H 命令,对公卫地砖区域进行填充➤类型:用户定义➤角度:0➤勾选双向➤间距:300➤指定原点:右下。如图 5-65 所示。

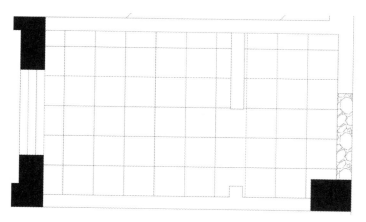

图 5-65　绘制公卫地砖

11．绘制阳台地材布置图

阳台选择防滑地砖。

（1）景观阳台地材布置图。

步骤一：调用【多段线】PL 命令➤沿着阳台空间绘制地砖铺设区域。如图 5-66 所示。

步骤二：调用【填充】H 命令，对阳台地砖区域进行填充➤类型：用户定义➤角度：0➤勾选双向➤间距：300➤指定原点：左上。如图 5-67 所示。

图 5-66　绘制景观阳台地砖框架

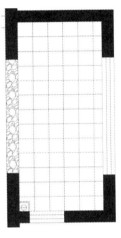

图 5-67　绘制景观阳台地砖

（2）生活阳台。

步骤一：调用【多段线】PL 命令➤沿着阳台空间绘制地砖铺设区域。如图 5-68 所示。

步骤二：调用【填充】H 命令，对阳台地砖区域进行填充➤类型：用户定义➤角度：0➤勾选双向➤间距：300➤指定原点：左上。如图 5-69 所示。

图 5-68　绘制生活阳台地砖框架

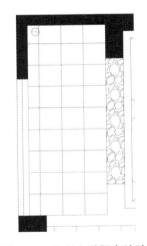

图 5-69　绘制生活阳台地砖

12．尺寸标注与文字说明

步骤一：调用【线性标注】DLI 命令➤鼠标点击界面拾取出地砖和地板的尺寸进标注。如图 5-70 所示。

步骤二：调用【对齐标注】DAL 命令➤鼠标点击界面拾取出斜拼地砖进行尺寸标注。如图 5-71 所示。

步骤三：调用【文字】T 命令➤对地材布置图进行材料和规格文字说明➤更改文字高度为 180➤更改文字颜色➤输入米黄色 800×800 抛光砖➤点击确定。以上操作完成后，其余空间的材料和规格文字说明只需要调用【复制】CO 命令，复制至每个空间内即可，点击进入文字内部更改名称。如图 5-72 所示。

三、学习任务小结

通过本次课的讲解，同学们基本掌握了绘制地材布置图的方法和技巧。合理的选材及尺寸、色彩设计，

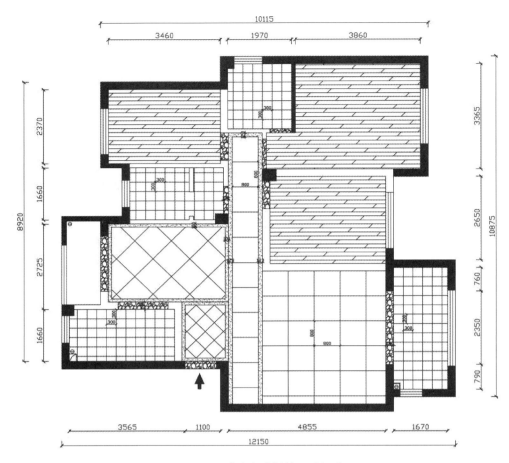

图 5-70　地砖和地板的尺寸标注

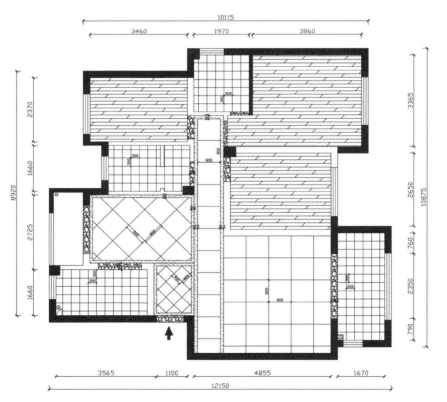

图 5-71　斜拼地砖进行尺寸标注

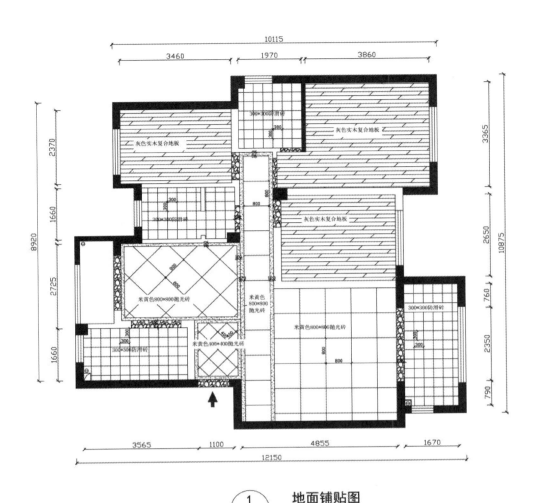

$$\underset{P\text{-}03}{\textcircled{1}}\quad\textbf{地面铺贴图}$$

SCALE：1：60

图 5-72　地材布置图进行材料和规格文字说明

是进行地材布置图设计必不可少的因素。地面的处理手法主要有分格处理和图案装饰处理。同学们在课后要多花时间练习,才能做到熟能生巧。

四、课后作业

（1）根据教师的讲授与示范,绘制本次学习任务的地材布置图,幅面大小 A3 纸。
（2）绘制 2 套不同空间的居室地材布置图,幅面大小 A3 纸。

五、技能成绩评定

技能成绩评定如表 5-3 所示。

表 5-3　技能成绩评定

考核项目		评价方式	说明
技能成绩	出勤情况(10%)	小组互评,教师参评	作业完成方式分辅助完成、独立完成、独立完成并进行辅导;学习态度分拖拉、认真、积极主动
	学习态度(10%)	小组互评,教师参评	
	作业速度(20%)	教师主评,小组参评	
	作业质量(60%)	教师主评,小组参评	

学习任务四　天花布置图绘制技巧与技能实训

教学目标

（1）专业能力：具备室内施工图的识读能力；能用正确的绘图方法绘制出天花布置图。

（2）社会能力：提高学生的审美能力及绘图美感表现能力。

（3）方法能力：信息和资料收集能力，施工图纸分析能力，室内 CAD 绘制施工图能力。

学习目标

（1）知识目标：掌握天花布置图的绘制方法和技巧。

（2）技能目标：能按照制图规范正确绘制天花布置图。

（3）素质目标：培养学生分析问题、处理问题的能力和团队合作能力。

教学建议

1. 教师活动

（1）在一体化教室中采用多媒体教学，充分利用先进的教学手段和创新的教学方法进行教学。综合使用多媒体教学、网络资源教学、视频教学等教学手段，同时采用案例分析法、情景模拟法、示范教学法等方法进行教学，让学生参与体验，提高学习的兴趣。

（2）教师示范和学生分组讨论、训练互动，学生提问与教师解答、指导有机结合，让学生掌握天花布置图的画法。

2. 学生活动

（1）学生根据教师的讲授与示范，对学习任务进行课堂练习。

（2）学生分组进行绘制训练，从实践中总结方法和技巧。

一、学习问题导入

天花是室内界面设计的重要组成部分,天花的设计可以弥补原建筑的结构不足,如对原建筑天花房顶的横梁、暖气管道进行遮挡处理。常见天花形式有以下几种。

(1)平面式:用纸面石膏板、条形扣板、金属格栅水平吊顶。

(2)凸凹式:也称为分层式,包括二级吊顶、三级吊顶、多级吊顶。

(3)悬浮式:用平板、曲板、折板或织物悬吊于空中。

(4)井格式:如传统藻井,形成重复形式的方格。

进行天花设计与绘制,需要了解天花的基本形式,并结合室内的风格需求和空间高度的限制进行合理的设计与规划。

二、学习任务讲解

天花布置图的绘制方法与地面布置图基本相同,不同之处是投射方向恰好相反。用假想的水平剖切面从窗台上方把房屋剖开,移去下面的部分,向顶棚方向投射,即得到天花布置图。在绘制天花布置图时,首先要符合天花设计的原则,其次还要掌握设计表达要领,使平面布局、构造与设计理念匹配统一。天花平面布置图包括以下内容。

(1)建筑主体结构。

(2)天花造型、灯饰、窗帘盒、空调风口、排气扇、消防设施的轮廓线,条块饰面材料的排列方向线。

(3)建筑主体结构的主要轴线、轴号、主要尺寸。

(4)天花造型及各类设施的定位尺寸、标高。

(5)天花的各类灯具、各部位的饰面材料、涂料规格、名称、工艺说明。

1. 绘制门厅天花布置图

(1)绘制门厅天花布置图中的天花造型结构线。

步骤一:将【天花】图层设置为当前图层。调用【直线】L 命令➤根据门厅梁的结构和到顶鞋柜的结构,绘制出门厅天花外框造型。如图 5-73 所示。

步骤二:调用【偏移】O 命令➤根据梁的宽度为"240",将天花结构向内偏移"240",输入"240"➤将上一步绘制的天花结构向内偏移。如图 5-74 所示。

(2)绘制门厅灯具。

将【灯具】图层置为当前图层。插入灯具。打开本书配套素材中的"家装常用图库.dwg"文件➤框选合适本门厅的灯具➤【复制】Ctrl+C➤【切换界面】Ctrl+Tab➤【粘贴】Ctrl+V➤将灯具放置于空间合适的位置。如图 5-75 所示。

2. 绘制客厅天花布置图

以空间延伸感为主,客厅吊顶要有合理的空间层次分割,在视觉上增加空间层高,从而达到扩大、延伸等空间视觉效果。灵活多变的设计展现出层层重叠的空间布局,通过吊顶的完美色调搭配,让家居生活成为极具个人特色的家装风格。灯光设计包含在天花吊顶设计中,因此最好在吊顶的四边木槽中暗藏日光灯来加以弥补,这样灯光的光线经过折射就不会刺眼。

(1)绘制客厅中过道区域天花造型结构线。

步骤一:将【天花】图层设置为当前图层。调用【直线】L 命令➤根据客厅的结构将过道划分为两块区域。

步骤二:绘制"区域 1"的天花结构线,调用【矩形】REC 命令➤拾取客厅区域,绘制矩形。

步骤三:调用【偏移】O 命令➤输入"300"➤将上一步绘制的矩形向内偏移。

步骤四:绘制"区域 2"的天花结构线。将"区域 2"设计为等分的三段式,调用【等分】DIV 命令➤点击需要等分的线段➤输入"3"。如图 5-76 所示。

步骤五:调用【矩形】REC 命令➤拾取"区域 2"的天花结构线等分后的点,分别绘制三个矩形。

步骤六:调用【偏移】O 命令➤输入"240"➤将上一步绘制的矩形向内偏移。如图 5-77 所示。

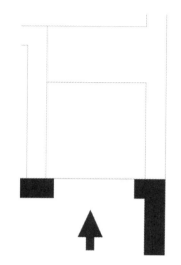
图 5-73　绘制门厅天花外框造型

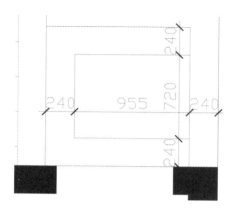
图 5-74　绘制门厅天花内部造型

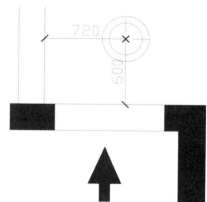
图 5-75　插入门厅灯具

（2）绘制客厅中过道区域灯具。

步骤一：绘制"区域1"的筒灯,根据空间区域的大小来确定筒灯安装的距离。

步骤二：绘制筒灯放置辅助线,调用【直线】L命令➤拾取中点,绘制辅助线➤调用【偏移】O命令➤输入"1100"➤将上一步绘制的直线向两边偏移。

步骤三：将【灯具】图层设置为当前图层,插入灯具。打开本书配套素材中的"家装常用图库. dwg"文件➤框选合适"区域1"的筒灯➤【复制】Ctrl＋C➤【切换界面】Ctrl＋Tab➤【粘贴】Ctrl＋V➤将灯具放置于辅助线定点位置。

步骤四：绘制"区域2"的筒灯,调用【直线】L命令➤拾取对角线点,绘制辅助线。

步骤五：将【灯具】图层设置为当前图层,插入灯具。打开本书配套素材中的"家装常用图库. dwg"文件➤框选合适"区域2"的筒灯➤【复制】Ctrl＋C➤【切换界面】Ctrl＋Tab➤【粘贴】Ctrl＋V➤将筒灯放置于辅助线定点位置。如图5-78所示。

（3）绘制客厅区域天花造型结构线。

步骤一：将【天花】图层设置为当前图层。绘制窗帘盒的位置结构线,调用【直线】L命令➤拾取客厅区域,绘制直线➤【偏移】O命令➤输入"180"➤将上一步绘制的直线左边偏移。

步骤二：调用【矩形】REC命令➤拾取客厅区域,绘制矩形。如图5-79所示。

步骤三：调用【偏移】O命令➤输入"300"➤将上一步绘制的矩形连续向内偏移两次。

步骤四：插入天花中式造型图例。打开本书配套素材中的"家装常用图库. dwg"文件➤框选合适天花中式造型的图例➤【复制】Ctrl＋C➤【切换界面】Ctrl＋Tab➤【粘贴】Ctrl＋V➤将中式造型的图例放置于合适位置。如图5-80所示。

（4）绘制客厅区域灯具。

步骤一：将【灯具】图层设置为当前图层。绘制客厅的装饰吊灯,调用【直线】L命令➤绘制辅助线。

步骤二：将【灯具】图层设置为当前图层,插入灯具。打开本书配套素材中的"家装常用图库. dwg"文件➤框选合适客厅的装饰吊灯➤【复制】Ctrl＋C➤【切换界面】Ctrl＋Tab➤【粘贴】Ctrl＋V➤将装饰吊灯放置于辅助线定点位置。如图5-81所示。

3. 绘制餐厅天花布置图

餐厅天花设计主要营造愉悦的就餐环境,以舒适度为原则,兼顾空间风格的统一,使吊顶、地面、墙、餐桌,以及配饰等形成一个有机的整体,让就餐成为一种享受。在选择餐厅吊顶时,要遵循既省材、牢固、安全,又美观、实用的原则,当然还要与整体风格相一致。

（1）绘制餐厅区域天花造型结构线。

步骤一：将【天花】图层设置为当前图层。根据门厅的天花造型设计,餐厅的天花造型部分结构线也要

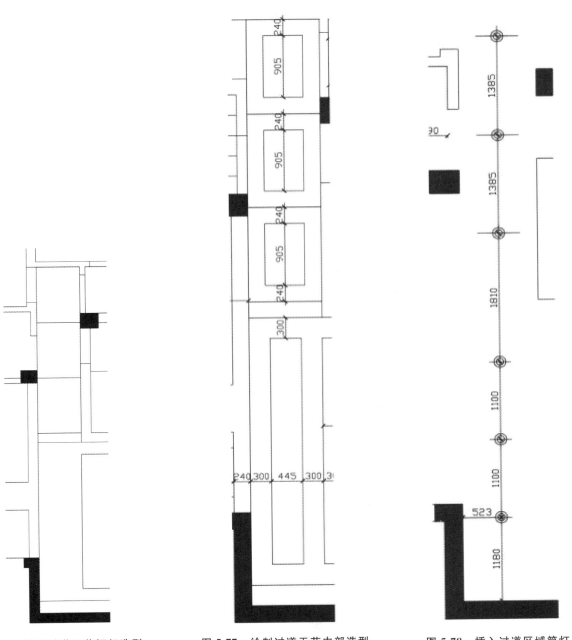

图 5-76 绘制过道天花框架造型 　　**图 5-77 绘制过道天花内部造型** 　　**图 5-78 插入过道区域筒灯**

与之统一。调用【直线】L 命令➤拾取餐厅区域,绘制直线➤调用【偏移】O 命令➤输入"240"➤将上一步绘制的直线向左边偏移。

步骤二:调用【矩形】REC 命令➤拾取餐厅区域,绘制矩形。

步骤三:调用【椭圆】EL 命令➤先定中心点,输入长半轴数据 2000,其次输入短半轴数据 1600,绘制椭圆的天花造型结构线。如图 5-82 所示。

(2)绘制餐厅区域灯具。

步骤一:将【灯具】图层设置为当前图层。绘制椭圆天花造型的暗藏灯带,调用【偏移】O 命令➤输入"80"➤将上一步绘制的椭圆向外偏移。

步骤二:绘制餐厅的装饰吊灯,调用【直线】L 命令➤拾取对角线点,绘制辅助线。

步骤三:将【灯具】图层设置为当前图层,插入灯具。打开本书配套素材中的"家装常用图库.dwg"文件➤框选合适餐厅的装饰吊灯➤【复制】Ctrl+C➤【切换界面】Ctrl+Tab➤【粘贴】Ctrl+V➤将装饰吊灯放置于辅助线定点位置。如图 5-83 所示。

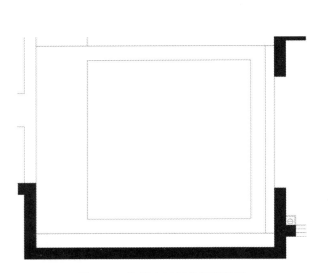

图 5-79　绘制客厅天花框架造型

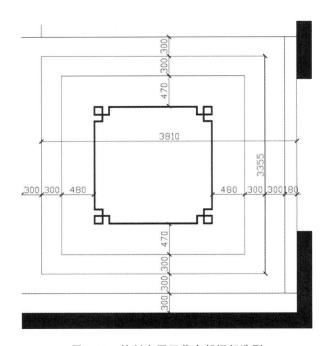

图 5-80　绘制客厅天花内部框架造型

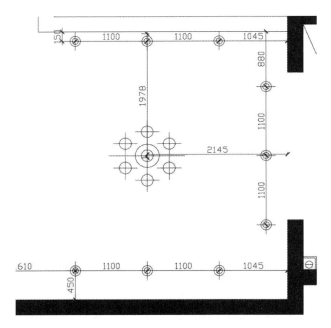

图 5-81　插入客厅区域灯具

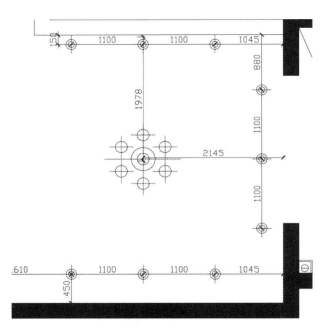

图 5-82　绘制餐厅天花框架造型

4．绘制厨房天花布置图

厨房天花可美化厨房环境，降低了厨房的层高，减小了厨房空气的体积，提高排油烟机的效率。厨房天花的材料要求便于清洁、防潮、抗腐蚀，目前最常用的材料为塑胶扣板和铝质扣板，都有很好的防潮性。塑胶扣板价格较低。铝质扣板色彩丰富，施工方便，相较于塑胶扣板不易变形，可长期使用。

（1）绘制厨房区域天花造型结构线。

步骤一：调用【多段线】PL 命令 ➤ 沿着厨房空间绘制天花造型的区域。

步骤二：调用【填充】H 命令，对厨房天花区域进行填充 ➤ 类型：用户定义 ➤ 角度：0 ➤ 勾选双向 ➤ 间距：300 ➤ 指定原点：右上。如图 5-84 所示。

（2）绘制厨房区域灯具。

步骤一：绘制厨房区域灯具，调用【直线】L 命令 ➤ 绘制辅助线。

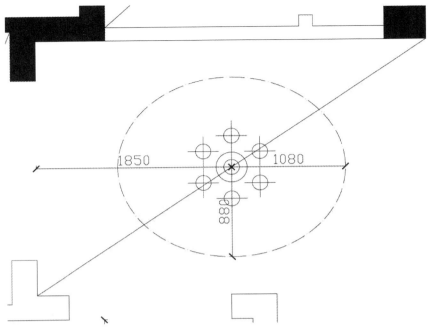

图 5-83　插入餐厅区域灯具

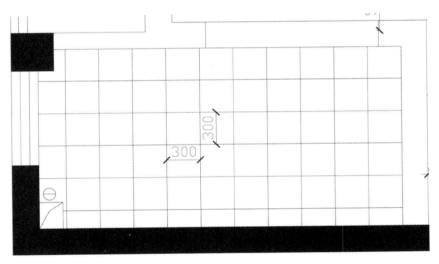

图 5-84　绘制厨房天花造型

　　步骤二:将【灯具】图层设置为当前图层,插入灯具。打开本书配套素材中的"家装常用图库.dwg"文件➤框选适合厨房区域灯具➤【复制】Ctrl＋C➤【切换界面】Ctrl＋Tab➤【粘贴】Ctrl＋V➤将厨房区域灯具放置于辅助线定点位置。如图 5-85 所示。

5. 绘制主卧天花布置图

　　卧室作为居室中私密性最强的空间,其天花的设计主要是营造温馨自然、宁静的氛围,给主人打造细腻雅致的生活空间。本方案设计中采用石膏线在天花顶四周造型,适合低矮的房间,只要和房间的装饰风格相协调,都能达到精致的效果,它具有价格便宜、施工简单的特点。

　　(1)绘制主卧天花造型石膏线。

　　步骤一:调用【多段线】PL 命令➤沿着主卧空间绘制天花造型的区域。

　　步骤二:调用【偏移】O 命令➤输入"80"➤将上一步绘制的直线内偏移。

　　步骤三:调用【偏移】O 命令➤输入"20"➤将上两步绘制的直线分别向内偏移。如图 5-86 所示。

　　(2)绘制主卧天花灯具。

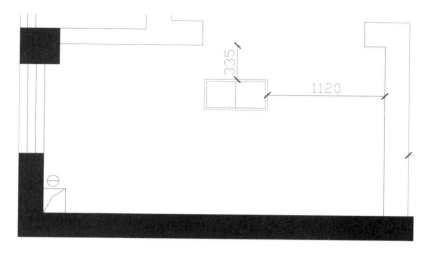

图 5-85　绘制厨房天花灯具

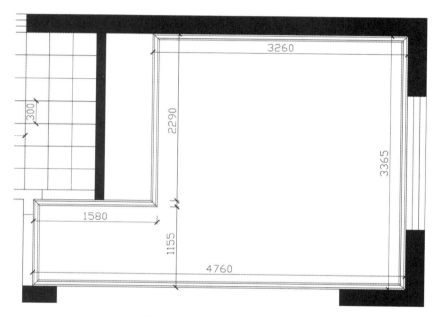

图 5-86　绘制主卧天花石膏线

步骤一：绘制主卧天花灯具，调用【直线】L命令➤拾取对角线点，绘制辅助线。

步骤二：将【灯具】图层设置为当前图层，插入灯具。打开本书配套素材中的"家装常用图库.dwg"文件➤框选适合主卧区域灯具➤【复制】Ctrl＋C➤【切换界面】Ctrl＋Tab➤【粘贴】Ctrl＋V➤将主卧区域灯具放置于辅助线定点位置。如图5-87所示。

6. 绘制儿童房天花布置图

儿童房天花造型与主卧相一致，也采用石膏线在天花顶四周的造型。

（1）绘制儿童房天花造型石膏线。

步骤一：调用【多段线】PL命令➤沿着儿童房空间绘制天花造型的区域。

步骤二：调用【偏移】O命令➤输入"80"➤将上一步绘制的直线向内偏移。

步骤三：调用【偏移】O命令➤输入"20"➤将上两步绘制的直线分别向内偏移。如图5-88所示。

（2）绘制儿童房天花灯具。

步骤一：绘制儿童房天花灯具，调用【直线】L命令➤拾取对角线点，绘制辅助线。

步骤二：将【灯具】图层设置为当前图层，插入灯具。打开本书配套素材中的"家装常用图库.dwg"文件➤框选适合儿童房区域灯具➤【复制】Ctrl＋C➤【切换界面】Ctrl＋Tab➤【粘贴】Ctrl＋V➤将儿童房区域

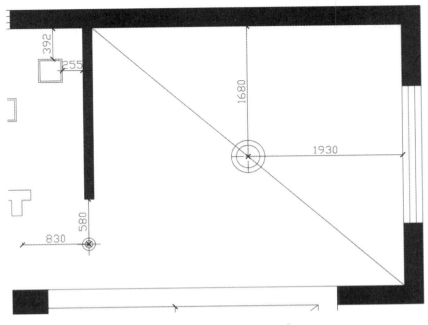

图 5-87　插入主卧灯具

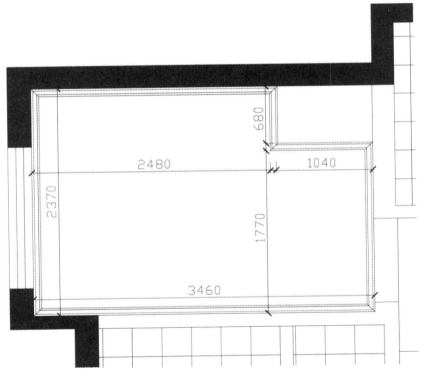

图 5-88　绘制儿童房天花石膏线

灯具放置于辅助线定点位置。如图 5-89 所示。

7. 绘制次卧天花布置图

次卧天花造型与主卧相一致,也采用石膏线在天花顶四周的造型。

(1) 绘制次卧天花造型石膏线。

步骤一:调用【多段线】PL 命令➤沿着次卧空间绘制天花造型的区域。

步骤二:调用【偏移】O 命令➤输入"80"➤将上一步绘制的直线向内偏移。

步骤三:调用【偏移】O 命令➤输入"20"➤将上两步绘制的直线分别向内偏移。如图 5-90 所示。

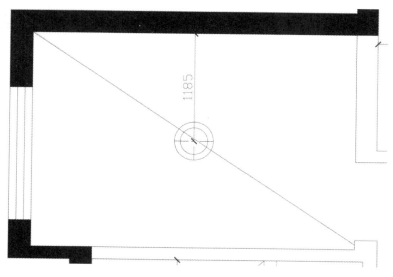

图 5-89　插入儿童房灯具

（2）绘制次卧天花灯具。

步骤一：绘制次卧天花灯具，调用【直线】L 命令➤拾取对角线点，绘制辅助线。

步骤二：将【灯具】图层设置为当前图层，插入灯具。打开本书配套素材中的"家装常用图库.dwg"文件➤框选次卧区域灯具➤【复制】Ctrl＋C➤【切换界面】Ctrl＋Tab➤【粘贴】Ctrl＋V➤将次卧区域灯具放置于辅助线定点位置。如图 5-91 所示。

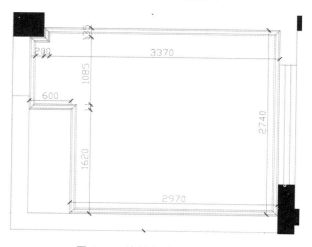

图 5-90　绘制次卧天花石膏线

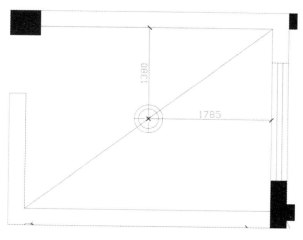

图 5-91　插入次卧灯具

8. 绘制主卫天花布置图

卫生间空间实用性强、利用率高，因此卫生间要有极强的功能实用性。吊顶便于电器的安装，如内嵌式灯具、内嵌式电器、取暖器、换气扇等。卫生间的水蒸气较多，若天花板上没有吊顶的话，长期的水汽积累，会让天花板渗水发霉，而且容易滋生细菌。所以吊顶有一定的防污、防水的作用。卫生间的天花吊顶材料常采用防水性能较好的 PVC 扣板做吊顶，这种扣板可以安装在龙骨上，还能起到遮掩管道的作用。

（1）绘制主卫区域天花造型结构线。

步骤一：调用【多段线】PL 命令➤沿着主卫空间绘制天花造型的区域。

步骤二：调用【填充】H 命令对主卫天花区域进行填充➤类型：用户定义➤角度：0➤勾选双向➤间距：300➤指定原点：右上。如图 5-92 所示。

（2）绘制主卫区域灯具。

步骤一：绘制主卫区域灯具，调用【直线】L 命令➤拾取对角线点，绘制辅助线。

步骤二:将【灯具】图层设置为当前图层,插入灯具。打开本书配套素材中的"家装常用图库.dwg"文件➤框选适合主卫区域灯具➤【复制】Ctrl+C➤【切换界面】Ctrl+Tab➤【粘贴】Ctrl+V➤将主卫区域灯具放置于辅助线定点位置。如图5-93所示。

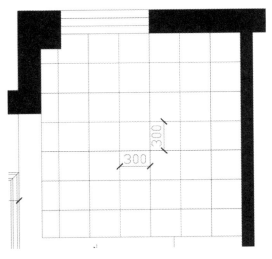

图5-92　绘制主卫天花造型

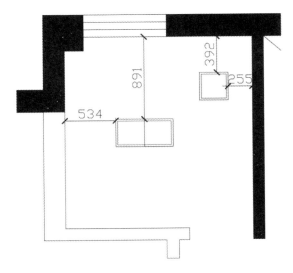

图5-93　插入主卫灯具

9. 绘制公卫天花布置图

（1）绘制公卫区域天花造型结构线。

步骤一:调用【多段线】PL命令➤沿着公卫空间绘制天花造型的区域。

步骤二:调用【填充】H命令,对公卫天花区域进行填充➤类型:用户定义➤角度:0➤勾选双向➤间距:300➤指定原点:右上。如图5-94所示。

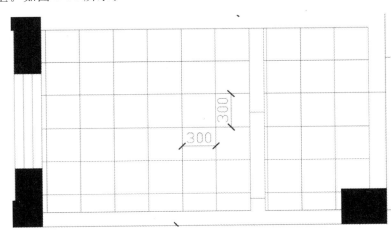

图5-94　绘制公卫天花造型

（2）绘制公卫区域灯具。

步骤一:绘制公卫区域灯具,调用【直线】L命令➤拾取对角线点,绘制辅助线。

步骤二:将【灯具】图层设置为当前图层,插入灯具。打开本书配套素材中的"家装常用图库.dwg"文件➤框选适合公卫区域灯具➤【复制】Ctrl+C➤【切换界面】Ctrl+Tab➤【粘贴】Ctrl+V➤将公卫区域灯具放置于辅助线定点位置。如图5-95所示。

10. 绘制阳台天花布置图

步骤一:绘制阳台区域灯具,调用【直线】L命令➤拾取对角线点,绘制辅助线。

步骤二:将【灯具】图层设置为当前图层,插入灯具。打开本书配套素材中的"家装常用图库.dwg"文件➤框选适合阳台区域灯具➤【复制】Ctrl+C➤【切换界面】Ctrl+Tab➤【粘贴】Ctrl+V➤将阳台区域灯具

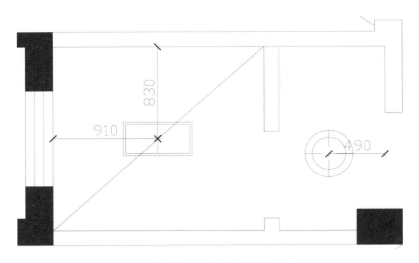

图 5-95　插入公卫灯具

放置于辅助线定点位置。如图 5-96 所示。

11. 尺寸标注与文字说明

步骤一：设置【尺寸标注】图层为当前图层。调用【线性标注】DLI 命令 ➤ 鼠标点击界面拾取灯具位置和天花造型的尺寸标注。

步骤二：标识层高尺寸。调用【直线】L 命令，绘制标高符号，并调用【文字】T 命令，根据量房所得尺寸，输入层高数值。操作方法：T ➤ 空格执行命令 ➤ 出现文字输入界面 ➤ 更改文字高度为 120 ➤ 更改文字颜色 ➤ 输入层高数据 ➤ 点击确定。以上操作完成后，其余层高的数据只需要调用【复制】CO 命令，复制至每个空间即可。如果数据不同，点击进入文字内部更改数据。如图 5-97 和图 5-98 所示。

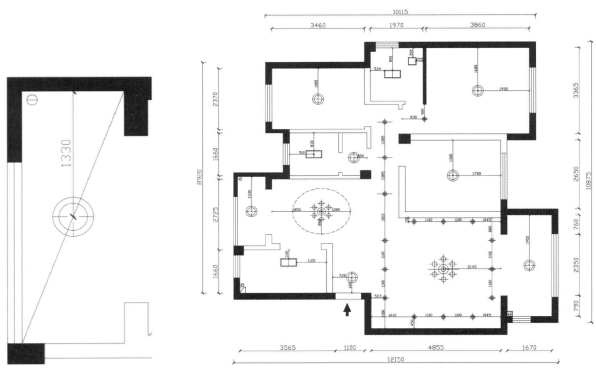

图 5-96　插入阳台灯具　　　　　　　　　　图 5-97　灯具位置尺寸标注

步骤三：调用【文字】T 命令 ➤ 对天花的材料和规格文字说明 ➤ 更改文字高度为 180 ➤ 更改文字颜色 ➤ 输入文字 ➤ 点击确定。以上操作完成后，其余空间的材料和文字说明只需要调用【复制】CO 命令，复制至每个空间内即可，点击进入文字内部更改名称。如图 5-99 所示。

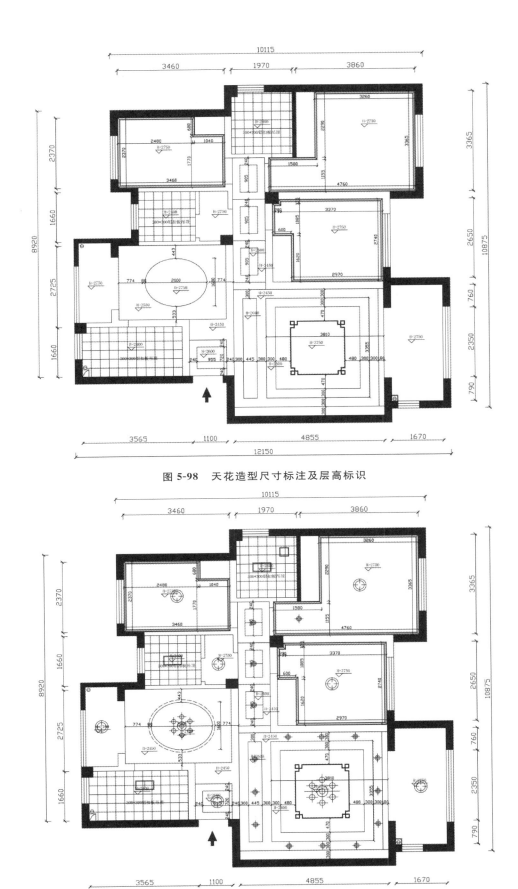

图 5-98 天花造型尺寸标注及层高标识

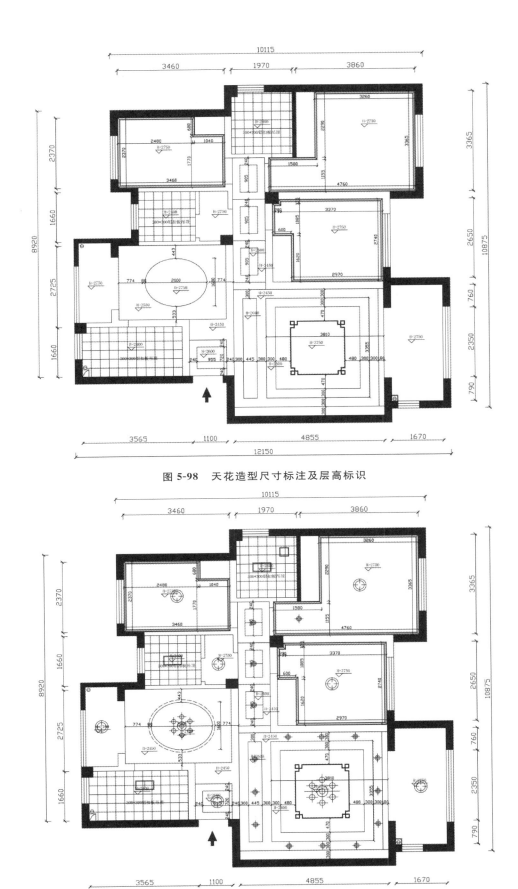

图 5-99 天花的材料和规格文字说明

三、学习任务小结

本次课讲解了绘制天花布置图的方法和技巧。常见天花形式主要有平面式、凸凹式、悬浮式等。绘制天花布置图时要符合天花设计的原则，应掌握设计表达的要领，使平面布局、构造与设计理念匹配统一。课后，希望同学们勤加练习，做到熟能生巧。

四、课后作业

（1）根据教师的讲授与示范，绘制本次学习任务的天花布置图，幅面大小 A3 纸。

（2）绘制 1 套不同空间的居室天花布置图，幅面大小 A3 纸。

五、技能成绩评定

技能成绩评定如表 5-4 所示。

表 5-4　技能成绩评定

考核项目		评价方式	说明
技能成绩	出勤情况（10%）	小组互评，教师参评	作业完成方式分辅助完成、独立完成、独立完成并进行辅导；学习态度分拖拉、认真、积极主动
	学习态度（10%）	小组互评，教师参评	
	作业速度（20%）	教师主评，小组参评	
	作业质量（60%）	教师主评，小组参评	

项目六　居室立面图和剖面图的 AutoCAD 绘制技巧与技能实训

学习任务一　客厅立面图相关绘制技巧与技能实训

学习任务二　剖面图的 AutoCAD 绘制技巧与技能实训

学习任务三　大样图的 AutoCAD 绘制技巧与技能实训

学习任务一　客厅立面图相关绘制技巧与技能实训

教学目标

(1) 专业能力:能绘制客厅立面图;能通过立面图绘制训练推敲设计方案,拓展对设计的思考。

(2) 社会能力:提高学生的审美能力及绘图表现能力,培养富有创意的实战型室内设计绘图员。

(3) 方法能力:培养信息和资料收集能力,设计案例分析能力,施工图绘制表现能力。

学习目标

(1) 知识目标:掌握客厅立面图的绘制方法和技巧。

(2) 技能目标:能够按照设计要求和制图规范绘制出客厅立面图。

(3) 素质目标:能够团队协作共同完成客厅立面图绘制,具备团队协作能力和一定的语言表达能力,培养综合的职业能力。

教学建议

1. 教师活动

(1) 教师通过客厅电视背景案例图片展示,提高学生对电视背景墙设计的直观认识。同时,运用多媒体课件、教学视频等多种教学手段,讲授客厅背景墙设计的要点,指导学生进行客厅背景墙图的设计练习。

(2) 利用课堂示范将客厅立面图的绘制方法告知学生,让学生直观感受到绘制客厅立面图的步骤和方法,并能按照要求进行客厅立面图绘制实训。

2. 学生活动

学生根据教师的讲授与示范,进行客厅立面图绘制练习。

一、学习问题导入

客厅立面图是居室设计中最重要的图纸之一，是居室设计中造型设计最丰富、最能显示居室设计风格的图纸。客厅立面图绘制不仅需要运用软件进行绘制，还需要通过图纸的反复比对，优化和完善立面设计的尺寸、材料和样式。同时，客厅立面图必须严谨、规范、符合行业标准，作为后期施工的指导性图纸，客厅立面图的比例、尺寸、材料和线型都要精益求精。

二、学习任务讲解

立面图是用直接正投影法，将建筑各个墙面进行投影所得到的正投影图。立面图分为建筑立面图和室内立面图。室内立面图是将房屋的室内墙面按内视投影符号的指向，向直立投影面所做的正投影图。室内立面图是表现室内装饰设计风格和氛围的一个重要载体，它以满足功能为基础，并与室内平面布局有机结合，用于反映室内空间垂直方向的装饰设计形式、尺寸与做法，以及材料与色彩的选用等内容，是室内设计施工图中的主要图样之一，也是确定墙面做法的依据。室内立面图的名称应根据平面布置图中内视投影符号的编号或字母确定。

室内立面图应包括投影方向可见的室内轮廓线和装饰构造、门窗、构配件、墙面做法、固定家具、灯具等内容及必要的尺寸和标高，并应表达非固定家具、装饰构件等情况。立面图常用的比例为 1∶50，可用比例为 1∶30、1∶40 等。

绘制室内立面图的主要内容和注意事项如下。

（1）绘制立面轮廓线，顶棚有吊顶时要绘制吊顶、叠级、灯槽等剖切轮廓线，使用粗实线表示，墙面与吊顶的收口形式、可见灯具投影图等也需要绘制。

（2）绘制墙面装饰造型及陈设，如壁挂、工艺品等，还要绘制门窗造型及分格、墙面灯具、暖气罩等装饰内容。

（3）绘制装饰选材、立面的尺寸标高，附加做法说明。

（4）绘制固定家具及造型。

（5）绘制索引符号、图名并添加必要的文字说明等。

技能实训：绘制 B-01 客厅立面图步骤

步骤一：在绘制客厅电视背景墙立面图之前，先将平面图中"立面索引图"插入至图中，用于指示被索引的图所在的位置，便于看图时查找有关的图纸。如图 6-1 所示。

步骤二：根据居室平面图，设置【其他】图层为当前图层。用【复制】CO 命令，复制客厅电视背景墙平面图 B 面。如图 6-2 所示。

步骤三：绘制立面外框墙体，用【构造线】XL 或【直线】L 命令，沿电视背景墙平面图绘制直线，再用【偏移】O 命令，按照该户型层高，将下边线向上偏移 2750，再用【修剪】TR 命令进行对角剪切。如图 6-3 所示。

步骤四：绘制客厅电视背景墙立面吊顶图。按照平面天花吊顶图，用【偏移】O 或【直线】L 命令，再用【复制】CO 将灯具图例的筒灯复制到天花造型处，绘制 B 立面吊顶。如图 6-4 所示。

步骤五：绘制客厅电视背景墙踢脚线。用【偏移】O 或【直线】L 命令，把地面墙体线向上偏移 50，再用【填充】H 命令，对墙面踢脚线进行填充，图案为 AR-CONC，填充颜色为 251。如图 6-5 所示。

步骤六：绘制客厅电视背景墙，用【偏移】O 或【直线】L 命令，按照图 6-6 所示尺寸绘制电视背景墙造型轮廓线。

步骤七：绘制客厅电视背景墙造型辅助线。用【直线】L 命令，先在背景墙造型框架中心点画一条横线，再画一条竖线，再用【定数等分】DIV 命令进行分隔造型墙框架，最后用【偏移】O 或【直线】L 命令根据实际尺寸进行绘制。如图 6-7 所示。

步骤八：绘制客厅电视背景造型墙，用【删除】E 命令，删除造型墙辅助线，并再用【图案填充】H 命令，对墙面造型墙进行填充，图案为 GOST-WOOD，填充颜色为 251。如图 6-8 所示。

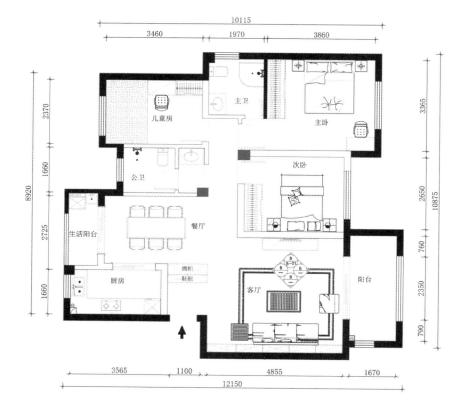

图 6-1 插入立面索引图

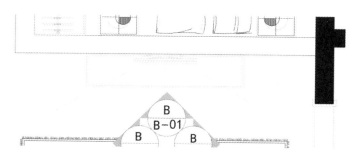

图 6-2 整理好图形

图 6-3 绘制外墙墙体

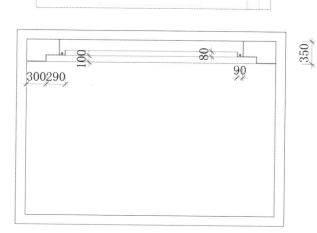

图 6-4 绘制客厅电视背景墙吊顶预留位置

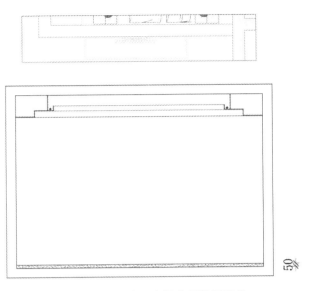

图 6-5　绘制客厅电视背景墙踢脚线

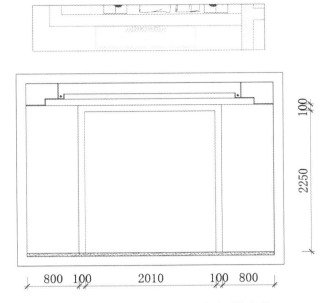

图 6-6　绘制客厅电视背景墙造型轮廓线

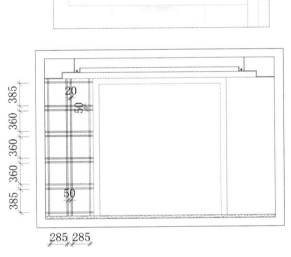

图 6-7　绘制客厅电视背景墙造型墙

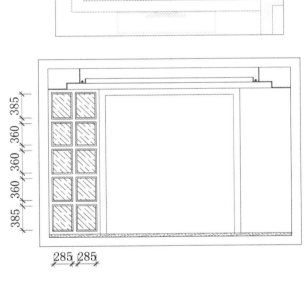

图 6-8　删除造型墙辅助线并填充图案

步骤九：绘制客厅电视立面背景对称造型墙，用【镜像】MI 命令，将绘制完成左边的电视立面背景造型墙镜像到另一边，完成电视背景造型墙的绘制。如图 6-9 所示。

步骤十：绘制客厅电视背景造型墙，用【直线】L 命令，根据墙面实际尺寸进行分隔，绘制大理石墙面，并再用【图案填充】H 命令，对墙面大理石进行填充，图案为 GOST-WOOD，填充颜色为 251。如图 6-10 所示。

步骤十一：插入电视机、插座等图块，用【偏移】O 或【插入】I 命令，将图库里面的图块按照比例插入图形指定的位置（插座是隐藏在电视机后面的）。如图 6-11 所示。

步骤十二：对客厅电视背景墙立面图进行尺寸标注，用【线性标注】DLI、【连续标注】DCO 命令，对客厅立面背景墙立面图进行标注。如图 6-12 所示。

步骤十三：对客厅电视背景墙立面图的造型材料进行文字说明，用【引线】LE、【文字输入】MT 命令，对客厅立面背景墙立面图材料进行文字说明标注。如图 6-13 所示。

步骤十四：对客厅电视背景墙立面图图名标注，用【输入文字】MT、【多段线】PL 命令，绘制图名标注，客厅电视背景墙 B 立面图 1∶50。如图 6-14 所示。

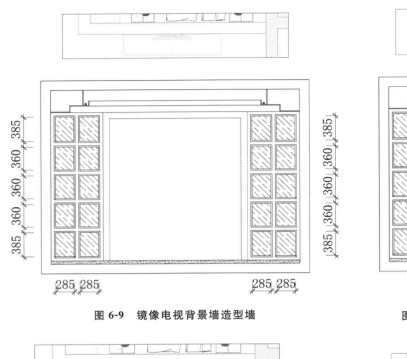

图 6-9　镜像电视背景墙造型墙

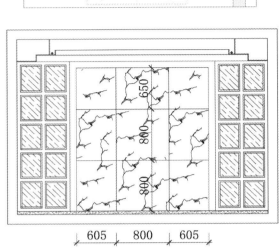

图 6-10　绘制客厅电视背景墙的大理石墙面

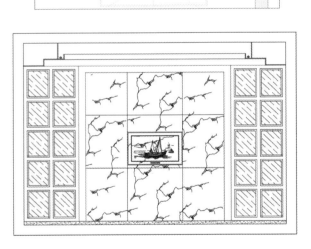

图 6-11　插入电视机、插座等图块

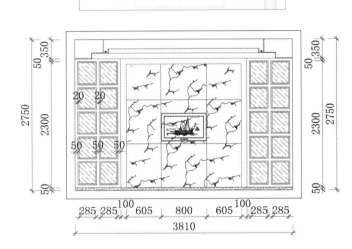

图 6-12　客厅电视背景墙尺寸标注

三、学习任务小结

　　本次学习任务主要学习了客厅立面图的绘制方法与技巧,并通过详细的示范步骤指导学生进行绘制实训。课后,同学们要收集客厅立面图设计案例,并按照步骤强化对立面图的绘制训练,提高绘制的速度和绘图的质量。

四、课后作业

　　(1)每位同学收集优秀客厅立面图 5 幅。

　　(2)绘制 1 张客厅立面图,幅面大小 A3 纸。

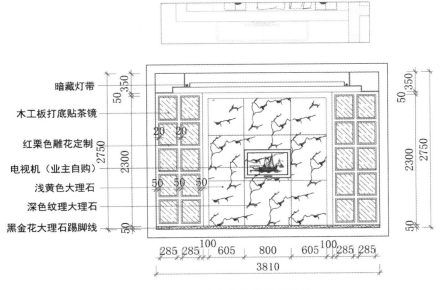

图 6-13 客厅电视背景墙材料说明

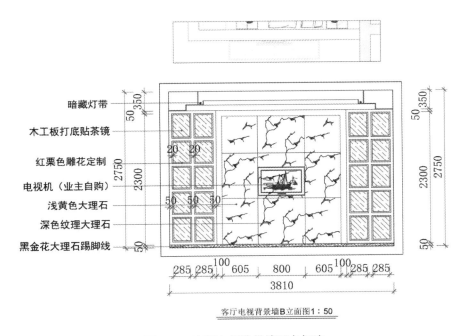

客厅电视背景墙B立面图1：50

图 6-14 客厅电视背景墙图名标注

五、技能成绩评定

技能成绩评定如表 6-1 所示。

表 6-1 技能成绩评定

考核项目		评价方式	说明
技能成绩	出勤情况（10%）	小组互评，教师参评	作业完成方式分辅助完成、独立完成、独立完成并进行辅导；学习态度分拖拉、认真、积极主动
	学习态度（10%）	小组互评，教师参评	
	作业速度（20%）	教师主评，小组参评	
	作业质量（60%）	教师主评，小组参评	

六、学习综合考核

学习综合考核如表 6-2 所示。

表 6-2　学习综合考核

项目	教学目标	学习目标	学习活动
60%	专业能力	技能目标	课堂活动
25%	社会能力	知识目标	课后活动
15%	方法能力	素质目标	课前活动

学习任务二 剖面图的 AutoCAD 绘制技巧与技能实训

教学目标

（1）专业能力：能够掌握剖面图的画图技巧和步骤；能通过剖面图绘制实训，了解剖面图的内部结构形式、分层情况及各部分的联系。

（2）社会能力：收集更多剖面图的案例，并通过参观项目施工现场了解剖面图的现场做法。

（3）方法能力：信息和资料收集能力，读图识图能力。

学习目标

（1）知识目标：掌握剖面图的绘制方法和表现技巧。

（2）技能目标：能够通过剖面图绘制实训，了解剖面图的内部结构形式、分层情况及各部分的联系。

（3）素质目标：熟悉剖面图的绘制规范，严谨、准确地绘制剖面图。

教学建议

1. 教师活动

（1）教师在实训教室进行理论讲解和操作示范。

（2）在教学过程中，讲解剖面图的内部结构形式，以及基层的构件材料名称，让学生能规范地绘制剖面图。

2. 学生活动

学生根据教师的讲授与示范，进行剖面图绘制实训。

一、学习问题导入

由于平面图、立面图的绘图比例较小,而反映的内容范围却很广泛,因而造型的细部结构很难清晰地表示出来。为满足指导施工的要求,对于造型的细节部分,如楼梯、墙身、门窗、阳台等局部结构往往采用较大的比例详图进行表现,这种详图图样称为剖面图。学习绘制剖面图,可以让学生了解造型的细节构造,指导施工。同时,室内造型的细节也是室内精细化设计的重要组成部分。如图 6-15 所示。

图 6-15　细节丰富的客厅装修效果图

二、学习任务讲解

知识点一:剖面图基本知识

1. 剖面图的概念
剖面图就是用一个垂直的剖切平面将室内空间和造型垂直切开,移去一半将剩余部分向投影面投影所得的剖切视图。

2. 剖面图的作用
剖立面图可将室内吊顶、立面、地面装修材料完成面的外轮廓线明确表示出来,为下一步节点详图的绘制提供基础条件。

3. 剖面图表现位置
剖切位置应为最有效的部位,充分表现结构、构造、家具、设备和陈设,一般要求是最复杂、最细致或最具有代表性的构造形式。

4. 剖面图的表达内容
(1)表示室内底层地面,各层楼面、屋顶、窗、楼梯、阳台、防潮层、踢脚板、室外地面、散水、明沟及室内外装修等剖切到的可见内容。
(2)表示楼地面、屋顶各层的构造。一般用引出线说明楼地面、屋顶的构造做法。如果另画详图或已有说明,则在剖面图中用索引符号引出说明。

5. 剖面图的线条
在剖面图中,顶面、地面、墙外轮廓线为粗实线表示,立面转折线、门窗洞口用中实线表示,填充分割线等用细实线表示,活动家具及陈设用虚线表示。

6. 剖面图的标注
剖面图中应标注相应的标高与尺寸。标高应标注被剖切到的外墙门窗口的标高,室外地面的标高,檐口、女儿墙顶的标高,以及各层楼地面的标高。标注尺寸应标注门窗洞口高度、层间高度和建筑总高,室内还应标注出内墙体上门窗洞口的高度以及内部设施的定位和定形尺寸。

（1）高度尺寸：应注明空间总高度，门、窗高度及各种造型，材质转折面高度，并注明机电开关、插座高度。

（2）水平尺寸：注明承重墙、柱定位轴线的距离尺寸，以及门、窗洞口间距，并注明造型、材质转折面间距。

7. 剖面图文字说明

材料或材料编号内容应尽量在尺寸标注界线内，同时，应对照平面索引注明立面图编号、图名以及图纸所应用的比例。

8. 剖面图的轴线

在剖面图中，凡被剖切到的承重墙柱都应画出定位轴线，并注写与平面图相对应编号，立面图中一些重要的构造造型也可与定位轴线关联标注，以保证其他定位的准确性。

知识点二：剖面图的绘制方法

（1）画定位轴线、室内外地坪线、各层楼面线和屋面线，并画出墙身轮廓线。

（2）画楼板、屋顶构造厚度，确定门窗位置及细部，如梁、板、楼梯段与休息平台等。

（3）经检查无误后，擦去多余线条。

（4）按施工图要求加深图线，画材料图例。

（5）注写标高、尺寸、图名、比例及有关文字说明。

（6）剖面图的比例应与平面图、立面图的比例一致，因此在剖面图中一般不画材料图例符号。

（7）被剖切平面剖切到的墙、梁、板等轮廓线用粗实线表示，没有被剖切到但可见的部分用细实线表示，被剖切断的钢筋混凝土梁、板涂黑。

（8）剖切面最好贯通平面图的全宽或全长，剖切面不要穿过柱子和墙体。

技能实训：绘制 B-01 客厅天花吊顶剖面图步骤

步骤一：在绘制客厅天花吊顶剖面图之前，先将客厅电视背景墙立面图插入图中，用于指示被剖的图所在的位置，便于看图时查找有关的图纸。如图 6-16 所示。

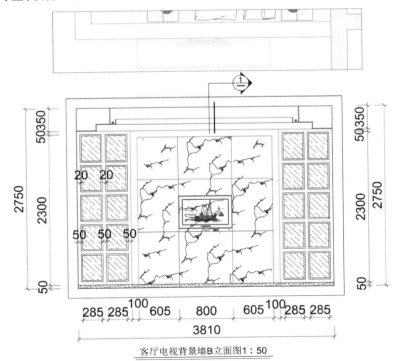

客厅电视背景墙B立面图1：50

图 6-16　插入客厅电视背景墙立面图

步骤二：在绘制客厅天花吊顶剖面图前，应在立面所需剖切位置画上剖面索引符号（剖面索引符号以数字命名，符号中的分母表示该剖面图所在页数，当分母为"一"时表示该剖面图在本页；分子表示该剖面图编号）。如图 6-17 所示。

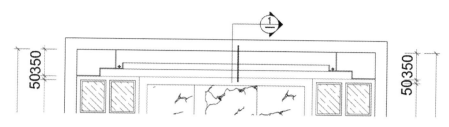

图 6-17　整理好客厅电视背景墙吊顶图

步骤三：绘制天花吊顶的剖面外框立面墙体，用【构造线】XL 或【直线】L 命令，把墙体和楼板的厚度绘制，再用【偏移】O 命令，按照该户型墙体厚度约 120 mm，再用【修剪】TR 命令进行对角剪切。如图 6-18 所示。

步骤四：绘制客厅天花吊顶的剖面外框立面墙体。用【填充】H 命令，对立面墙体进行填充，图案为 AR-B816，再对上下楼板厚度进行填充，图案为 AR-CONC，填充颜色均为 251。如图 6-19 所示。

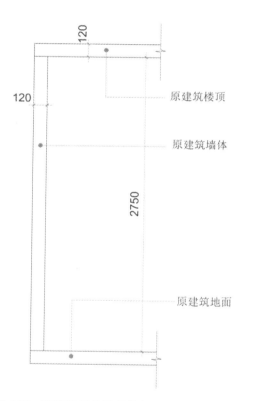

图 6-18　整理好天花吊顶的剖面外框立面墙体图

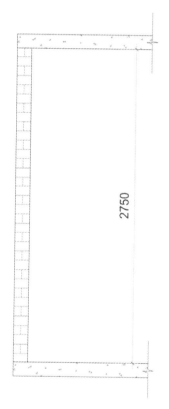

图 6-19　填充墙体、上下楼板

步骤五：绘制客厅天花吊顶剖面图，用【直线】L 或【偏移】O 命令，按照实际尺寸绘制客厅电视背景墙天花吊顶石膏板造型轮廓线，石膏板 9.5，用【填充】H 命令对石膏板厚度进行填充，图案为 GRASS，填充颜色均为 251。如图 6-20 所示。

步骤六：绘制客厅天花吊顶剖面图，用【直线】L、【偏移】O 或【矩形】REC 命令，绘制木龙骨支架，木龙骨是 30×30（mm）的正方形，木龙骨大小按照现场实际尺寸来调节。如图 6-21 所示。

步骤七：绘制客厅天花吊顶剖面图，用【直线】L、【偏移】O 或【矩形】REC 命令，绘制天花剖面造型夹板，黑色不锈钢包边（按照现场实际尺寸绘制），并再用【填充】H 命令，对黑色不锈钢包边里面的夹板厚度进行填充，图案为 CORK，填充颜色为 251。如图 6-22 所示。

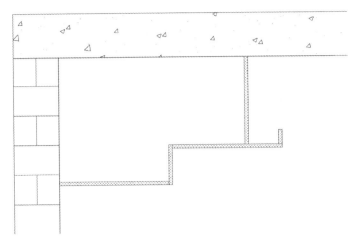

图 6-20　客厅天花吊顶石膏板造型轮廓线

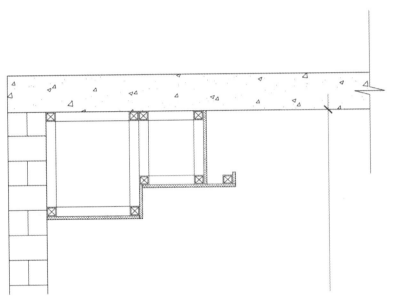

图 6-21　客厅天花吊顶剖面图

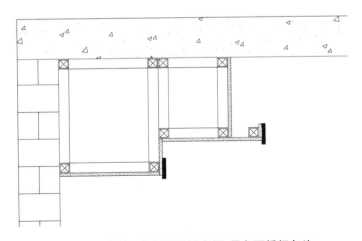

图 6-22　绘制天花剖面造型夹板,黑色不锈钢包边

步骤八:绘制客厅天花吊顶剖面图,用【直线】或【圆】命令,绘制天花造型筒灯。如图 6-23 所示。

步骤九:对客厅天花吊顶剖面图进行尺寸标注,用【线性标注】DLI、【连续标注】DCO 命令,对天花吊顶剖面图进行标注。如图 6-24 所示。

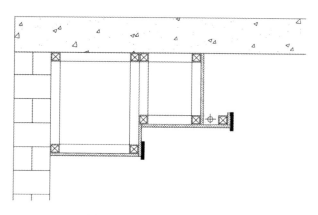

图 6-23 绘制天花造型筒灯

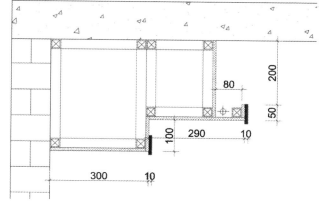

图 6-24 吊顶天花尺寸标注

步骤十：对客厅电视背景墙天花吊顶剖面图材料进行文字说明，用【引线】LE、【输入文字】T 命令，对天花吊顶剖面图材料进行文字说明。如图 6-25 所示。

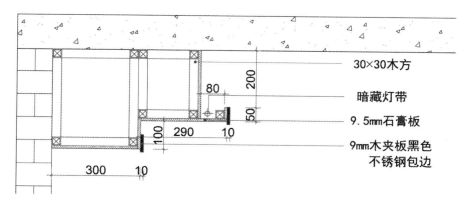

30×30木方

暗藏灯带

9.5mm石膏板

9mm木夹板黑色
不锈钢包边

图 6-25 客厅天花吊顶材料文字说明

步骤十一：标注客厅电视背景墙天花吊顶剖面图图名，用【输入文字】T、【多线】PL 命令，绘制图名标注，天花吊顶剖面图 1 立面图 1：5。如图 6-26 所示。

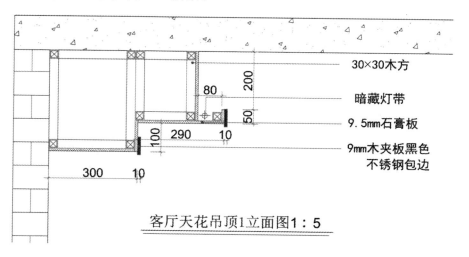

30×30木方

暗藏灯带

9.5mm石膏板

9mm木夹板黑色
不锈钢包边

客厅天花吊顶1立面图1：5

图 6-26 标注客厅天花吊顶图名

三、学习任务小结

通过本次课的学习，同学们已经初步理解和掌握了剖面图的绘制方法和步骤。剖面图主要反映建筑物和造型的结构形式和内部构造做法。课后,同学们要勤加练习,了解更多的剖面构造形式,并能快速、规范地绘制出剖面图。

四、课后作业

(1)收集优秀的剖面图的设计,制作成 PPT 讲解内部构造知识点,下次课挑选 6 名同学进行现场讲解,让更多的同学了解剖面图的绘制要点。

(2)绘制 2 张剖面图,幅面大小 A3 纸。

五、技能成绩评定

技能成绩评定如表 6-3 所示。

表 6-3　技能成绩评定

考核项目		评价方式	说明
技能成绩	出勤情况(10%)	小组互评,教师参评	作业完成方式分辅助完成、独立完成、独立完成并进行辅导;学习态度分拖拉、认真、积极主动
	学习态度(10%)	小组互评,教师参评	
	作业速度(20%)	教师主评,小组参评	
	作业质量(60%)	教师主评,小组参评	

六、学习综合考核

学习综合考核如表 6-4 所示。

表 6-4　学习综合考核

项目	教学目标	学习目标	学习活动
60%	专业能力	技能目标	课堂活动
25%	社会能力	知识目标	课后活动
15%	方法能力	素质目标	课前活动

学习任务三　大样图的 AutoCAD 绘制技巧与技能实训

教学目标

1. 专业能力

（1）能够掌握大样图的绘制技巧和步骤，提高学生的动手能力等。

（2）能通过绘制大样图的技巧训练，掌握大样图的内部结构形式、分层情况及各部分的联系等。

2. 社会能力

（1）收集更多高难度的大样图的案例，通过参观项目施工现场、网上收集资料等，了解大样图的现场做法。

（2）提高学生的审美能力及表现能力，使学生满足装饰设计行业和社会的发展需要。

3. 方法能力

信息和资料收集能力，大样图的内部结构分析能力和绘制的表现能力。

学习目标

1. 知识目标

掌握大样图的内部构造和技术措施。

2. 技能目标

能够将剖面图中的图进行分解绘制；能够绘制出更详细的大样图，内部构造准确，线条流畅清晰。

3. 素质目标

能掌握大样图的绘制规范、通过绘制大样图能清晰表述构造和材料，具备较好的表达能力。

教学建议

1. 教师活动

（1）教师在一体化教室中采用多媒体教学，结合实物教具、操作示范进行授课。充分利用先进的教学手段、创新的教学方法进行教学；同时，运用多媒体课件、教学视频等多种教学手段，讲授剖面图的学习要点，指导学生在课堂进行绘制练习。

（2）在教学过程中，讲解大样图的内部结构形式、基层的构件材料名称，让学生有一定的认识。鼓励学生多去施工现场、网上收集资料，引导学生积极学习和主动学习，培养专业综合能力。

2. 学生活动

（1）学生根据教师的讲授与示范，练习如何绘制大样图。

（2）提升兴趣，积极回答课堂提问，积极参与，主动学习，突出学以致用，充分体现以学生为中心。

一、学习问题导入

施工大样图是施工图的一种,是个别特别部位的放大图和详细图纸。由于平立剖面图的绘图比例较小,而反映的内容范围却很广,因而建筑物很多细部结构很难清晰地表示出来。为满足施工要求,常对楼梯、墙身、门窗及阳台等局部结构,采用较大的比例详细绘制图形才能表达清楚,是对室内平面图、立面图、剖面图很好的补充。通过学习大样图以及选择有代表性的天花吊顶大样图的绘制实训,掌握大样图的表现方法和绘制技巧,可增强对这部分知识的牢固掌握和灵活运用。

知识点一:相关概念

(1)局部大样图,主要表现物体的具体构造,对图纸细部更具体地描述,更细化平立面图所无法表达的效果,使施工人员对构件的内部构造看得更仔细。

(2)平面图、立面图、剖面图节点大样图具有比例大、图示清楚、尺寸标注详尽、文字说明全面的特点。

(3)大样图所用的比例视图形自身的繁简程度而定,一般采用1∶1,1∶2,1∶5,1∶10,1∶20,1∶25、1∶30、1∶50等。

(4)大样图装修轮廓线为粗实线,材料或内部形体外轮廓线为中实线,材质填充为细实线。

(5)节点大样图尺寸标注与文字标注应尽量详尽。

知识点二:详图分类

(1)表示局部构造的详图,如外墙身详图、楼梯详图、阳台详图等。

(2)表示房屋设备的详图,如卫生间、厨房、实验室内设备的位置及构造等。

(3)表示房屋特殊装修部位的详图,如吊顶、花饰等。

(4)建筑构件大样图,如门窗和门窗套装饰构造大样图等三类大样图。

知识点三:以绘制 B-01 客厅天花吊顶大样图为示范,学习大样图绘制方法和步骤

步骤一:在绘制客厅天花吊顶大样图之前,先将客厅电视背景墙立面图插入,用于指示被剖大样图所在的位置,便于看图时查找有关的图纸,如图 6-27 所示。

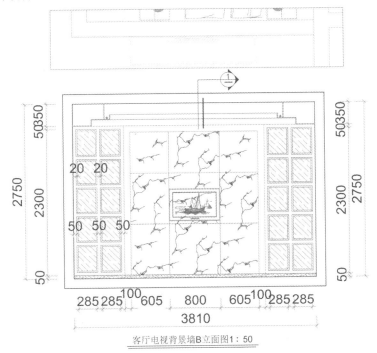

客厅电视背景墙B立面图1∶50

图 6-27　插入客厅电视背景墙立面图

步骤二：在绘制客厅天花吊顶剖面图前，应在立面所需剖切位置画上剖面索引符号（剖面索引符号以数字命名，符号中的分母表示该剖面图所在页数，当分母为"一"时表示该剖面图在本页；分子表示该剖面图编号），如图6-28所示。

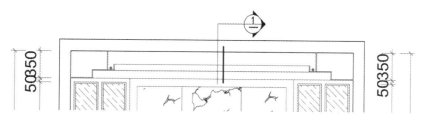

图6-28 整理好客厅吊顶图

步骤三：在绘制客厅天花吊顶大样图前，应在剖面图所需绘制大样图的地方用【矩形】REC命令，表示要继续绘制更详细的大样图，如图6-29所示。

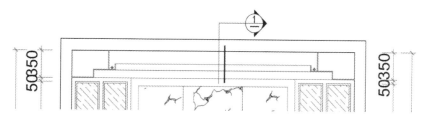

图6-29 整理好天花吊顶的剖面图

步骤四：绘制客厅天花吊顶大样图，在CAD布局页面，已调整A3图框，用【视口】MV命令，按照图纸比例需求，用【Z＋空格键，输入S，再输入比例因子1/1xp】命令，根据实际情况进行缩放，如图6-30所示。

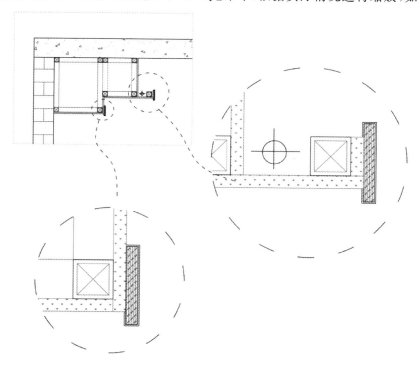

图6-30 按比例缩放大样图

步骤五：对客厅天花吊顶大样图进行尺寸标注，用【线性标注】DLI、【连续标注】DCO命令，对天花吊顶剖面图进行标注，如图6-31所示。

步骤六：对客厅电视背景墙天花吊顶大样图材料进行文字说明，用【引线】LE、【输入文字】T命令，对天花吊顶大样图材料进行文字说明，如图6-32所示。

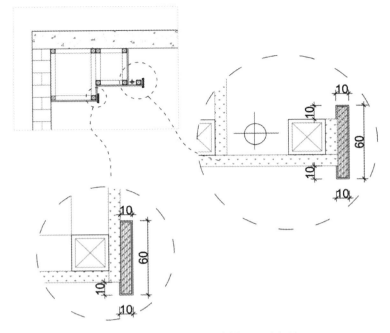

图 6-31　绘制天花吊顶大样图尺寸标注

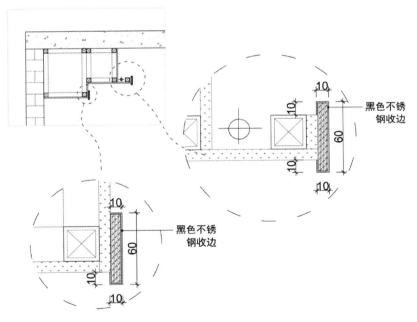

黑色不锈
钢收边

黑色不锈
钢收边

图 6-32　绘制天花吊顶材料说明

步骤七：对客厅电视背景墙天花吊顶剖面图图名标注，用【输入文字】T、【多线】PL 命令，绘制图名标注，天花吊顶剖面图 1，立面图 1∶5，如图 6-33 所示。

二、学习任务小结

通过本次课的学习，同学们已经初步理解和掌握大样图绘制的相关知识，大样图是展示内部结构的图例，设计人员通过剖面图表达设计思想和意图，使识图者能够直观了解施工的概况或局部的详细做法以及材料的使用。同学们通过学习了解，有利于牢固掌握和灵活运用这部分知识，更好地掌握绘制大样图的表现方法和技巧，望同学们在课后多练习，加强对立面空间与内部结构的理解。

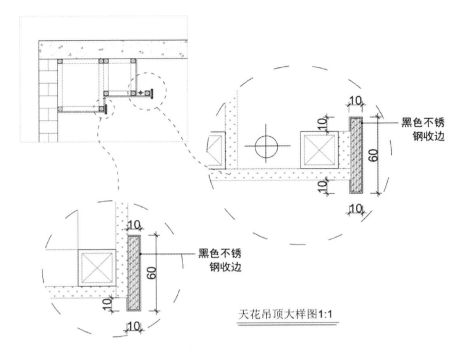

天花吊顶大样图1:1

图 6-33　天花吊顶大样图图名标注

三、课后作业

（1）收集优秀的大样图制作成 PPT，下次课挑选 6 名同学进行讲解，让同学们了解剖面图的绘制知识要点。

（2）绘制 5 张关于家装的大样图，幅面大小 A3 纸。

四、技能成绩评定

技能成绩评定如表 6-5 所示。

表 6-5　技能成绩评定

考核项目		评价方式	说明
技能成绩	出勤情况（10％）	小组互评，教师参评	作业完成方式分辅助完成、独立完成、独立完成并进行辅导；学习态度分拖拉、认真、积极主动
	学习态度（10％）	小组互评，教师参评	
	作业速度（20％）	教师主评，小组参评	
	作业质量（60％）	教师主评，小组参评	

五、学习综合考核

学习综合考核如表 6-6 所示。

表 6-6　学习综合考核

项目	教学目标	学习目标	学习活动
60％	专业能力	技能目标	课堂活动
25％	社会能力	知识目标	课后活动
15％	方法能力	素质目标	课前活动

项目七　公共空间图形的 AutoCAD 绘制技巧与技能实训

学习任务一　公共空间办公室平面图绘制与技巧

学习任务二　公共空间办公室地面材质图绘制与技巧

学习任务三　公共空间办公室天花布置图绘制与技巧

学习任务四　公共空间办公室立面图绘制与技巧

学习任务五　公共空间剖面图绘制与技巧

学习任务一　公共空间办公室平面图绘制与技巧

教学目标

（1）专业能力：能用多种方式调用图层特性管理器、多线编辑工具、倒角等绘图命令；能熟练掌握图层特性管理器、多线编辑工具、倒角等绘图命令的绘制方法和技巧，并针对性地进行室内图形绘制技能实训。

（2）社会能力：能提高图纸绘制能力、尺寸分析能力和方法选择能力；养成细致认真严谨的绘图习惯；能提高自我学习、语言表达、空间想象和创新能力；能尝试多种绘制方法，并选择最快的绘制方式，加快图形绘制速度，提高绘图质量。

（3）方法能力：主动学习，多做笔记，多问多思，勤于实践。

学习目标

（1）知识目标：图层特性管理器、多线编辑工具、倒角等命令的调用方式、绘制方法和绘制技巧。

（2）技能目标：图层特性管理器、多线编辑工具、倒角等命令在室内设计中的技能实训。

（3）素质目标：启发创意、一丝不苟、细致观察、自主学习、举一反三。

教学建议

1. 教师活动

（1）备自己：热爱学生、知识丰富、技能精湛。

（2）备学生：课件精美、示范步骤清晰。

（3）备课堂：讲解有条理、重难点突出、因材施教。

（4）备专业：根据室内设计专业的要求，教授知识点，示范操作步骤。

2. 学生活动

（1）课前活动：看书、看课件、看视频、记录问题，重视预习。

（2）课堂活动：听讲、看课件、看视频、解决问题，反复实践。

（3）课后活动：总结，做笔记、写步骤、举一反三。

（4）专业活动：加强图层特性管理器、多线编辑工具、倒角在室内设计专业中的技能实训。

一、学习问题导入

公共空间是指人们在公共场所活动的空间。公共空间设计首先要解决功能分区的合理性问题,其次要设计好交通流线,特别是按照消防规范设置好消防通道。公共空间的各种设备设施配备应齐全合理,并在摆设、安装和供电等方面做到安全可靠,方便实用,便于保养。公共空间设计既要考虑到造型、材料、色彩、质感等装饰要素,也需要考虑天花空调的安装位置、消防的喷淋以及烟雾传感器位置、使用的电线是否能承受电器使用的电量等工程实施要素。运用绘图工具绘制公共空间,主要用到的命令包括直线、构造线、多线,圆弧、圆、圆环、椭圆、样条曲线,正多边形、矩形、图案填充、点、块、文字、多段线等。

本次学习任务运用绘图工具制作公共空间平面布置图,主要学习公共空间的平面布置图的绘制。每个命令的知识回顾与技能讲解,按"命令执行方式"、"绘制方法指导"、"绘制技能实训"、"专业综合实训案例"的顺序,用任务驱动法和项目案例法,充分发挥学生自主学习的主动性,螺旋上升式展开学习。

二、知识讲解与技能实训

知识点:图层特性管理器、多线编辑工具、倒角、直线、偏移

1. 命令执行方式

(1)菜单栏:在工具栏中点击图层特性管理器。

(2)在弹出对话框中点击新建图层选项,新建轴线、墙体、门及窗、家具等图层,并设置图层颜色为轴线为 1 号红色,墙体为 4 号青色,门及窗户为 1 号红色、家具为 2 号黄色,如图 7-1 所示。

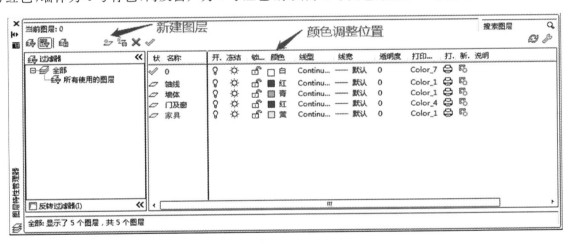

图 7-1　新建图层参数设置

2. 绘制方法指导

(1)将墙体图层设置为当前图层。命令行输入 L 或 LINE ➤绘制墙体直线➤命令行输入 O 或OFFSET ➤【直线】和【偏移】命令,绘制办公室平面图轴线。如图 7-2 所示。

(2)将墙体图层设置为当前图层,点击菜单栏格式,点击多线样式选项,打开【多线样式】对话框,选择"新建"按钮,打开"创建新的多段线样式"对话框,在新样式名后面输入墙体,点击继续按钮。如图 7-3、图 7-4、图 7-5 所示。

(3)打开新建多线样式对话框,从中设置多线的属性,点击确定按钮返回上一对话框,依次点击置为当前和确定按钮完成创建。如图 7-6 所示。

(4)在命令行中输入 ML 命令,根据命令行提示,选择对正选项,然后选择"无",接着选择"比例"选项,设置比例值为 120,进行多线的绘制。如图 7-7 所示。

(5)点击【修改】➤【对象】➤【多线】命令,打开多线编辑工具对话框,点击 T 形合并按钮,进行多线的修改。如图 7-8 所示。

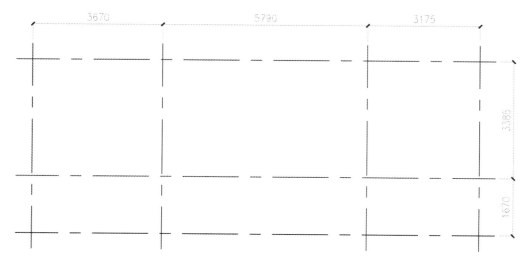

3670
5790
3175
3385
1670

图 7-2　绘制办公室平面图轴线

AutoCAD 2013
文件(F)
编辑(E)
视图(V)
插入(I)
格式(O)
工具(T)
绘图(D)
标注(N)
修改(M)
参数(P)
窗口(W)
帮助(H)
YQ DIM
DIM-100

图 7-3　步骤一

多线样式
当前多线样式：STANDARD
样式(S)：
STANDARD
置为当前(U)
新建(N)...
单击新建
修改(M)...
重命名(R)
删除(D)
说明：
加载(L)...
保存(A)...
预览：STANDARD
确定
取消
帮助(H)

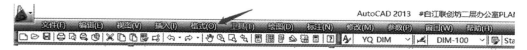

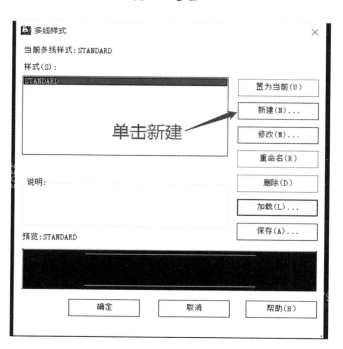

图 7-4　步骤二

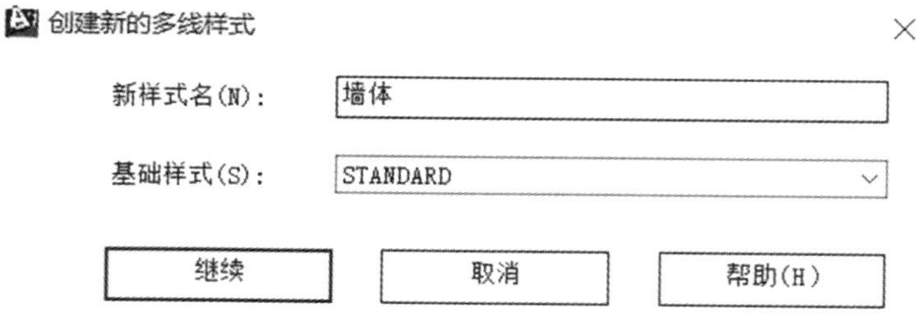

创建新的多线样式
新样式名(N)：
墙体
基础样式(S)：
STANDARD
继续
取消
帮助(H)

图 7-5　步骤三

新建多线样式:墙体 ×

说明(P)：[   ]

封口

	起点	端点
直线(L)：	☑	☑
外弧(O)：	☐	☐
内弧(R)：	☐	☐
角度(N)：	90.00	90.00

填充

填充颜色(F)：▦ 颜色 8 ⌄

显示连接(J)：☐

图元(E)

偏移	颜色	线型
120	BYLAYER	ByLayer
-120	黄	ByLayer

[添加(A)] [删除(D)]

偏移(S)：[-120.000]

颜色(C)：[☐ 黄 ⌄]

线型：[线型(Y)...]

[确定] [取消] [帮助(H)]

图 7-6 设置多线属性

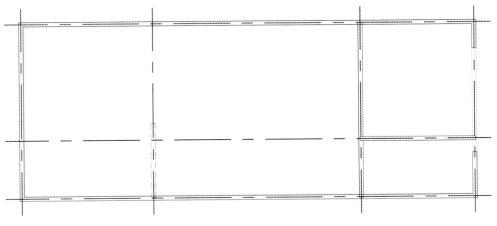

图 7-7 创建多线墙体

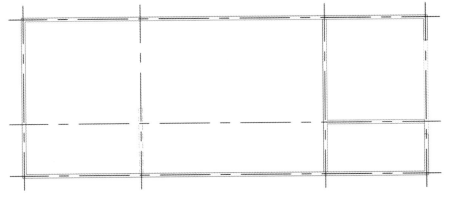

图 7-8 编辑多线墙体

（6）在绘制墙体时注意墙体的垂直与平衡，当墙体连接位置可以运用【倒角】命令（快捷键 F），半径设置为 0，然后点击两条墙体的直线进行连接。

（7）关闭轴线图层。点击【直线】和【修剪】命令，绘制门洞。如图 7-9 所示。

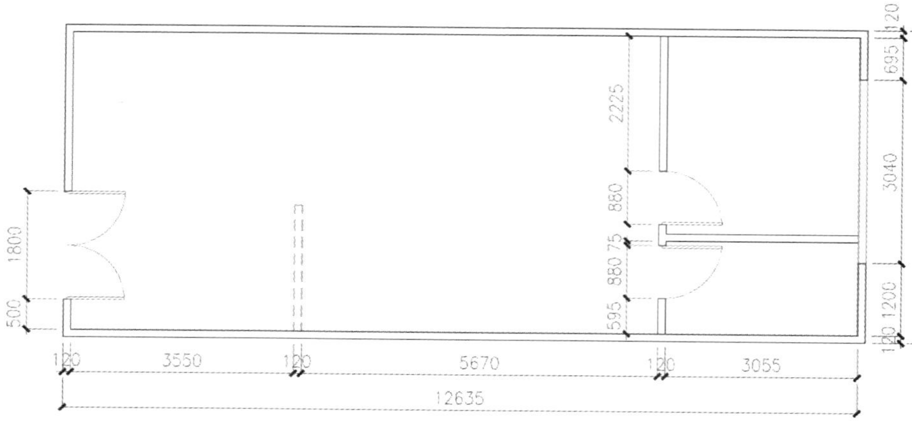

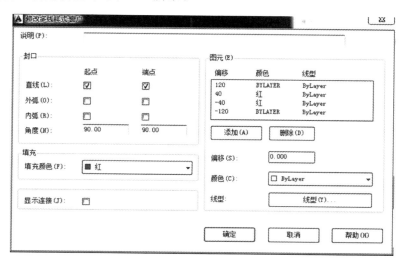

图7-9 绘制双开门与单开门

（8）点击【格式】▶【多线样式】命令，新建窗户多线样式，并设置该多线属性，点击确定按钮返回上一对话框，依次设置为当前和确定按钮，如图7-10所示。

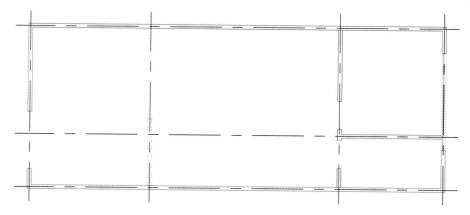

图7-10 新建窗户多线样式

（9）打开轴线图层。在命令行中输入ML命令，在适合的位置绘制窗户图形，如图7-11所示。

![绘制窗户多线样式]

图7-11 绘制窗户多线样式

（10）关闭轴线图层。点击【工具】▶【选项板】▶【工具选项板】命令，打开选项板，从中选择建筑中的"门-公制"选项，设置旋转角度为90°，绘制出门图形。如图7-12所示。

（11）点击文件打开，选择需要的家具图库文件。如图7-13所示。

图 7-12　绘制完成门和窗的效果

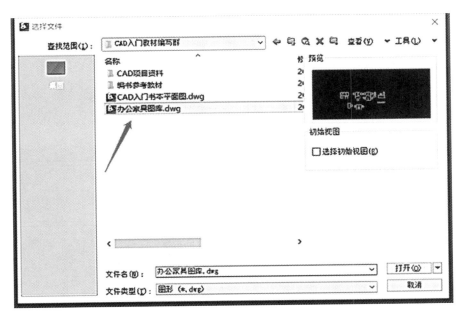

图 7-13　选择办公家具文件

（12）打开办公家具文件后选取需要的家具图形，复制到办公平面图的界面，按 Ctrl＋V 键粘贴至制作中的图纸上。如图 7-14 所示。

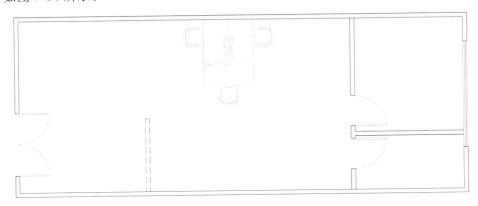

图 7-14　放置办公家具

（13）点击当前命令，分别放置沙发组、前台桌子、办公桌椅。如图 7-15 所示。

（14）点击【矩形】、【直线】等命令，绘制长度为 1500 mm、宽度为 350 mm 的矩形文件柜，长度为 3055mm、宽度为 500 mm 矩形储存柜，如图 7-16 所示。

（15）将标注图层设置为当前图层，点击"格式➤文字样式"命令，打开文字样式对话框。如图 7-17 所示。

图 7-15 办公室家具布置

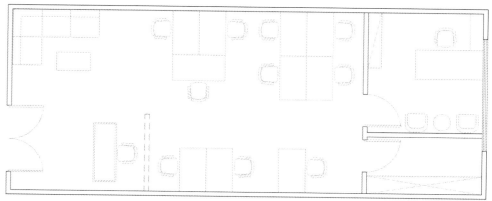

图 7-16 办公室文件柜布置

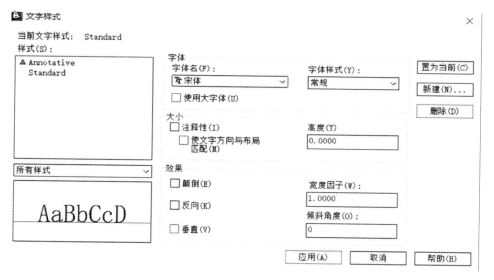

图 7-17 "文字样式"对话框

（16）点击新建按钮，打开新建文字样式对话框，设置样式名为"文字注释"。如图 7-18 所示。

（17）点击确定按钮，返回文字样式对话框，设置字体名和文字高度为 300。如图 7-19 所示。

（18）依次点击应用➤设置为当前➤关闭按钮，关闭对话框，在命令行中输入 T 命令，点击【多行文字】命令，对平面图添加文字注释。如图 7-20 所示。

（19）点击【标注样式】命令，打开标注样式管理器对话框。如图 7-21 所示。

（20）点击新建按钮，打开创建新标注样式对话框，并输入新样式名字。如图 7-22 所示。

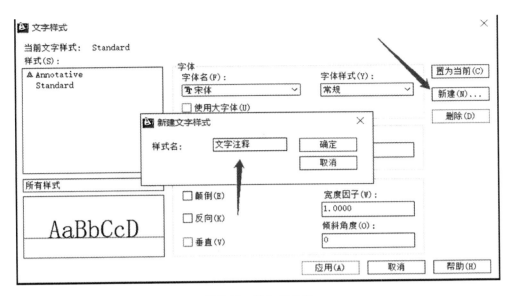

图 7-18 输入样式名

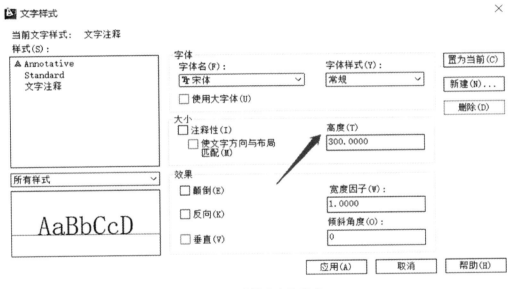

图 7-19 设置字名和高度

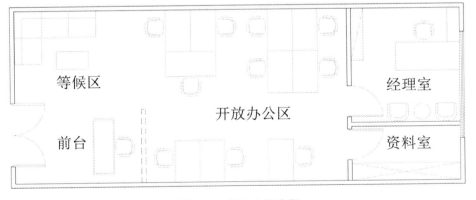

图 7-20 添加文字注释

(21) 点击继续按钮,打开"新建标注样式:尺寸标注"对话框,在【线】选项卡中设置超出尺寸线为 50。如图 7-23 所示。

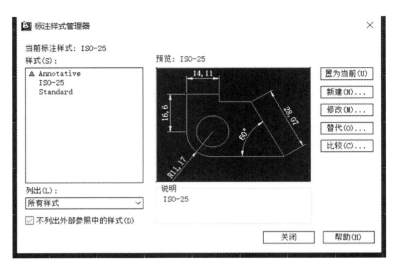

图 7-21　打开"标注样式管理器"对话框

图 7-22　输入新样式名字

（22）在【符号和箭头】选项中设置箭头样式和箭头大小。如图 7-24 所示。

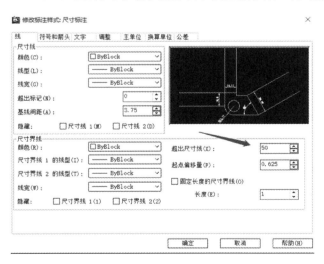

图 7-23　设置超出尺寸线数值

图 7-24　设置箭头样式

（23）在文字选项卡中设置文字高度为 200，在下方文字位置项目栏中把【从尺寸线偏移】设置为 30，以区分标注的文字与尺寸线。如图 7-25 所示。

（24）在主单位选项卡中设置精度为 0。如图 7-26 所示。

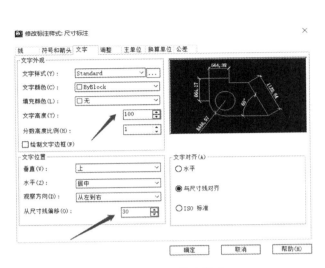

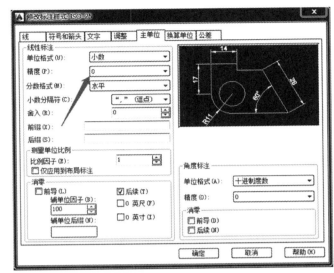

图 7-25　设置箭头样式　　　　　　　　　图 7-26　设置主单位精度

（25）点击确认按钮，返回标注样式管理器对话框，点击设置为当前按钮，关闭对话框。如图 7-27 所示。

图 7-27　将新建样式设置为当前

（26）在命令行中输入 DLI 命令，点击【线性】命令，输入 DCO 命令，点击【连续标注】命令，对平面图添加尺寸标注。如图 7-28 所示。

三、学习总结

本次任务主要学习了图层特性管理器、多线编辑工具、倒角等命令的调用方式、绘制方法和绘制技巧，进行图层特性管理器、多线编辑工具、倒角等命令等技能实训。通过学习，希望同学们能养成一丝不苟和严谨认真的学习习惯，并能举一反三地进行室内图形的绘制实训练习。

四、作业布置

（1）独立完成办公室的平面图布置绘制 1 幅。

（2）完成办公室家具的绘制实训 2 幅。

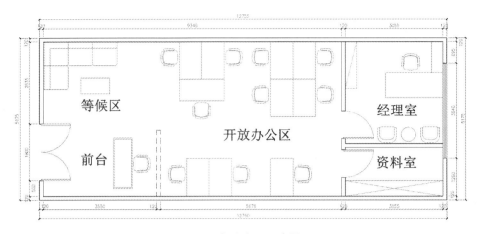

图 7-28　办公室平面布置图

五、技能成绩评定

技能成绩评定如表 7-1 所示。

表 7-1　技能成绩评定

考核项目		评价方式	说明
技能成绩	出勤情况（10%）	小组互评，教师参评	作业完成方式分辅助完成、独立完成、独立完成并进行辅导；学习态度分拖拉、认真、积极主动
	学习态度（10%）	小组互评，教师参评	
	作业速度（20%）	教师主评，小组参评	
	作业质量（60%）	教师主评，小组参评	

六、学习综合考核

学习综合考核如表 7-2 所示。

表 7-2　学习综合考核

项目	教学目标	学习目标	学习活动
60%	专业能力	技能目标	课堂活动
25%	社会能力	知识目标	课后活动
15%	方法能力	素质目标	课前活动

学习任务二　公共空间办公室地面材质图绘制与技巧

教学目标

(1) 专业能力：能用多种方式调用图案填充、多行文字、复制等绘图命令；能熟练掌握图案填充、多行文字、复制等绘图命令的绘制方法，进行室内图形绘制技能实训。

(2) 社会能力：能提高图纸绘制能力，养成严谨认真的绘图习惯。

(3) 方法能力：主动学习、理论与实际操作结合、反复练习。

学习目标

(1) 知识目标：图案填充、多行文字、复制等命令的调用方式、绘制方法和绘制技巧。

(2) 技能目标：图案填充、多行文字、复制等命令的技能实训。

(3) 素质目标：严谨细致、一丝不苟、自主学习、举一反三。

教学建议

1. 教师活动

(1) 备自己：热爱学生，知识丰富，技能精湛。

(2) 备学生：理论讲解清晰，示范步骤明确。

(3) 备课堂：讲解清晰，重点突出，因材施教。

(4) 备专业：结合室内设计专业的具体要求进行技能实训。

2. 学生活动

(1) 课前活动：看书，看视频，提前预习。

(2) 课堂活动：听讲，看示范，反复实践。

(3) 课后活动：总结归纳，举一反三。

(4) 专业活动：加强图案填充、多行文字、复制在地面材质图纸设计中的技能实训。

一、学习问题导入

办公室地面常用材料有地砖、木地板、地坪漆、地毯、地板胶等。地砖常用规格为 600×600(mm)、800×800(mm)和 1000×1000(mm)。木地板的宽度尺寸为 $120\sim200$ mm。本次学习任务运用绘图工具绘制公共空间地面材质图,主要学习图案填充、多行文字、复制等绘图命令的绘制方法,用任务驱动法和项目实训法训练学生的绘图能力。

二、知识讲解与技能实训

图层特性管理器、图案填充、多行文字、复制绘制方法如下。

（1）点击【复制】命令,将办公室平面布置图复制一份,再点击【直线】命令,封闭空间。如图 7-29 所示。

图 7-29　删除区域文字与办公家具

（2）按 Delete 键,将其中的区域文字与办公家具等内容删除,再点击【直线】命令,封闭空间绘制一个门洞的效果。如图 7-30 所示。

图 7-30　删除各空间门及绘制门洞

（3）点击【图案填充】命令,对前台、等候区、开放办公室进行图案填充,在类型选项中选择"用户定义",把下方的角度勾选"双向",间距设置为 600 mm,然后在边界选项中选择【添加:拾取点】,选取需要填充的区域。如图 7-31 所示。

（4）点击边界选项中选择【添加:拾取点】,选取需要填充前台、等候区、开放式办公区地面的最终效果。如图 7-32 所示。

（5）点击【图案填充】命令,选择图案 DOLMIT,设置填充比例为 20、角度为 90°。如图 7-33 所示。

（6）点击边界选项中选择【添加:拾取点】,选取需要填充经理室办公区地面的最终效果。如图 7-34 所示。

（7）点击【图案填充】命令,对资料室进行图案填充,在类型选项中选择"用户定义",下方的角度勾选"双

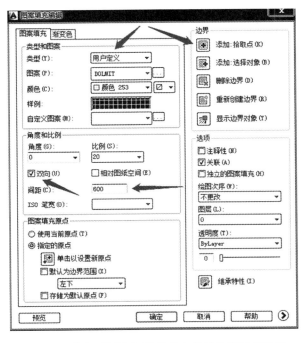

图 7-31　前台、等候区、开放式办公区地面数据设置

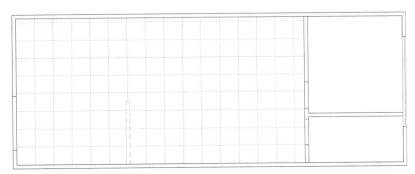

图 7-32　前台、等候区、开放式办公区地面填充效果

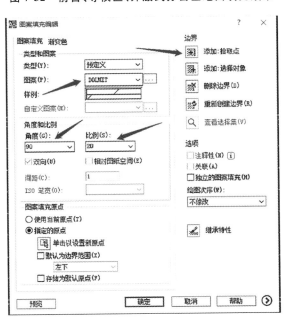

图 7-33　填充经理室办公区地面数据设置

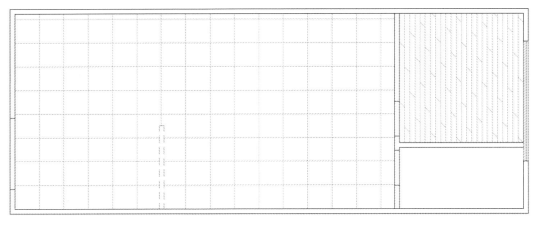

图 7-34 填充经理室办公区地面填充效果

向",间距设置为 600 mm,下方图案填充原点选项中在默认为边界范围中设置:左上,然后在边界选项中选择【添加:拾取点】,选取需要填充的区域。如图 7-35 所示。

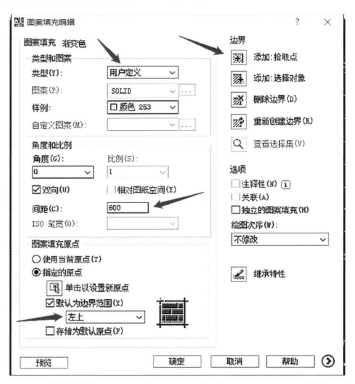

图 7-35 填充资料室办公区地面数据设置

（8）点击边界选项中选择【添加:拾取点】,选取需要填充资料室办公区地面的最终效果。如图 7-36 所示。

（9）点击【多行文字】命令,点击"背景遮罩"按钮,在打开的对话框中,设置边界偏移量,填充颜色为白色。如图 7-37～图 7-38 所示。

（10）设置完成后点击确定按钮,对地面材质进行文字说明。如图 7-39 所示。

（11）点击【复制】命令,将文字注释复制到其他合适的位置,双击文字进行文字内容的修改,完成地面材质图的绘制。如图 7-40 所示。

（12）在命令行中输入 DLI 命令,点击【线性】命令和 DCO 命令,点击【连续标注】命令,对地面材质图添加尺寸标注。如图 7-41 所示。

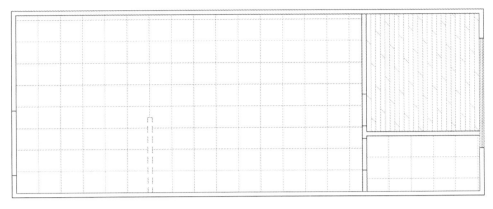

图 7-36　填充资料室办公区地面填充效果

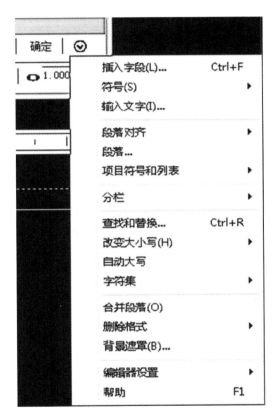

图 7-37　步骤一

图 7-38　步骤二:设置背景参数

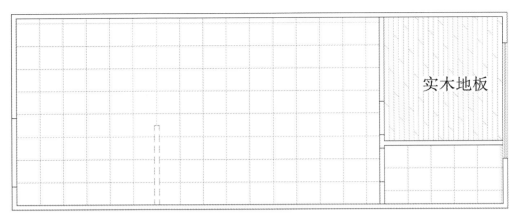

图 7-39　地面材质文字说明

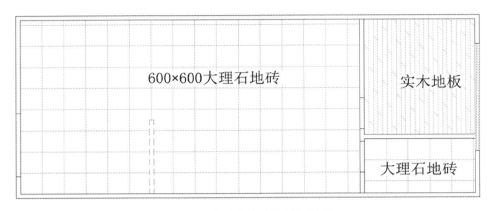

图 7-40　标注每个空间地面材质

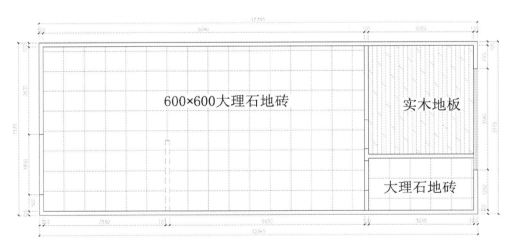

图 7-41　标注地面材质图尺寸

三、学习总结

本次任务主要学习了图案填充、多行文字、复制、图层特性管理器、多线编辑工具、倒角等命令的调用方式、绘制方法和绘制技巧,进行了图案填充、多行文字、复制、图层特性管理器、多线编辑工具、倒角等技能实训。通过本次学习,希望同学们能养成严谨细致的绘图习惯,归纳和总结出室内图形绘制的技巧。

四、作业布置

（1）完成办公室地面材质图绘制 1 幅。

（2）完成办公室地面材质名称标注 1 幅。

五、技能成绩评定

技能成绩评定如表 7-3 所示。

表 7-3 技能成绩评定

考核项目		评价方式	说明
技能成绩	出勤情况（10%）	小组互评，教师参评	作业完成方式分辅助完成、独立完成、独立完成并进行辅导；学习态度分拖拉、认真、积极主动
	学习态度（10%）	小组互评，教师参评	
	作业速度（20%）	教师主评，小组参评	
	作业质量（60%）	教师主评，小组参评	

六、学习综合考核

学习综合考核如表 7-4 所示。

表 7-4 学习综合考核

项目	教学目标	学习目标	学习活动
60%	专业能力	技能目标	课堂活动
25%	社会能力	知识目标	课后活动
15%	方法能力	素质目标	课前活动

项目
七

公共空间图形的 AutoCAD 绘制技巧与技能实训

学习任务三　公共空间办公室天花布置图绘制与技巧

教学目标

（1）专业能力：能用多种方式调用矩形、偏移、复制等绘图命令；能熟练掌握矩形、偏移、复制等命令的绘制方法，并有针对性地进行室内图形绘制技能实训。

（2）社会能力：能提高图纸绘制能力、尺寸分析能力和方法选择能力，养成细致认真严谨的绘图习惯。

（3）方法能力：能多看课件和视频，认真听讲和做笔记，具备自主学习能力；勤动手，反复实践和练习。

学习目标

（1）知识目标：掌握矩形、偏移、复制等命令的调用方式、绘制方法和绘制技巧。

（2）技能目标：矩形、偏移、复制等命令的技能实训。

（3）素质目标：创新创意、严谨细致、自主学习、举一反三。

教学建议

1. 教师活动

（1）备自己：关爱学生，知识丰富，技能精湛。

（2）备学生：备课认真，课件精美，示范清晰。

（3）备课堂：讲解细致，条理清晰，重点突出，因材施教。

（4）备专业：结合室内设计专业的具体要求进行技能实训。

2. 学生活动

（1）课前活动：看书，看课件，看视频，记录问题，重视预习。

（2）课堂活动：听讲，看课件，看视频，解决问题，反复实践。

（3）课后活动：总结，做笔记、写步骤、举一反三。

（4）专业活动：加强图案填充、多行文字、复制在地面材质图纸设计方案与室内设计专业中的技能实训。

一、学习问题导入

本次学习任务是绘制办公室天花布置图,绘制时要注意灯槽的高低区别以及材料的运用。天花常用材料包括乳胶漆、石膏板、铝合金、木材、玻璃等。灯槽灯带出光位置的跌级高低不能小于 100 mm。本次学习任务运用绘图工具进行办公室天花布置图绘制,主要涉及的命令有矩形、偏移、复制等。接下来将按照绘制步骤逐一进行讲解。

二、知识讲解与技能实训

复制、矩形、偏移绘制方法如下。

(1)点击【复制】命令,将地面材质图复制一份,并删除填充图案与文字部分,然后点击【矩形】命令,将门洞绘制完整。如图 7-42 所示。

图 7-42　复制图形与删除填充

(2)点击【矩形】和【偏移】命令,绘制办公室天花,将矩形向内依次偏移 400 mm、50 mm。如图 7-43 所示。

图 7-43　偏移天花造型图形

(3)点击【矩形】命令,绘制长为 675mm、宽为 780 mm 的矩形图形,放在图中合适位置。如图 7-44 所示。

(4)点击【偏移】命令,将矩形图形向内偏移 50 mm。如图 7-45 所示。

(5)在命令行中输入 MI 命令,点击【镜像】命令,对矩形图形进行镜面的复制翻转,绘制出天花造型效果。如图 7-46 所示。

(6)点击【偏移】命令,将矩形图形向外偏移 100 mm。如图 7-47 所示。

(7)选择刚绘制的灯槽矩形图形,在特性选项板中将线型设置为 CENTER、比例为 1,在几何图形选项中把全局宽度设置为 15。如图 7-48、图 7-49 所示。

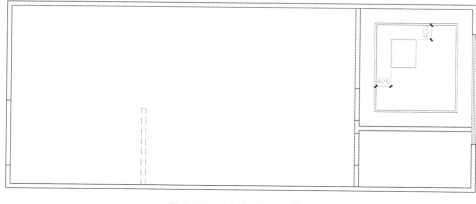

图 7-44　绘制矩形天花造型

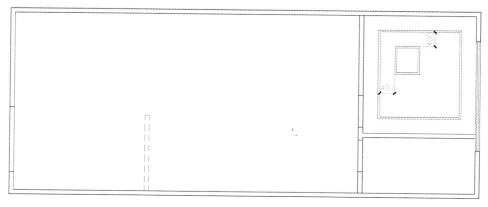

图 7-45　偏移天花矩形造型

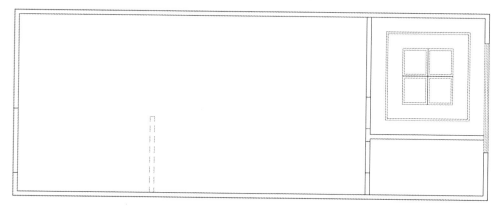

图 7-46　复制矩形天花造型

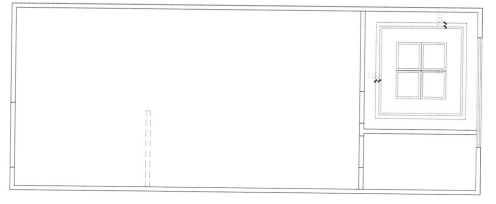

图 7-47　偏移灯槽矩形

多段线	⌄ 🔳 🔾 🗊
常规	▲
颜色	🟥 洋红
图层	0
线型	— · — CENTER
线型比例	1
打印样式	BYCOLOR
线宽	—— ByLayer
透明度	ByLayer
超链接	
厚度	0
三维效果	▲
材质	ByLayer
几何图形	▲
当前顶点	1
顶点 X 坐标	431859.3281
顶点 Y 坐标	-201847.6089
起始线段宽度	15
终止线段宽度	15
全局宽度	15
标高	0
面积	6542575
长度	10240
其他	▲
闭合	是
线型生成	禁用

图 7-48　步骤一

图 7-49　天花灯带参数设置

项目

七

公共空间图形的 AutoCAD 绘制技巧与技能实训

251

（8）点击【打开灯具图库文件】和【复制】命令，将筒灯从图库中复制到天花矩形造型中心位置。如图 7-50所示。

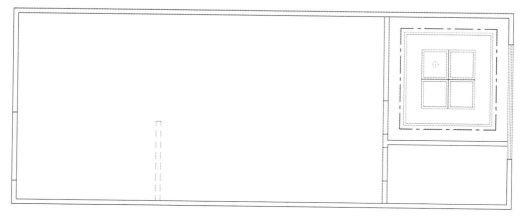

图 7-50　复制灯具模型

（9）点击【复制】命令，将筒灯复制三个到天花矩形造型中心位置。如图 7-51 所示。

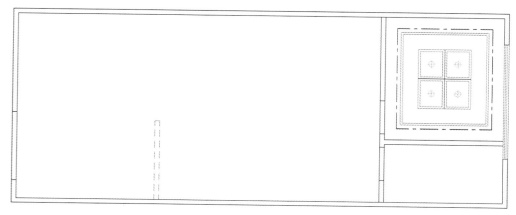

图 7-51　复制灯具模型到矩形造型中

（10）点击【椭圆】命令，绘制长半轴为 1110 mm，短半轴为 1630 mm 的椭圆形，并放在会议室的合适位置。如图 7-52 所示。

图 7-52　绘制天花椭圆造型

（11）点击【偏移】命令，将绘制好的椭圆图形依次向内偏移 50 mm、70 mm、250 mm、50 mm。如图 7-53 所示。

（12）点击【打开灯具图库文件】命令，将艺术灯图形放置在椭圆形的中心位置。如图 7-54 所示。

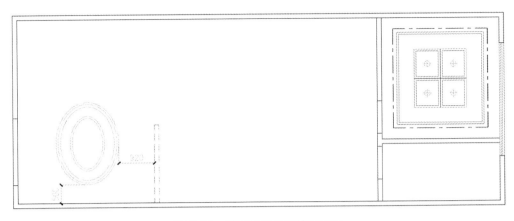

图 7-53　偏移天花椭圆造型图形

图 7-54　复制艺术吊灯图形

（13）点击【矩形】命令，绘制天花日光灯盘尺寸为长度为 1200，高度为 100 的矩形造型，然后将矩形向内偏移 10 mm，中心位置点击【直线】命令，绘制一条直线，线型设置为 CENTER。如图 7-55 所示。

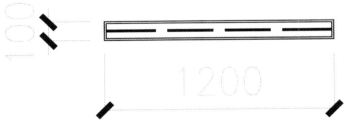

图 7-55　绘制日光灯管

（14）点击【复制】命令，将灯具复制，根据办公桌椅的摆放位置放置日光灯管。如图 7-56 所示。

（15）点击【多重引线样式】命令，打开多重引线样式管理器对话框。如图 7-57 所示。

（16）点击新建按钮，打开创建新多重引线样式管理器对话框，输入新样式名。如图 7-58 所示。

（17）点击继续按钮，打开"修改多重引线样式：引线标注"对话框，在"引线格式"选项卡中设置箭头符号和大小。如图 7-59 所示。

（18）在内容选项卡中设置文字高度。如图 7-60 所示。

（19）依次点击确定、置为当前按钮，关闭对话框，点击【线型】、【连续】标注命令，对图形进行尺寸标注。如图 7-61 所示。

（20）在命令行中输入 L 命令，点击【直线】命令，绘制一个长度为 300 mm、高度为 150 mm 的等边三角形，在三角形的末端绘制一条长为 600 mm 的直线。如图 7-62 所示。

（21）在图纸上按照适合的区域设置天花标高。如图 7-63 所示。

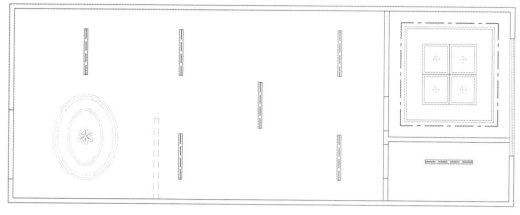

图 7-56　布置办公室灯具

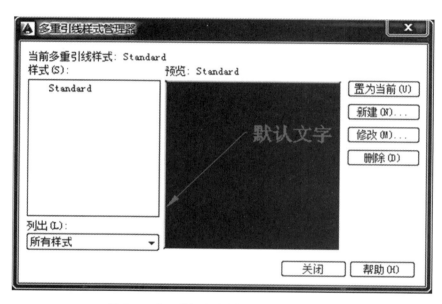

图 7-57　打开"多重引线样式管理器"对话框

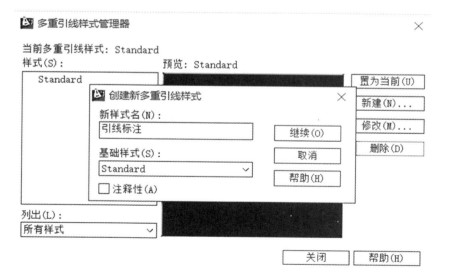

图 7-58　输入新样式名

AutoCAD 绘图快速入门与技能实训

图 7-59 设置箭头参数

图 7-60 设置文字高度

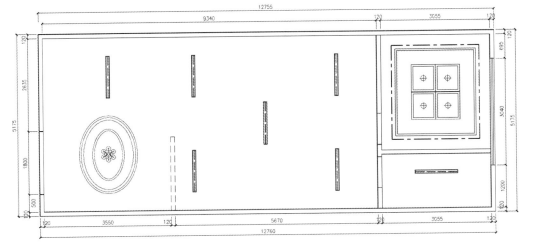

图 7-61 天花尺寸标注

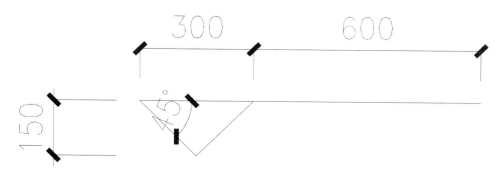

图 7-62 绘制天花标注高度图例

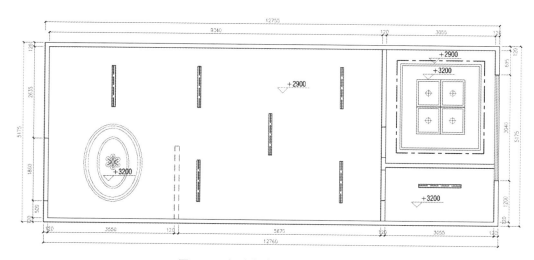

图 7-63 标注每个空间的天花高度

（22）点击【多重引线】命令，为天花添加材料文字说明，最终效果如图 7-64 所示。

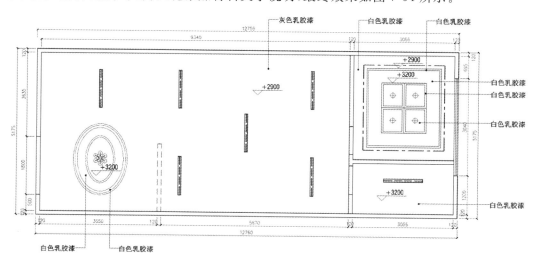

图 7-64 办公室天花布置平面图

三、学习总结

本次任务主要学习了矩形、偏移、复制等命令的调用方式、绘制方法和绘制技巧，并结合办公室天花布置图案例进行了矩形、偏移、复制等相关命令的技能实训。课后，同学们要对这些命令进行反复的练习和实践，提高图形绘制速度。

四、作业布置

（1）绘制 1 幅办公室天花布置图。

（2）完成办公室天花材质标注与造型绘制实训。

五、技能成绩评定

技能成绩评定如表 7-5 所示。

表 7-5　技能成绩评定

考核项目		评价方式	说明
技能成绩	出勤情况（10%）	小组互评，教师参评	作业完成方式分辅助完成、独立完成、独立完成并进行辅导；学习态度分拖拉、认真、积极主动
	学习态度（10%）	小组互评，教师参评	
	作业速度（20%）	教师主评，小组参评	
	作业质量（60%）	教师主评，小组参评	

六、学习综合考核

学习综合考核如表 7-6 所示。

表 7-6　学习综合考核

项目	教学目标	学习目标	学习活动
60%	专业能力	技能目标	课堂活动
25%	社会能力	知识目标	课后活动
15%	方法能力	素质目标	课前活动

学习任务四　公共空间办公室立面图绘制与技巧

教学目标

（1）专业能力：能用多种方式调用块定义、直线、偏移、镜像等绘图命令；能熟练掌握矩形、偏移、复制等命令的绘制方法，并有针对性地进行室内图形绘制技能实训。

（2）社会能力：能提高图纸绘制能力，养成细致严谨的绘图习惯。

（3）方法能力：理论与实践紧密结合，反复练习。

学习目标

（1）知识目标：块定义、直线、偏移、镜像等命令的调用方式、绘制方法和绘制技巧。

（2）技能目标：用块定义、直线、偏移、镜像等命令的技能实训。

（3）素质目标：严谨认真、一丝不苟、自主学习、举一反三。

教学建议

1. 教师活动

（1）备自己：热爱学生，知识丰富，技能精湛。

（2）备学生：课件精美，具有创意，示范到位。

（3）备课堂：讲解清晰、重点突出、因材施教。

（4）备专业：根据室内设计专业的岗位技能要求进行技能实训。

2. 学生活动

（1）课前活动：回顾之前学习的知识点，预习本次任务的知识点。

（2）课堂活动：认真听讲，仔细看示范，反复实践练习。

（3）课后活动：总结归纳、举一反三。

（4）专业活动：加强用块定义、直线、偏移、镜像在室内设计专业中的技能实训。

一、学习问题导入

立面图主要用于表现墙面装饰造型尺寸及装饰材料的使用。本次学习任务以办公室立面图的绘制为实际操作案例,主要运用绘图工具中的块定义、直线、偏移、镜像等命令,分步骤进行办公室立面图绘制训练。

二、知识讲解与技能实训

块定义、直线、偏移、镜像绘制方法如下。

(1)选择整张办公室平面布置图,在命令行中输入 B 命令,点击【块定义】命令,名称输入"平面布置图",点击确定按钮。如图 7-65 所示。

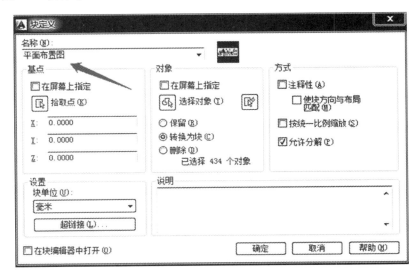

图 7-65 创建平面图块

(2)在命令行中输入 XC 命令,点击【块的裁剪】命令,选择刚才创建的平面图块,在命令行选择新建边界➤选择矩形➤在平面图块上框选需要绘制的空间。如图 7-66 所示。

(3)在命令行中输入 L 命令,点击【直线】命令,在平面图上绘制出辅助线。如图 7-67 所示。

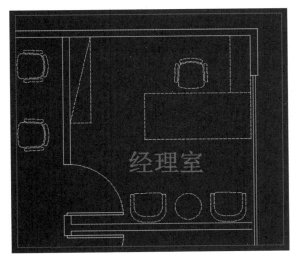

图 7-66 裁剪平面区域

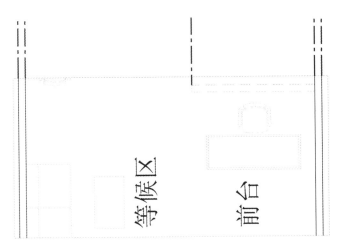

图 7-67 对应平面图的墙面绘制辅助线

(4)点击【直线】和【偏移】命令,绘制墙身与造型轮廓线。如图 7-68 所示。

(5)在命令行中输入 H 命令,点击【图案填充与渐变色】命令,选择图案 SOLID,在边界点击【添加:拾取点】选择绘制出来的墙体进行填充。如图 7-69、图 7-70 所示。

图 7-68　绘制墙体轮廓线

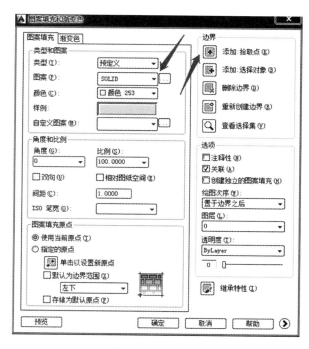

图 7-69　步骤一

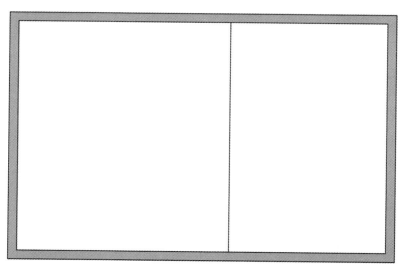

图 7-70　填充墙体参数与最后效果

（6）点击【矩形】命令，绘制长为 800 mm、宽为 180 mm 的矩形图形。如图 7-71 所示。

（7）点击【圆形】命令，绘制半径为 5mm 的圆形。如图 7-72 所示。

（8）在命令行中输入 MI 命令，点击【镜像】命令，镜像复制图形。如图 7-73 所示。

（9）点击【矩形阵列】命令，设置列数为 2，行数为 4，对图形进行阵列操作。如图 7-74 所示。

（10）点击【多段线】命令，绘制多段线。如图 7-75 所示。

（11）点击【移动】和【复制】命令，将多段线放置在台面合适位置，然后向右依次复制。如图 7-76 所示。

（12）点击【镜像】命令，镜像复制多段线。如图 7-77 所示。

（13）绘制台面图形。点击【矩形】命令，绘制 1675×20（mm）和 1675×12（mm）的矩形图形。如图 7-78 所示。

（14）点击【矩形】命令，绘制 20×200（mm）的矩形图形。如图 7-79 所示。

（15）点击【复制】命令，复制矩形并移动至合适位置。如图 7-80 所示。

（16）点击【修剪】命令，修剪删除掉多余的多段线，绘制出台面图形。如图 7-81 所示。

AutoCAD 绘图快速入门与技能实训

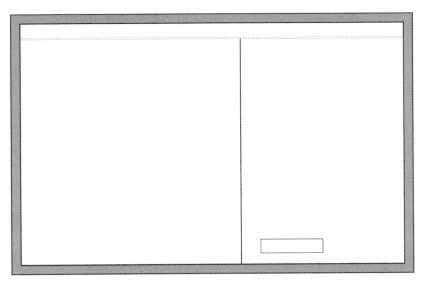

图 7-71　绘制前台矩形造型

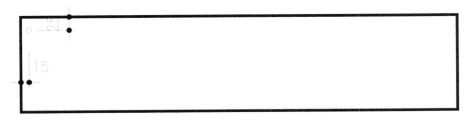

图 7-72　绘制圆形

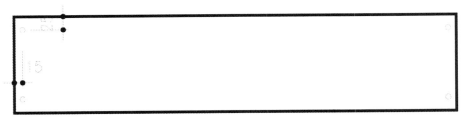

图 7-73　镜像复制图形

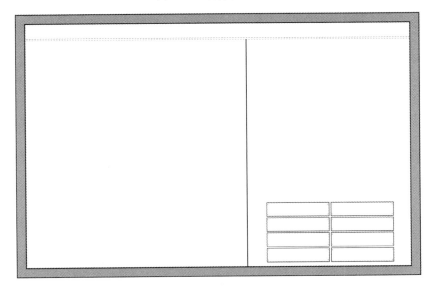

图 7-74　阵列图形

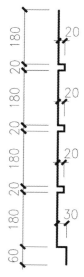

图 7-75　绘制多段线

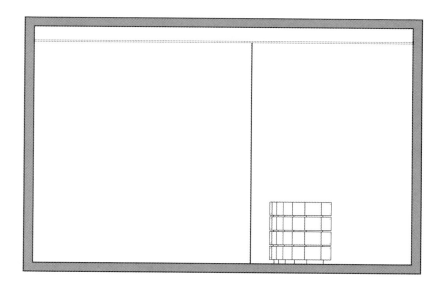

图 7-76　复制多段线

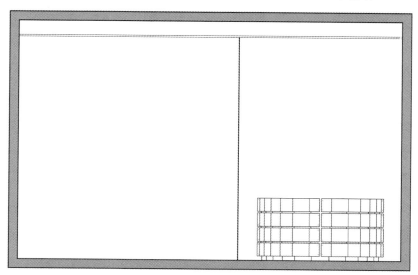

图 7-77　镜像复制多段线

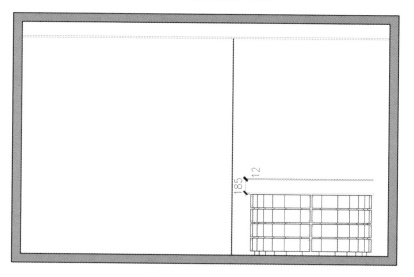

图 7-78　绘制台面矩形

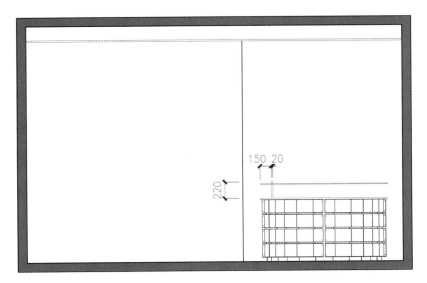

图 7-79　绘制前台台面造型

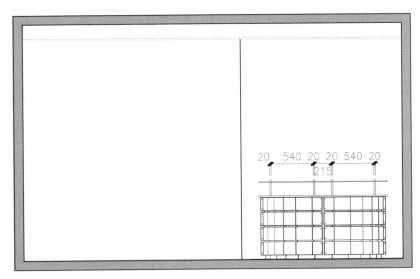

图 7-80　复制造型图形

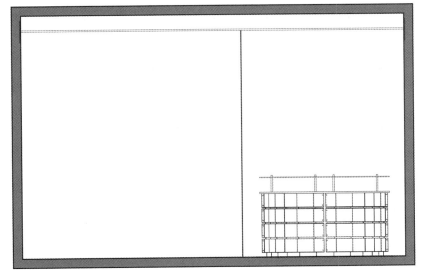

图 7-81　修剪图形

（17）点击【多段线】命令，绘制 500×1300(mm) 的 U 形，放在台面的合适位置。如图 7-82 所示。

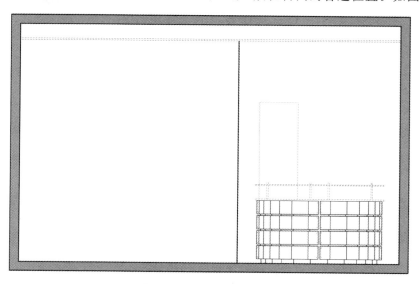

图 7-82　绘制多段线图形

（18）点击【偏移】命令，将多段线向内偏移 20 mm。如图 7-83 所示。

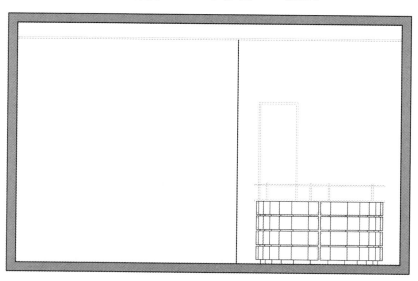

图 7-83　偏移图形

（19）点击【复制】命令，复制多段线图形并移至合适位置。如图 7-84 所示。

（20）点击【修剪】和【图案填充】命令，修剪多余的线段，并设置图案名为 GOST-GLASS、比例为 8，对图形进行图案填充。如图 7-85 所示。

（21）继续点击当前命令，设置图案名"AR-RROOF"，比例为 5，角度为 45°，填充前台图形。如图 7-86 所示。

（22）点击【偏移】命令，从地面往上偏移高度为 2900(作为天花顶棚的最低位置)，再往上偏移 20(作为天花顶棚的材料厚度)。如图 7-87 所示。

（23）点击【多段线】命令，绘制如图 7-88 所示的线，表示通道位置，在通道位置下方放置指引文字。

（24）点击【线型】和【连续】等命令，对立面的墙面造型进行尺寸标注。如图 7-89 所示。

（25）点击【多重引线】命令，对立面图添加文字说明，最终效果如图 7-90 所示。

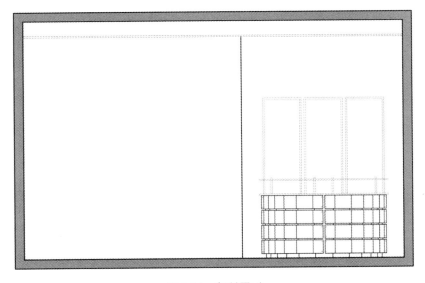

图 7-84　复制图形

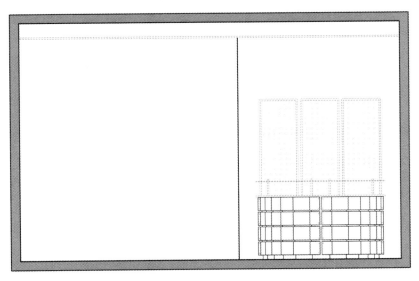

图 7-85　填充图形

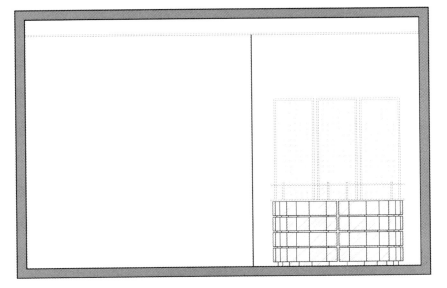

图 7-86　前台造型填充图形

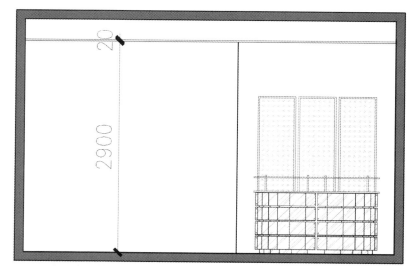

图 7-87　绘制立面天花造型

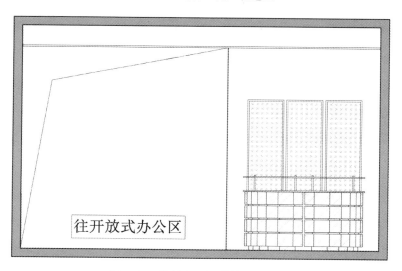

图 7-88　绘制立面通道的表示方法

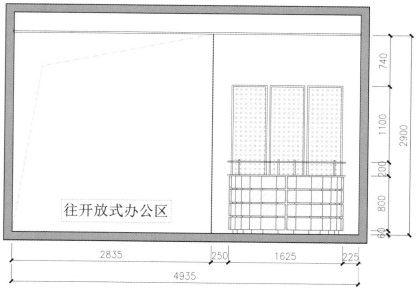

图 7-89　标注立面造型尺寸

AutoCAD 绘图快速入门与技能实训

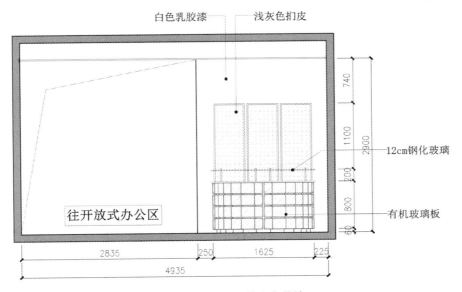

白色乳胶漆　　浅灰色扣皮

往开放式办公区

12cm钢化玻璃

有机玻璃板

740
1100
200
800
60
2900

2835　250　1625　225
4935

图 7-90　办公室前台背景墙

三、学习总结

本次任务主要学习了块定义、直线、偏移、镜像等命令的调用方式、绘制方法和绘制技巧，并结合办公室立面图绘制案例进行了块定义、直线、偏移、镜像等命令的技能实训。课后，同学们要加强练习，熟练掌握立面图的绘制方法和技巧。

四、作业布置

（1）绘制办公室立面图 1 幅。
（2）完成办公室立面造型与标注绘制实训。

五、技能成绩评定

技能成绩评定如表 7-7 所示。

表 7-7　技能成绩评定

考核项目		评价方式	说明
技能成绩	出勤情况（10%）	小组互评，教师参评	作业完成方式分辅助完成、独立完成、独立完成并进行辅导；学习态度分拖拉、认真、积极主动
	学习态度（10%）	小组互评，教师参评	
	作业速度（20%）	教师主评，小组参评	
	作业质量（60%）	教师主评，小组参评	

六、学习综合考核

学习综合考核如表 7-8 所示。

表 7-8　学习综合考核

项目	教学目标	学习目标	学习活动
60%	专业能力	技能目标	课堂活动
25%	社会能力	知识目标	课后活动
15%	方法能力	素质目标	课前活动

学习任务五　公共空间剖面图绘制与技巧

教学目标

（1）专业能力：能用多种方式调用延长、偏移、矩形、线型、连续等绘图命令；能熟练掌握延长、偏移、矩形、线型、连续等命令的绘制方法，并有针对性地进行室内图形绘制技能实训。

（2）社会能力：能提高图纸绘制能力，养成严谨细致的绘图习惯。

（3）方法能力：能多看课件多看视频、能认真倾听多做笔记；能多问多思勤动手；课堂上主动在小组活动承担责任，相互帮助；课后在专业技能上主动多实践。

学习目标

（1）知识目标：延长、偏移、矩形、线型、连续等命令的调用方式、绘制方法和绘制技巧。

（2）技能目标：延长、偏移、矩形、线型、连续等命令的技能实训。

（3）素质目标：启发创意、一丝不苟、细致观察、自主学习、举一反三。

教学建议

1. 教师活动

（1）备自己：热爱学生，知识丰富，技能精湛。

（2）备学生：了解学生，示范清晰，针对性强。

（3）备课堂：讲解清晰，重点突出，因材施教。

（4）备专业：结合室内设计专业的岗位技能要求进行技能实训。

2. 学生活动

（1）课前活动：看书，看课件，看视频，记录问题，重视预习。

（2）课堂活动：听讲，看课件，看视频，解决问题，反复实践。

（3）课后活动：总结，做笔记、写步骤、举一反三。

（4）专业活动：加强延长、偏移、矩形、线型、连续在剖面图纸设计方案与室内设计专业中的技能实训。

一、学习问题导入

本次学习任务以办公空间经理室剖面图绘制为实际操作案例,将技能训练融入其中。主要运用AutoCAD绘图工具中的延长、偏移、矩形、线型、连续等绘图命令,每个命令的知识回顾与技能讲解,按"命令执行方式"、"绘制方法指导"、"绘制技能实训"、"专业综合实训案例"的顺序,分步骤进行讲解和示范。

二、知识讲解与技能实训

延长、偏移、矩形、线型、连续绘制方法如下。

(1)复制经理办公室立面图,将天花与楼板的关系、天花与墙面的关系提取,删除多余的线条。如图7-91、图7-92所示。

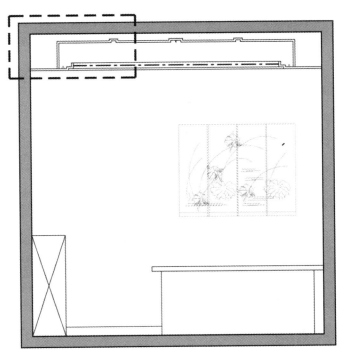

图 7-91 复制立面图

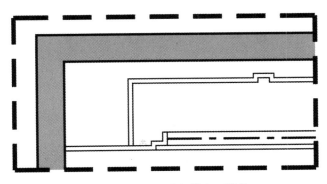

图 7-92 提取天花灯槽剖面结构

(2)在命令行输入【XC】命令,点击【延长】命令将天花的线条延长。如图7-93～图7-95所示。

(3)点击【偏移】对矩形进行等分偏移。如图7-96所示。

(4)继续点击【偏移】对矩形进行等分偏移,将整个天花灯槽造型矩形进行线条偏移。如图7-97所示。

(5)点击【矩形】命令,绘制一个长为30 mm、高为30 mm的矩形,矩形内部点击【直线】命令,绘制两条对角线。如图7-98所示。

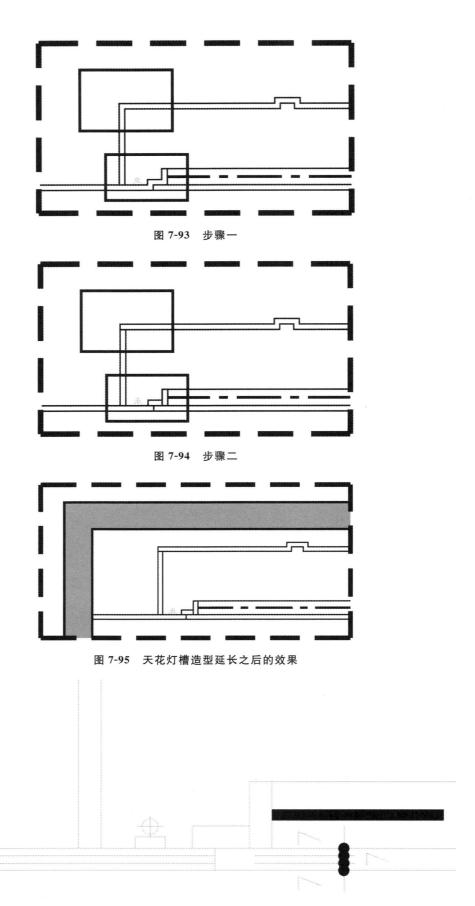

图 7-93 步骤一

图 7-94 步骤二

图 7-95 天花灯槽造型延长之后的效果

图 7-96 等分偏移

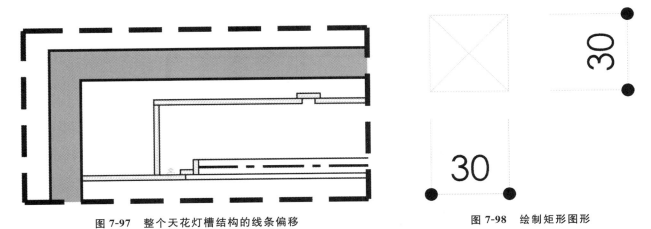

图 7-97　整个天花灯槽结构的线条偏移　　　　　　　图 7-98　绘制矩形图形

（6）点击【复制】命令，将矩形放置到四个角落位置上，再点击【矩形】命令连接四个角落的矩形。如图7-99所示。

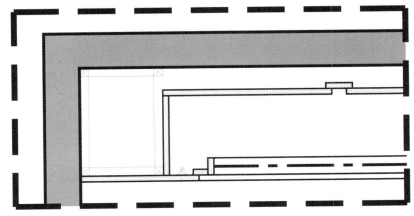

图 7-99　复制矩形图形

（7）点击【矩形】、【偏移】命令，进行天花灯槽的内部结构绘制。如图 7-100 所示。

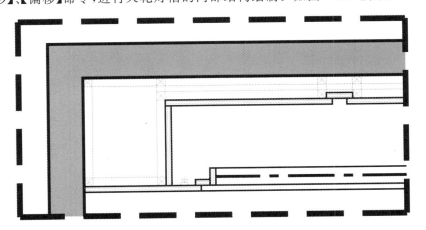

图 7-100　完善天花灯槽造型内部结构

（8）点击【线型】、【连续】标注命令，对图形进行尺寸标注。如图 7-101 所示。

（9）点击【多重引线】命令，对经理办公室天花灯槽剖面图进行引线标注。如图 7-102 所示。

（10）绘制文件柜轮廓。点击【矩形】、【偏移】命令，绘制 700×1305(mm)的矩形，分解矩形，并将线段向内进行偏移。如图 7-103 所示。

（11）点击【修剪】命令，修剪删除多余的线段，绘制出文件柜轮廓图形。如图 7-104 所示。

（12）绘制挡板图形。点击【偏移】命令，从上向下偏移 15，从下向上偏移 15。如图 7-105 所示。

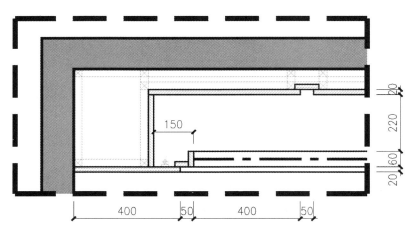

图 7-101　对天花灯槽剖面图标注尺寸

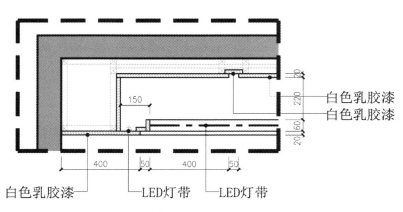

白色乳胶漆
白色乳胶漆

白色乳胶漆　LED灯带　LED灯带

图 7-102　标注引线与材料标注

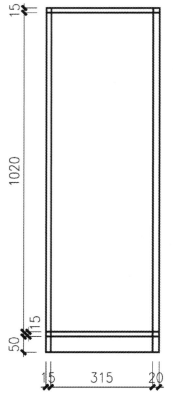

图 7-103　绘制文件柜轮廓

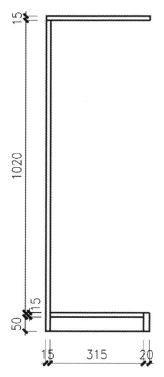

图 7-104　修剪线段

图 7-105　绘制挡板结构

（13）点击【偏移】命令,将绘制的图形向下复制,绘制出隔板图形。如图 7-106 所示。

（14）点击【偏移】命令,将文件柜板材的结构绘制出来。如图 7-107 所示。

（15）点击绘制柜门图形,点击【矩形】、【偏移】、【直线】命令,绘制一个矩形(长为 20 mm,高为 341 mm),再绘制一个矩形(长为 20 mm,高为 670 mm),并向内偏移 3mm,表示柜门的木饰面,放在图中合适位置。如图 7-108 所示。

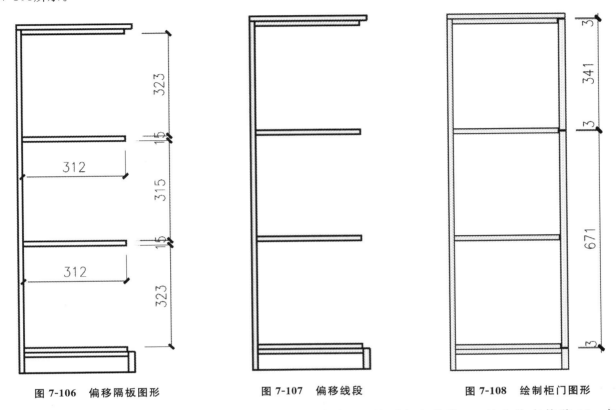

图 7-106　偏移隔板图形　　　　　图 7-107　偏移线段　　　　　图 7-108　绘制柜门图形

（16）绘制抽屉结构。点击【偏移】命令,从上向下偏移 50,从下向上偏移 50,从左往右偏移 50。如图 7-109 所示。

（17）点击【修剪】命令,修剪删除掉多余的线段,绘制出文件柜轮廓图形,再点击【偏移】命令,将文件柜的板材结构绘制出来。如图 7-110 所示。

（18）点击【偏移】命令,绘制出抽屉的拉手。如图 7-111 所示。

（19）点击【复制】命令,将抽屉拉手进行复制。如图 7-112 所示。

（20）点击【线型】、【连续】标注命令,标注文件柜尺寸。如图 7-113 所示。

（21）点击【多重引线】命令,用引线标注文件柜剖面图材料。如图 7-114 所示。

三、学习总结

本次任务主要学习了延长、偏移、矩形、线型、连续等命令的调用方式、绘制方法和绘制技巧,并结合具体案例进行延长、偏移、矩形、线型、连续等命令的技能实训。课后,同学们要不断归纳和总结 AutoCAD 绘图工具的使用方法,掌握快捷的绘图技巧,提升图形绘制速度。

四、作业布置

（1）绘制 1 幅办公室剖面图。

（2）完成办公室剖面结构与标注。

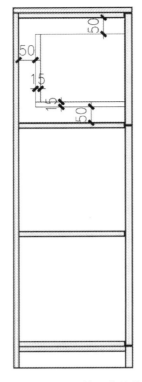

图 7-109　绘制抽屉内结构

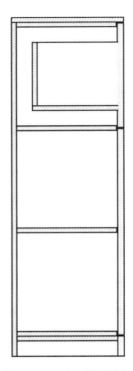

图 7-110　偏移抽屉线段

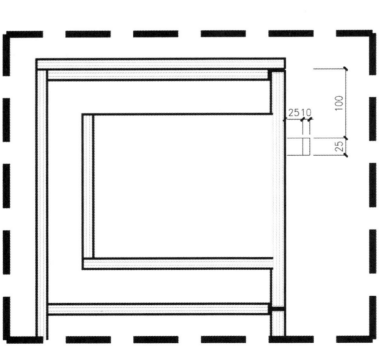

图 7-111　偏移抽屉拉手

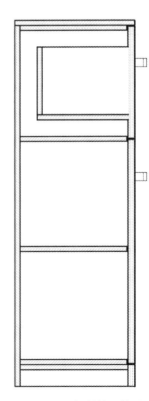

图 7-112　复制抽屉拉手

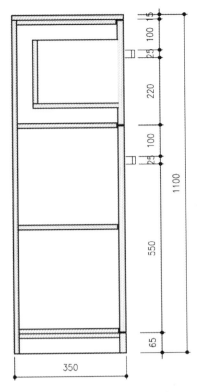

图 7-113　标注文件柜尺寸

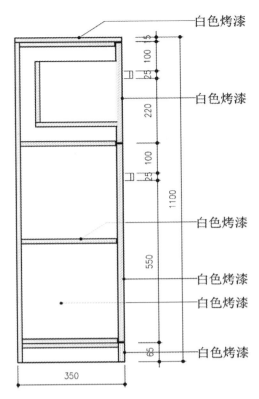

图 7-114　用引线标注文件柜剖面图材料

五、技能成绩评定

技能成绩评定如表 7-9 所示。

表 7-9　技能成绩评定

考核项目		评价方式	说明
技能成绩	出勤情况(10%)	小组互评,教师参评	作业完成方式分辅助完成、独立完成、独立完成并进行辅导;学习态度分拖拉、认真、积极主动
	学习态度(10%)	小组互评,教师参评	
	作业速度(20%)	教师主评,小组参评	
	作业质量(60%)	教师主评,小组参评	

六、学习综合考核

学习综合考核如表 7-10 所示。

表 7-10　学习综合考核

项目	教学目标	学习目标	学习活动
60%	专业能力	技能目标	课堂活动
25%	社会能力	知识目标	课后活动
15%	方法能力	素质目标	课前活动

参 考 文 献

［1］ 陈志民.AutoCAD 建筑设计与施工图绘制课堂实录［M］.北京:清华大学出版社,2015.

［2］ 张英杰.建筑室内设计制图与 CAD［M］.北京:化学工业出版社,2016.

［3］ 徐江华,王莹莹,俞大丽,等.AutoCAD2014 中文版基础教程［M］.北京:中国青年出版社,2017.

［4］ 徐海峰,胡洁,刘重桂.中文版 AutoCAD 室内装潢设计案例教程［M］.南京:江苏大学出版社,2019.

［5］ 国家职业技能鉴定专家委员会,计算机专业委员会.计算机辅助设计 AutoCAD2007 试题汇编(绘图员级)［M］.北京:希望电子出版社,2019.

［6］ 国家职业技能鉴定专家委员会,计算机专业委员会.计算机辅助设计 AutoCAD2010 试题汇编(绘图员级)［M］.北京:希望电子出版社,2019.

［7］ CAD、CAM、CAE 技术联盟.AutoCAD2020 中文版家具设计从入门到精通［M］.北京:清华大学出版社,2020.